LE DOCTEUR
ISABELLE
COLOMBINE
MEZZETIN
PASQUAREL
INTRIGUE.
TRAGEDIE
POESIE
LA SATIRE
PASTORALE
ALMANACH POUR L'AN DE GRACE M DC. LXXXIX.
A PARIS, Chez PIERRE LANDRY

TROUPE ROYALE
sentant sur le Theatre
Toutes Sortes de Pieces
QUE MODERNES
DES COMEDIENS ITALI
l'Hotel de Bour
tant sur les Histoires anciênes
SERIEUSES ou PLAISANTES
CASTIGAT
RIDENDO
MORES

Die

Comédie-Italienne in Paris

nach der Sammlung von Gherardi.

Ein Beitrag zur Litteratur- und Sittengeschichte Frankreichs
im siebzehnten Jahrhundert.

Inaugural-Dissertation

zur

Erlangung der Doktorwürde

der I. Sektion

der hohen philosophischen Fakultät

der

Universität Zürich

vorgelegt von

Oskar Klingler.

Genehmigt auf Antrag der Herren Professoren Dr. H. Morf
und Dr. J. Ulrich.

Mit Illustrationen.

Strassburg.
Verlag von Karl J. Trübner.
1902.

Meinen lieben Eltern.

Inhalts-Verzeichnis.

Verzeichnis der Illustrationen.

Vergl. p. 232.

Einleitung.

Das französische Repertoire der italienischen Bühne zu Paris vom Ende des XVII. Jahrhunderts, das uns in dem 1700 von Evaristo Gherardi publizierten *Théâtre italien* überliefert ist, hat wohl schon den Inhalt besonderer Abhandlungen gebildet, während es freilich eine umfangreiche neuere französische Litteraturgeschichte — offenbar wegen dem Mangel an klassisch-ästhetischem Wert — nicht der Erwähnung würdig erachtet[1]). Wenn wir es, über mehr Raum verfügend und eine systematische Behandlung einschlagend, zum Gegenstand einer weitern Untersuchung machen, so geschieht es, weil die historische Bedeutung dieses Theaters dies vollauf rechtfertigen muss.

Stellt es doch einmal — bei dieser Zusammenschweissung von *commedia dell' arte* und regulärer Komödie, bei diesem Nebeneinander von interromanischer, traditioneller Buffonnerie einerseits und gallischem Witz mit Pariser Erdgeschmack andrerseits, bei dieser Vereinigung von italienischen Darstellern und italienischen Typen mit französischem Ausdruck und Inhalt — ein litterarisches Unikum dar!

Kultur- und theatergeschichtlich ist die Sammlung von Gherardi in mehrfacher Hinsicht von nicht zu unterschätzender Wichtigkeit, jenes durch die Vielseitigkeit und Nacktheit der Satire, die die *haute comédie* sich nicht erlaubt hätte, dieses beispielsweise durch die Schöpfung neuer Typen, die Einbürgerung der dramatischen Parodie, die Grundsteinlegung zum Aufbau des Vaudeville und der Komischen Oper.

Sodann müsste die den Schwester-Instituten in Regelung und Gunst sozusagen ebenbürtige Stellung, die zur Zeit Ludwig's XIV.

---

[1]) *Histoire de la langue et de la littérature française,* publiée sous la direction de PETIT DE JULLEVILLE, Paris, Colin.

die Bühne der „Italiener“ einnahm, allein schon das Bedürfnis nach einer nähern Kenntnis derselben einem aufdrängen. In Bezug auf diese Stellung hat ein französischer Kritiker gesagt, dass das Theâtre-Italien *par sa constitution regulière aussi bien que par l'accueil qu'il reçut à la cour, avait devancé, même en France, le Théâtre-Français*[1]), zu welchen Worten, soweit wir sie für die achtziger und neunziger Jahre, in welche die Sammlung von Gherardi fällt, in Anspruch nehmen, das nachzutragen ist, dass die Gunst bei Hofe, die mit der wachsenden Verfrömmelung des Königs immer mehr schwand, durch die glänzende Aufnahme *en ville* ersetzt wurde, wo das Hôtel de Bourgogne, seit es französische Szenen spielte, ausserordentlich zog.

Der Beleuchtung dieser hervorragenden Stellung der „Italiener“ und der um so seltsamer erscheinenden Aufhebung ihres Theaters von 1697 sei hier einleitend Raum gegeben, nachdem wir uns die vorausgehende Geschichte der Comédie-Italienne in Paris durch einen flüchtigen Rückblick in Erinnerung gebracht haben werden.

Es ist ein merkwürdiges Faktum, diese über zwei Jahrhunderte sich erstreckende Anwesenheit fremder Schauspielertruppen in einem Lande! Diese lange Zeit des Aufenthaltes der *comici italiani* in Paris trennt ein inneres Ereignis in zwei annähernd gleiche Hälften, deren Markstein das Jahr 1682 bildet. Bis zu diesem Jahre wird traditionelle Stegreifkomödie und in italienischer Sprache gespielt (was übrigens auch später nie aufgegeben wird) und dieses Theater bildet so seinem Repertoire nach eine Abzweigung desjenigen des Heimatlandes, einen Teil der italienischen *commedia dell' arte*. Von 1682 ab, wo die Französisierung anhebt, wird die Produktion der Comédie-Italienne in Paris zu einem integrierenden Bestandteil der französischen Theater- (und Sitten-)Geschichte. In seine äussere Geschichte macht die zwanzigjährige Verbannung von 1697—1716 einen tiefen Einschnitt, diesseits des Jahres 1700, mit ihrem wechselvollen Schicksal das ganze XVIII. Jahrhundert füllend, die sogenannte *Nouvelle* Comédie-Italienne (die noch einer Untersuchung harrt), jenseits, mit den ersten Spuren bis in den Anfang des XVI. Jahrhunderts zurückreichend, das *Ancien* Théâtre-Italien stellend.[2])

Es ist die Renaissance, die mit so vielen andern Früchten Italiens auch italienische Komik und Komiker nach Frankreich ge-

---

[1]) Despois, *Le théâtre français sous Louis XIV*, Paris 1894, p. 55.

[2]) Analog der von der französischen Nationalbühne acceptierten Schreibweise setzen wir *Théâtre-Italien, Comédie-Italienne.*

bracht hat. wahrscheinlich schon zu Anfang der Regierungszeit Franz' I. Urkundlich festgestellt ist die Anwesenheit Einzelner in den Jahren 1530 und 1548, anlässlich festlicher *Entrées*. Aber erst unter Karl IX beginnt die Geschichte des italienischen Theaters in Frankreich im Sinne der mit stehenden Typen und durch italienische Schauspielertruppen gespielten Stegreifkomödie.

Während in Italien, besonders seit Angelo Beolco, genannt *il Ruzzante,* die improvisierte Komödie es schon zu grosser Beliebtheit gebracht und gegen das Ende des Jahrhunderts die *commedia erudita* mehr und mehr zurückgedrängt hatte, ist sie für die Franzosen jetzt eine völlige Neuigkeit, als sie 1571 in Paris ihren Einzug hält mit einer italienischen *compagnia comica.* Die Truppe trägt zu den Festlichkeiten, die anlässlich der Entrée des Königs zu Paris und der Krönung der Königin veranstaltet werden, beträchtlich bei und ergötzt im Nogent-le-Roi mit ihrem Spiele eine erlauchte Gesellschaft von vornehmen Herren. Zwar verbietet das Parlament der Truppe eines Alberto Ganassa, in der Hauptstadt zu spielen, was nicht verhütet, dass im folgenden Jahre zwei andere Truppen auftreten (Hochzeit des Königs von Navarra und der Margarete von Valois) und zu Blois, während der États-Généraux, weiss der König, *per fuggir i negozii,* nichts Besseres zu thun, als *commedianti dell' arte* an sich zu ziehen.

Die Jahre 1571 und 1572 bezeichnen so eigentlich die Zeit des Début der „Italiener“ in Paris. Sie sind jetzt eingeführt in dem Hause, in dem sie nun fortwährend ein- und ausgehen werden, bis sie schliesslich, zu den Angehörigen gezählt, darin werden dauernden Aufenthalt nehmen dürfen. Von diesem fast hundertjährigen Kommen und Gehen nur die wichtigsten Daten!

Heinrich III hatte in Venedig die berühmteste und vollendetste Truppe des Cinquecento gesehen, die *Gelosi*; er lässt sie kommen; sie spielen 1577 in Blois und dann in Paris, wo sie Furore machen. Einem vom Parlament erlassenen Verbote tritt der König entgegen, indem er den „Italienern“ *permission et jussion expresse* erteilt, ihre Aufführungen fortzusetzen, denn, sagt er selbst, *j'ay plaisir à les oÿr que je n'ay eu oncques plus parfaict.*

Besondere Gunst wird ihnen von Heinrich IV bezeugt. Er schreibt eigenhändig an den berühmten *Arlequin* Tristano Martinelli, um ihn für sich zu gewinnen. Mit den *Comici Accesi* ist dieser denn auch 1600 bei der Hochzeit des Königs mit der Maria von Medici zu Lyon und später in Paris.

1601 figuriert bei einer Truppe der durch seine Canevas-Sammlung bekannte Flaminio Scala (cf. Anhang I).

Ein klingender Name nach dem andern! 1603—1604 folgen mit ihrer Truppe Francesco Andreini, genannt *il Capitan Spavento* und dessen Frau Isabella Andreini, vielbewundert wegen ihrer Schönheit und wegen ihrer Tugend, und selbst von einem Tasso besungen, beide ausgezeichnete Schauspieler. Und zum zweitenmal kommt aus Mantua Pier Maria Cecchini, genannt *Fritellino,* 1608 nach Frankreich, diesmal als Vorsteher einer Truppe.

Während Ludwig's XIII Minderjährigkeit ist die regierende Königin-Mutter, Maria von Medici, eifrigst bemüht, italienische Truppen nach der französischen Kapitale zu locken. Dank einem förmlichen Briefwechsel mit dem Mantovaner *Arlequin* und mit ihrem Neffen, dem Kardinal Duca di Mantova, *classique patron de bons sujets,* bringt sie es denn auch dazu, den Tristano Martinelli wieder in Paris zu haben (1613—1614), wo er im Louvre und im Hôtel de Bourgogne spielt.

Um 1620 begegnen wir diesem neuerdings, diesmal im Petit-Bourbon, mit einer neuen Truppe, in der der Sohn des Francesco und der Isabella, Giovanni Battista Andreini, genannt *Lelio,* Mitglied ist, und dessen Frau Virginia Andreini, genannt *Florinda,* die ein Sonett des Cavalier Marino und eine Leinwand Bronzino's verewigt haben.

Bis 1625 halten sich jährlich Truppen in Paris auf, denen noch weitere zwei Celebritäten angehören: Niccolò Barbieri, genannt *Beltrame,* und Francesco Gabrielli, genannt *Scapino*[1]).

Von hier ab sind wir über die Anwesenheit der „Italiener" in Paris für die nächste Zeit weniger unterrichtet, vielleicht einfach deshalb, weil durch Zufall die Nachrichten spärlicher fliessen, wahrscheinlicher aber, weil man mit diesen Truppen schlechter bestellt war, was seinen Grund in einem traurigen Ereignisse haben wird, das sich jenseits der Alpen abspielt.

---

[1]) Hier endet die Geschichte der *compagnie comiche* in Frankreich, die auf Grund von Urkunden in einem klassischen Buche aufgebaut ist, einem Buche, das mit vollster Hingebung geschrieben ist und eine Fülle von Gelehrsamkeit in eleganteste Form kleidet: Armand Baschet, *Les comédiens italiens à la cour de France, sous Charles IX, Henri III, Henri IV et Louis XIII,* Paris 1882. Baschet hat das Material dazu vornehmlich aus den Archiven der einstigen Herren von Mantua geschöpft. In Baschet mochten die Annalen seiner Heimatstadt das Interesse für die „Italiener" geweckt haben; er ist nämlich ein Blaisois, 1829 in Blois geboren und 1886, allzu früh, daselbst gestorben.

Die Gonzaga, vor allem Vincenz I. (1587—1612) und Ferdinand (1612—1626), waren nämlich die Beschützer der *Comici* par excellence, die die besten Sujets an ihrem Hofe versammelten und sie auch gerne nach Frankreich ziehen liessen. Nun aber begann der sogenannte mantovanische Erbfolgekrieg, die glorreiche Ära des Hauses erreichte ihren Abschluss und unerfreuliche Zeiten folgten. Jetzt musste es auch dem König von Frankreich schwerer fallen, gute Truppen zu bekommen, da er nun nicht mehr einfach seinen Boten an den Herzog von Mantua schicken konnte — wie er es bis anhin so oft gethan — mit der Bitte, es möchten ihm die ersten Kräfte der *commedia dell'arte* zugesandt werden.

Erst die letzten Jahre Ludwig's XIII geben wieder Kunde von einer Truppe in Paris, welcher *Scaramouche* schon angehört haben soll; denn auf diese Zeit bezieht sich die Anekdote, die erzählt, dass dieser einstmals den schreienden Dauphin mit seinen Grimassen nicht nur beruhigt, sondern zu solchem Lachen gebracht habe, dass der spätere *Roi Soleil* etwas fallen liess, während ihn der grosse *comico* in den Armen hielt.

Unter Mazarin häuft sich die Anwesenheit der „Italiener". 1644 sind welche da; 1645—47 begegnen wir der vorzüglichen Truppe des Giuseppe Bianchi, genannt *il Capitan Spavento,* die im Petit-Bourbon spielt und über ausgezeichnete Kräfte verfügt, worunter Tiberio Fiorilli, genannt *Scaramouche,* Domenico Locatelli, genannt *Trivelin,* N. Romagnesi, genannt *Horatio,* sodann des letztern Frau Brigida Bianchi, genannt *Aurélia,* Tochter des Giuseppe.

Hier fusst mit ihren Anfängen die Truppe, welche die Gherardi'schen Stücke spielen wird.

Bianchi verlässt während der Fronde Paris, kehrt aber 1653 mit denselben Leuten wieder, zu denen sich unterdessen noch andere gesellt haben, wie der *Pantalon* Turi aus Modena und *Virginio* dessen Sohn (der bald darauf stirbt), der *Docteur* Lolli und Patrizia Adami, genannt *Diamantine.*

Nach wiederholter Anwesenheit spielen sie 1658 während den *jours ordinaires* (Sonntag, Dienstag und Freitag) im Petit-Bourbon, 1659 reisen sie wieder ab, sind jedoch, von Ludwig XIV beim Herzog von Parma bestellt, 1661 wieder zurück und installieren sich, nachdem sie fünf Monate in Fontainebleau gespielt haben,[1]) am

[1]) Nach einer Randglosse von La Grange in seinem *Registre,* édition Thiery, p. 40.

18. Januar 1662 im Palais Royal, mit welchem Datum ihr dauernder Aufenthalt in Paris anhebt. Der Saal ward eben dem Molière'schen Theater zugewiesen worden, die „Italiener" erhalten aber gegen 2000 l. Entschädigung das Benutzungsrecht für die *jours extraordinaires* (Montag, Donnerstag und Samstag).

Und während mehr als zwei Lustren sieht man über die Bretter derselben Bühne abwechselnd den Harlekin schreiten und den Genius Poquelin's. Das Zusammenleben war nicht nur ein friedliches, es war ein intimes. Molière schätzte die „Italiener", weil es biedere Menschen waren und Schauspieler, die in ihrer Kunst excellierten. *Ce grand comédien, et mille fois encore plus grand auteur, vivoit d'une étroite familiarité avec les italiens, parce qu'ils étoient bons acteurs et fort honnêtes gens,* erzählt Palaprat, der oftmals an den gemeinsamen Diners teilnahm.[1]) Ein Tableau, das jetzt im Foyer des Artistes der Comédie-Française hängt: *Farceurs françois et italiens depuis 60 ans et plus peints en 1670,* vereinigt in einem Rahmen Molière mit dem Arlequin, Scaramouche, Docteur Balouard etc.[2]) Diese Thatsache mag uns heute sonderbarer vorkommen als den Zeitgenossen, auf jeden Fall ist sie für Molière eine bedeutsame. Man weiss, wie tiefgreifend der Einfluss war, den mit ihrem lebendigen Spiel die „Italiener" und vor allem *Scaramouche* auf ihn ausübten.

1673 stirbt Molière und dessen Truppe mietet, vereinigt mit den Schauspielern des im selben Jahre aufgehobenen Marais-Theaters, den Saal des Hôtel Guénegaud, wo auch die „Italiener" abwechselnd auftreten. Den frei gewordenen Palais-Royal aber bezieht das letzte der grossen Pariser Theater des XVII. Jahrhunderts, die seit 1669 privilegierte *Académie royale de Musique*, die Oper.

1680 wird die Truppe, die im Hôtel de Bourgogne spielt, mit der des Hôtel Guénegaud vereinigt und das einstige Bourgogne-, Marais- und Molière-Theater bilden jetzt eine Truppe als *comédiens français du roy.* Die „Italiener" installieren sich im Saale des Hôtel de Bourgogne, wo sie nun fürderhin bleiben.

So hat am Ende des Jahrhunderts die französische Kapitale drei privilegierte Theater: die Comédie-Française, die Comédie-Italienne und den Opéra.

---

[1]) Vergl. *Le Moliériste* vom 1. Nov. 1879, p. 237 ff., *Molière et les Italiens. etc.*

[2]) Wir urteilen übrigens wie MONVAL, *Les collections de la Comédie-Française,* Paris 1897, p. 69—73 (wo eine schöne Reproduktion gegeben ist), dass dies nicht ein Originalwerk ist, sondern die willkürliche Zusammenstellung von Figuren nach schon vorhandenen Stichen.

Dass unter diesen die Comédie-Italienne keine untergeordnete Stellung einnahm, haben wir schon angedeutet und möge nun des Näheren illustriert werden.

Schon seit 1664 bekommen die „Italiener“ vom König eine jährliche Subvention von 15 000 livres und sind so von allen Truppen die finanziell am besten gestellte. Die Molière-Truppe bezog bloss 6 000 livres und die Pension der zahlreicheren vereinigten französischen Truppe des Hôtel Guénegaud beträgt nie mehr als 12 000 livres. Sie sind wahrscheinlich seit demselben Jahre als *comédiens du roi* qualifiziert. Als sie 1686 auf eigene Kosten ihr Spielhaus renoviert haben, schreiben sie darüber: *La seule troupe des comédiens italiens entretenue par Sa Majesté en leur Hostel de Bourgogne.*[1]) Etwa gleichzeitig wie den Schauspielern des Hôtel Guénegaud wird ihnen *sous le bon plaisir du Roy* um 1684 ein förmliches Reglement zugeteilt, mit dessen Ausführung Madame la Dauphine die ersten Kammerherren betraut und das in vierzehn Paragraphen Zahl der Glieder der Truppe, Ein- und Austritt derselben, finanzielle Angelegenheiten, statutarisch feststellt.[2]) In beiden Theatern wird täglich gespielt, nur am Freitag, als dem *giorno magro*, ruhen die frommen „Italiener“. Diese geben wie jene Gratis-Vorstellungen bei festlichen Angelegenheiten.[3]) Sonst erheben sie Eintrittsgelder, die von der gleichen Höhe sind wie die der Comédie-Française.[4]) Wenn der Mercure galant von Truppen spricht, *dont les premieres Personnes de la Terre veulent bien prendre la peine de se mesler* (April 1685, p. 295), so bezieht er das sowohl auf die *Français* als auch auf die *Italiens*. Als 1682 die Gesandten des Königs von Marokko in Paris sind, besuchen sie dreimal die Comédie-Italienne (ebenda, Februar 1682, p. 322) und das Interesse, das die 1686 anwesende siamesische Gesandtschaft für die Pariser

---

[1]) Tralage, p. 62.

[2]) Abgedruckt bei Campardon, II, 225—230.

[3]) Z. B. 1682, anlässlich der Geburt des Herzogs von Bourgogne (*Les Comédiens Français donnerent la Comédie gratis . . . . Les Comédiens Italiens donnerent aussi le mesme jour une de leurs plus belles Comédies gratis au Public,* Mercure Galant, August 1682, p. 111 ff.) und 1690 anlässlich des Friedens mit Savoyen, wo sie nach einer Gratis-Vorstellung ein grosses allegorisches Feuerwerk vor dem Hôtel de Bourgogne abbrennen, wozu Gherardi eine besondere Erklärung schrieb, die in seiner Sammlung t. I wieder abgedruckt ist.

[4]) 1688 affichieren sie: *Payez trois louis d'or une loge basse; un écu pour les places aux loges basses, théâtre, amphithéâtre, aux secondes loges; vingt sols aux troisiemes, et quinze sols au parterre. Défenses sont faites exprès, par ordre du roy, à toutes personnes, d'entrer sans payer* (Tralage, p. 62).

Bühnen zeigt, gilt dem Hôtel de Bourgogne ebensowohl wie dem Hôtel Guénegaud und der Oper (ebenda, Sept. 1686, II. p. 383 f.). Sprechend für den wichtigen Platz, den zu dieser Zeit das Théâtre-Italien im Pariser Leben einnimmt, ist ein ikonographisches Dokument. Die jährlichen Almanache schmücken je die bildliche Darstellung eines grossen Ereignisses des abgelaufenen Jahres; nun stellt das *Almanach pour l'an de grâce MDCLXXXIX* die Wiedereröffnung des Theaters der „Italiener", das nach Dominique's Tode einen Monat lang geschlossen geblieben war, dar und steht so zu Seiten von *Les années glorieuses de Louis de Grand* (Almanach für 1687), *Le Roi d'Angleterre* (1689), *La Foire de Bezons* (1693), *Prise de Namur* (1693) etc. Der Eindruck dieses Ereignisses auf die Gemüter der Pariser muss ein nicht geringer gewesen sein![1]) Ihr Unglück von 1697 malte ein Watteau. Aber neben diesen grossen scenischen Darstellungen zeugen die vielen Bildnisse der Schauspieler und Zeichnungen der Typen von dem grossen Interesse, das man an der Truppe nahm (Vergl. Anhang II). Wie beliebt ihr Repertoire im In- und Auslande gewesen sein muss, beweist die häufige Drucklegung desselben; ist doch die ganze Sammlung von Gherardi im XVIII. Jahrhundert noch achtmal neu gedruckt worden! (Vergl. Anhang I).

In einer Hinsicht mag die Comédie-Italienne der Comédie-Française sogar oft den Rang abgelaufen haben: in der Gunst des Publikums. Der *comédien français,* der einmal in einem Stücke der „Italiener" auftritt, sagt *nous n'avons pas une âme*, trotzdem er die feierlichsten Alexandriner zu deklamieren weiss.[2]) Sicher ist, dass das Haus der „Italiener" meistens gut besetzt und dass der Zudrang zu einzelnen Stücken ein ungewöhnlich grosser war. Ein Beispiel ist der *Arlequin empereur dans la lune, qui pendant quinze jours que l'on l'a joué sans interruption a fait icy un fracas qui va au-dela de tout ce qu'on peut s'en imaginer. Tout Paris y a couru, et à chaque Représentation le Lieu s'est toûjours trouvé trop petit.* Und dieselbe zeitgenössische Quelle berichtet anlässlich des Début neuer italienischer Schauspieler, dass, wenn diese so gut gefallen werden wie andere, *leur salle se trouvera trop petite pour les assemblées qu'ils attireront.* (Merc. Gal., März 1684, p. 356 u. April 1685, p. 295).

---

[1]) Original *(à Paris, chez Pierre Landry)*, ca. 1 Meter hoch, im Musé Carnavalet, der kleine Entwurf dazu in der Bibliothek der Oper (wonach die meisten Abbildungen, z. B. bei Rasi, I, 713, ausgeführt sind). Zu unserer Reproduktion vergl. w. o. „Verzeichnis der Illustrationen".

[2]) *Arlequin Jason* (6), *Scène des Comédiens.*

Der glänzenden Aufnahme *en ville* steht die grosse Beliebtheit in höfischen Kreisen nicht nach. Gleich den französischen, werden auch die italienischen Schauspiele zu Privat-Aufführungen in den Häusern Vornehmer engagiert. Während eines Carnevals z. B. wird im Hotel de Nevers *Cinna* gegeben, mit musikalischen Einschiebungen zwischen den einzelnen Akten, woran die besten Stimmen der Oper teilnehmen, *et tout cela fut suivy de plusieures Scenes plaisantes des Italiens* (Merc. Gal., Februar 1681). Welch seltene Gunst der König der „Comédie-Italienne" erwies, weiss man. Er liebte diese „Italiener" und für einen *Scaramouche*, einen *Dominique* muss er geradezu ein *faible* gehabt haben. Jenem (dem schon der Kardinal Mazarin und die Königin-Mutter die Ehre angethan, die Paten seiner Kinder zu sein) stand Ludwig XIV besonders nahe; er nahm sich sogar persönlich der unglücklichen Familienverhältnisse dieses greisen Künstlers an. Und als dem andern, dem *inimitable Arlequin,* der erste Sohn geboren wurde, geruhte der *Roi Soleil* demselben Pate zu sein.[1])

Zu den *Divertissements* des Hofes steuern die „Italiener" nicht minder bei als die französischen Schauspieler, sei es zu Versailles, wie gewöhnlich, sei es zu Marly, zu Fontainebleau oder selbst zu Chambord. Manchmal wird täglich Komödie gespielt, *française ou italienne* (Merc. Gal., Mai 1682, p. 307), meistens jedoch ist sie — mit Intervallen, die mit *promenades, chasses, ballet, jeu, bal et mascarade, opéra* ausgefüllt sind — für bestimmte Tage reserviert, in welchem Falle dann beide Truppen zugleich auftreten (Ebenda, Jan. 1683, p. 319). Bemerkenswert ist das Repertoire, das die „Italiener" mit an den Hof bringen: es besteht nicht etwa vornehmlich aus den Stücken der Sammlung von Gherardi, sondern meist aus älteren italienischen Improvisations-Stücken[2]). Wenn es etwas zu improvisieren gibt, ruft man die Leute vom Hôtel de Bourgogne. Einmal z. B. werden sie angestellt bei einem *Impromptu de Comédie* und da spielen sie neben einer Prinzessin, einer Herzogin, einem Grafen und anderen vornehmen Höflingen (Merc. Gal., Nov. 1684, p. 229 ff.). Gleich den *Français* erhalten die *Italiens* für jeden Tag, an dem sie am Hofe dienen, eine Entschädigung von sechs livres pro Person; ausser den besonderen Kosten, die ihnen bezahlt

---

[1]) Siehe die betreffenden Artikel bei JAL.

[2]) So weisen von 18 mit Titel bezeichneten Stücken in dem *Registre des Menus* nur 2 auf Gherardi; von den übrigen 16 einige auf das *Scenario de Dominique*.

werden. Eine Aufführung der einen wie der andern kostet den Hof gleich viel.[1])

So stand es in den guten Zeiten Ludwig's XIV. Aber 1684 findet die geheime Ehe mit der Madame de Maintenon statt und schon im Jahre darauf (Fontainebleau, 1. Nov.) schreibt Liselotte: „. . . . Der König Endert In allem so Erschrecklich, daß ich Ihn nicht mehr kene, ich sehe woll wo alles her kompt, allein Es ist kein mittel davor".[2]) Die Heuchelei der *royauté morganatique de la Veuve Scarron* wird das Wahrzeichen seines Geistes. Der glänzende Hof des *grand roi* besteht nicht mehr; *c'était alors la cour de Maintenant,* wie der sarkastische Bussy Rabutin sich ausdrückte.[3]) Das Lachen ist nicht mehr salonfähig; Kopfhängerei und Frömmelei gehört zum guten Ton. Bühnenspiele sind *bourgeois, on ne les voit presque plus à la cour,* schreibt ein Zeitgenosse, was zwar übertrieben ist, was aber die Stellung, die man jetzt in der Umgebung des Königs dem Theater gegenüber einnimmt, doch kennzeichnet.[4]) Der König selbst wohnt nur selten mehr den Vorstellungen bei und seit dem Beginn der neunziger Jahre gar nicht mehr. Der Hof sieht zwar weiterhin Aufführungen, aber sie werden seltener, besonders die der „Italiener". Im November, Dezember 1691 geben die Français 10, die „Italiener" 5; 1695 (erste Hälfte) jene 21, diese 4; 1696 ist das Verhältnis 11 : 2 in der ersten und 19 : 1 in der zweiten Jahreshälfte, im Frühjahr 1697 spielt die französische Truppe noch in Versailles, die „Italiener" jedoch nicht mehr,[5]) zweiffellos einzig deshalb, weil ihr Repertoire ernste Stücke ausschloss.[6])

---

[1]) Die Vorstellung einer Truppe in Versailles kommt den Hof auf 380 livres zu stehen, wovon die Hauptposten auf die Schauspieler, die gewöhnlich ihrer zehn sind (10 × 6 = 60), den Transport (sie fahren in vier- bis fünfspännigen Kutschen und einem Wagen dahin; ca. 120 l.) und die Beleuchtung (sie brauchen 250 Kerzen und 30 Fackeln pro Aufführung; 110 l.) fallen (vergl. das *Registre des Menus,* z. B. vom Jahre 1691).

[2]) Brief der Herzogin Elisabeth Charlotte von Orléans, bei RANKE, *Französische Geschichte,* V, 314. Über die reaktionären Einflüsse der Frau von Maintenon auf den König finden sich weitere drastische Belege in der *Correspondance de Madame* in den Briefen von Fontaineblau, 1. Nov. 1685; Versailles, 11. Aug. 1686; St.-Cloud, 1. Nov. 1691 *(Recueil Jaeglé);* Marly, 1. März 1696; Versailles, 16. Dec. 1696 *(Recueil Brunet).*

[3]) Vergl. LACROIX, p. 214. [4]) Vergl. DESPOIS, p. 357.

[5]) Nach den Aufzeichnungen des *Registre des Menus.* — Das *Journal du Théâtre-Français du Chevalier de Mouhy* gibt von 1688 ab keine detaillierten Angaben mehr über die Aufführungen bei Hofe.

[6]) Deshalb ist diese Thatsache nicht mit der folgenden Aufhebung des Théâtre-Italien direkt in Verbindung zu bringen.

Im Frühjahr 1697 erfolgt die berühmte Aufhebung des Ancien Théâtre-Italien. Die „Italiener“ werden aus dem Dienste Ludwig's XIV entlassen und am 14. Mai wird auf königlichen Befehl das Hôtel de Bourgogne „für immer“ geschlossen.

Das verhängnisvolle Ereignis hat Watteau die Inspiration zu einem Gemälde gegeben: *Le Départ des Comédiens*[1]. In einem Strassenausschnitt der Rue Mauconseil, vor den versiegelten Thüren des Hôtel de Bourgogne, schon halb zum Gehen gewendet, da stehen sie die armen „Italiener“, der noch starr vor Entsetzen, jene in Thränen, halb zusammen gebrochen und diese, als müsste es nicht sein, so rührend flehend, dass man, trotzdem ihnen das *ridet semper* noch auf der Stirne geschrieben steht, nicht mehr lachen kann.[2]

So flehten sie auch vor dem König, vor dem sie sich auf die Knie warfen. Wenn sie ihre Heimat verlassen, so sei es geschehen, weil man sie gerufen habe, und es sei nicht gerecht, dass man sie jetzt aus Frankreich verjage. Ludwig XIV aber war unerbittlich; er soll ihnen geantwortet haben, sie hätten ihre Reise nicht zu bereuen, *qu'ils étoient venus à pied, qu'ils avoient maintenant le moyen de s'en retourner en carosse.*[3]

Über die Ursache der Aufhebung der Comédie-Italienne sind von jeher Behauptungen aufgestellt worden. Noch nie aber ist das so seltsam erscheinende Ereignis des nähern beleuchtet worden, weshalb wir dies an dieser Stelle versuchen wollen. Wir werden dabei sehen, dass dasselbe mit der reaktionären Strömung der Zeit in Zu-

---

[1]) Das Gemälde ist verloren gegangen, aber durch einen seltenen Stich von L. Jacob erhalten; ein Exemplar im Musé Carnavalet, sowie im Cab. des Estampes der Bibl. Nat., nach welchem unsere Reproduktion ausgeführt ist. Diese Darstellung, obgleich wahrscheinlich erst 1716 entstanden, aber nach Angaben Claude Gillot's und nach zeitgenössischen Stichen, hat den authentischen Wert, der den vielen Watteau-Kompositionen der Nouvelle Troupe Italienne abgeht, zu deren einer der Vierzeiler steht, der für alle passen mag:

Les habits sont italiens,
Les airs français, et je parie,
Que dans ces vrais comédiens
Gît une aimable tromperie.

[2]) Die *L'ancienne Comédie-Italienne* betitelte einaktige Komödie (Bibl. Nat., Ms. frç. 9243) ist ohne Anspielungen auf die aufgehobene Truppe und ein ganz fades Stück.

[3]) *Annales de la Cour de Paris pour les années 1697 et 1698,* nouvelle édition (identisch mit der ersten von Köln 1701) Paris 1706, II. 47. Der Autor dieser Annalen ist freilich Sandras de Courtilz, den Bayle einen *emballeur sans pareils de toutes sortes de contes* nennt.

sammenhang steht, dass es jedoch eines besondern äussern Anlasses bedurfte, um es herbeizuführen.

Im XVIII. Jahrhundert schreiben Kritiker, es seien verschiedene Gerüchte im Umlauf gewesen, aber in Wirklichkeit lasse sich nichts Bestimmtes sagen über die Ursache der Aufhebung.[1]) Ähnlich drücken sich Berichte aus, die aus der Zeit des Ereignisses stammen, aber von demselben durch örtliche Entfernung getrennt sind.[2]) Aufzeichnungen, die in Paris selbst und in zeitlich geringem Abstande vom Ereignisse, teils vielleicht im Jahre 1697 gemacht worden sind, enthalten bestimmte Auslegungen. Zwar gibt Dangeau in seiner Kürze und Klugheit keine Auskunft.[3]) Aber Saint-Simon berichtet unzweideutig, so lange sie nur in Unflätereien sich ergehen liessen, habe man dazu gelacht, *mais ils s'avisèrent,* fährt er fort, *de jouer une pièce qui s'appelait la Fausse prude, où Mme. de Maintenon fut aisément reconnue. Tout le monde y courut; mais après trois ou quatre représentations, qu'ils donnèrent de suite, parce que le gain les y engagea, ils eurent ordre de fermer leur théâtre.*[4]) Da indessen diese Memoiren „als eine Quelle reiner historischer Belehrung . . . auf keine Weise angesehen werden können“ (Ranke) und überdies erst 1740—46 definitiv redigiert worden sind, weshalb man berechtigt wäre, diese Erklärung als ein späteres Einschiebsel zu verdächtigen, so würden wir sie nicht anders als mit Reserve hinnehmen, wenn nicht eine andere übereinstimmende, freilich erst etwas später gebuchte Version sie unterstützte. Die Herzogin Elisabeth Charlotte von Orléans erzählt in einem ihrer Briefe: Die „Italiener“ wollten eine *la fausse hypocrite* betitelte Komödie, worin, wie man

---

[1]) So z. B. FRÉRON, *Lettres sur quelques écrits du temps,* X, 344; D'ORIGNY, I, 27.

[2]) *Gazette d'Amsterdam,* le 23 mai 1697: *on ne sait point la veritable cause de cette desgrace* (sic!).

[3]) *Le roi renvoie les comédiens italiens en Italie; on lui en a fait des plaintes, et il avoit déjà fait avertir plusieurs fois qu'on les renverroit s'ils n'étoient plus sages* (Journal de Dangeau, publié par Soulié, Dussieux etc., Paris 1854, mai 1697).

[4]) *Mémoires,* Ausgabe der Grands Écrivains, Paris 1884, IV, 124—126. Daselbst ist in den Anmerkungen des Herausgebers, Boislisle's, die Aufhebungs-Litteratur fast vollständig zusammengestellt. — Die *Addition,* die Saint-Simon zum obigen Passus von Dangeau machte, lautet: *13 mai 1697. Les comédiens italiens, fort bons, mais fort licencieux, avoient été soufferts jusqu'à une pièce où ils furent assez fous pour jouer Mme. de Maintenon; et dans l'instant leur affaire fut faite* (IV, 366).

sagte, Madame de Maitenon lächerlich gemacht wurde, spielen. *Lorsque j'appris ce qu'ils faisaeint, je les fis mander et je les avertis de ne pas jouer cette pièce; cela ne servait à rien. Ils la jouèrent et gagnèrent aussi beaucoup d'argent, mais il furent bientôt chassés.*

Und weiter heisst es da: *Ils revinrent vers moi, et ils voulaient que j'entercédasse pour eux; mai je dis: „Non! pourquoi n'avez-vous pas suivi mon conseil?" — Ils avaient, disait-on, représenté la vieille guenipe de la façon la plus drôle. J'aurais bien voulu voir cette comédie, mais je n'y allai pas de peur que la vieille dît au roi que*

c'était moi qui avais mis la chose en train, afin de lui faire pièce.[1]

Trotzdem dies erst am 20. Dezember 1720 niedergeschrieben ist, so können wir doch nicht anstehen, dieser freimütigen Deutschen unbedingt Glauben zu schenken und mit um so grösserem Rechte, als es ihr, so zugethan wie sie den italienischen Komödianten war, an Information über deren Geschick nicht fehlen konnte.

Eine dritte Auslegung stammt von einem Schauspieler der ehemaligen Truppe selbst, von Angelo Constantini, genannt *Mezzetin*. Er gab sie um 1729, als er einmal mit Gueulette bei Riccoboni eingeladen war. Indessen ist er nicht der Mann, dessen Worte wir ohne weiteres als bare Münze hinnehmen dürften; auf was es uns ankommt, ist, dass auch er von einem *la fausse Prude* betitelten Stücke spricht, das angeschlagen worden (ob auch gespielt, ist nicht gesagt) und somit den Berichten Saint-Simon's und der Herzogin Elisabeth Charlotte nicht widerspricht. Er fügt bei, dass ihre Feinde darauf den König gegen sie aufgereizt haben[2]) und Gueulette schiebt diese Umtriebe den *comédiens français* unter, deren Fürsprech Mlle. Raisin gewesen sein soll.[3])

Nach all dem können wir etwa folgendes über den Hergang der Aufhebung sagen:

Die „Italiener" affichierten und spielten ein Stück, in dessen Betitelung sofort alle Welt eine Anspielung auf Madame de Maintenon sah. Ob der Inhalt das rechtfertigte, können wir nicht mit Bestimmtheit entscheiden.[4])

Die Feinde des Hôtel de Bourgogne — seien es die *comédiens français* gewesen, die ihre Kollegen als gefährliche Konkurrenten hassten, oder diese oder jene hochgestellten Personen, die den „Italienern" grollten, weil sie sie mit ihrer Satire nicht verschonten — hinterbrachten dem König die Kunde.

Aufs Empfindlichste verletzt, benutzte der moros und devot

---

[1]) Correspondance de Madame, recueil *Brunet*, I, 295. — Aus der Zeit der Aufhebung selbst findet sich in den bis jetzt von Ranke, Holland, Bodemann, Brunet, Jaeglé herausgegebenen Briefen keine diesbezügliche Urkunde.

[2]) GUEULETTE, Ms. der Oper, I, 126 ff.; von den PARFAICT in den *Dictionnaire de théâtre* VI, 455 herübergenommen, wieder abgedruckt bei CAMPARDON, II, 143 note 2. — Schon Gueulette misstraut Mezzetin.

[3]) *Mlle. Raisin, veuve alors, devint, selon l'expression discrète des frères Parfaict, encore plus célèbre par une auguste protection que par son talent* (Despois, p. 349).

[4]) Gedruckt ist das Stück nicht, das Manuskript, das wohl bei der Schliessung des Theaters konfisziert wurde, zweifellos vernichtet.

gewordene Ludwig XIV, der ja schon längst das Verdammungsurteil über das Theater überhaupt ausgesprochen hatte, die Gelegenheit, wenigstens diesen einen Stein des Anstosses aus dem Weg zu räumen, und hob die italienische Bühne auf.

Von offiziöser Seite hatte man dem Publikum keine Mitteilung über den Grund der Aufhebung zukommen lassen,[1]) woraus es sich erklären mag, dass man später in den Meinungen darüber auseinandergieng.

Der Blitzstrahl, der die Comédie-Italienne getroffen, war zwar unerwartet, aber nicht aus heiterem Himmel auf sie hernieder gefahren.

Wie unerwartet er gekommen, illustriert der Umstand, dass der König noch zwei Monate vor der Aufhebung (am 5. März 1697) einen Ordnungsbefehl erliess, der den Gratis-Eintritt verbot *aux Comédies tant françoise que italienne.*[2]) Wie gewitterschwer aber die Luft war, wie die Blitze nicht unheimlicher über den Häuptern der *Français* zuckten als über denen der *Italiens*, geht daraus hervor, dass die Pariser schon einmal Gefahr gelaufen, überhaupt keine *Comédie* mehr zu haben. Das Dokument, das uns das sagt, verdient in extenso mitgeteilt zu werden; es ist ein Brief, den Liselotte an ihre Tante in Hannover schreibt:

Paris, den 23. Dec. 1694.

. . . . . Wir hetten schir keine comedien mehr gehabt: die Sorbonne, umb dem König zu gefahlen, hatt sie wollen verbietten laßen, der ertzbischoff von Paris aber undt pere de la Chaise sollen zu dem König gesagt haben, daß es zu gefährlich were de banir les divertissements honnestes, weillen es die jugendt zu mehren abscheulichen lastern treiben würde. Also ist die comedie gottlob geblieben, welches, wie man versichert, deß großen mans alte hutzel greulich verdrießen solle.[3])

Mann erinnert sich, dass gerade in der Fastenzeit dieses selben

---

[1]) Germain BRICE schreibt in der *Description de la vile de Paris*, 1713 I, 317, das Théâtre-Italien sei aufgehoben worden *pour des raisons dont on n'a pas daigné informer le public* (vergl. Despois, p. 67).

[2]) Abgedruckt bei CAMPARDON, *Les comédiens du roi de la troupe française*, Paris 1879, p. 316.

[3]) BODEMANN, *Aus den Briefen der Herzogin Elisabeth Charlotte von Orléans*, Hannover 1891, I, 203. — Die Gefahren der damaligen reaktionären Strömung für das Theater illustriert auch noch ein anderer Brief früheren Datums. Anlässlich des Rücktritts Baron's heisst es: *Saint-Cloud, le 1 mars 1691 . . . . le meilleur comédien quitte le théâtre. Les dévots lui ont fait peur en lui disant qu'on chasserait tous les comédiens et qu'on donnerait une pension au premier qui quitterait . . .* (Correspondance de Madame, recueil JAEGLÉ, III, 88).

Jahres, auf Caffaro's *Lettre d'un théoligien illustre* hin, die *Querelle pour et contre la comédie* so heftig entbrannt war.[1])

Am 8. Januar 1696 kommt dem König zu Ohren, dass die „Italiener" in ihren Komödien „Schweinereien" bringen und es wird ihnen darauf bedeutet *que s'il leur arrive de faire quelque posture indécente ou dire des mots équivoques et quelque chose qui soit contre l'honnesteté Sa Majesté les cassera et les renvoira en Italie*[2]) und zu deren Überwachung wird ein Spitzel *(quelqu'un de confiance)* abbeordnet. Aber 1701 (31. März) werden wegen *expressions et postures indécentes,* die in ihren Stücken wieder überhand nehmen, gleicherweise die *comédiens français* gerügt und bedroht;[3]) sie haben damit den äusseren Anlass gegeben zur 1702 erfolgten offiziellen Einsetzung der Theater-Censur, nachdem schon 1695 die Idee sich Ausdruck verschafft, die Forderung der vorangehenden Approbation der Stücke zu stellen.[4])

Es ist oft gesagt worden, die „Italiener" hätten die Verbannung mit ihrer unverschämten Satire verschuldet.[5]) Aber ihr *castigat ridendo mores* musste den König wenig verletzen, so lange seine nächste Umgebung davon verschont blieb. Wenn wir richtig in die Zeit hineinsehen, so ist es die Comédie-Française, die am gefährdetsten dasteht. Das Schwert, das Ludwig XIV zum Hiebe gezückt hält, von dem redegewandten Bossuet, der selbst nur der Interpret der Kirchenväter ist, sekundiert, zielt auf das Theater überhaupt; dieses gilt als ein sittenverderbendes Institut. Und von dieser Anschauungsweise aus musste die *haute comédie* mit ihrer ernst zu

---

[1]) In kürzester Zeit waren etwa ein Dutzend Opuskel aus dem Boden gewachsen (vergl. LALOUETTE, *Histoire abrégée des ouvrages . . . . pour et contre la comédie et l'Opéra,* Orléans 1697).

[2]) CAMPARDON, t. I, p. XXIII.

[3]) Siehe die betreffende Akte bei BONNASSIES, Chap. XI: *La censure à la comédie.*

[4]) Anlässlich der Beschwerde eines Kommissarius, den die „Italiener" lächerlich gamacht hatten. Es heisst da: *Il seroit à souhaiter pour le public que toutes les pièces de théâtre avant d'être jouées, eussent votre (du lieutenant de police) approbation* (vergl. CAMPARDON, I, 247—248). Das ist unseres Wissens das erste Anzeichen der nahenden Censur.

[5]) Schon damals; so steht z. B. in der Vorrede zur Ausgabe des Repertoires von Amsterdam 1698, t. II: . . . *sous des expressions générales et ménagées, ils daubent de la manière du monde la plus satirique non seulement les personnes les plus accréditées de France, mais aussi les sociétés les plus puissantes. Aussi est-ce pour cela qu'on vient de les interdire sans retour.*

nehmenden „Darstellung der menschlichen Leidenschaften" gefährlicher erscheinen als die Comédie-Italienne, *où l'on allait que pour y rire.*

Wenn in der Folge trotzdem in der Comédie-Française weiter gespielt wird, so geschieht es, weil es zu gewagt erscheint, deren Thore zu schliessen, wie der angefügte Brief von 1694 deutlich zeigt. Und wenn einzig die „Italiener" ihr Spielhaus räumen müssen — (in welchem in der Folge eine Lotterie installiert werden sollte!) —, so ist das die Folge einer besonderen Ursache: der König fühlt sich an einer empfindlichen Stelle touchiert — ob nun die „Italiener" die Frau von Maintenon thatsächlich lächerlich gemacht, oder ob sie bloss einer gemeinen Insinuation zum Opfer gefallen.

Im Jahre 1700 gibt Gherardi das aus fünfundfünfzig Stücken bestehende französische Repertoire der anfgehobenen Truppe im Drucke heraus, nachdem schon vorher Anlänfe zur Veröffentlichung desselben gemacht worden waren. (Vergl. Anhang I.)

Mit Gherardi's Sammlung „war ein Steinbruch eröffnet, welcher der dänischen Bühne Holberg's manche Quadern lieferte, aus dem Hanswurst-Stranitzky viele Wagenladungen nach Wien karrte und wo auch der findige junge Lessing Material für burleske Episoden gewann".[1]) Für Holberg war das *Théâtre italien* geradezu die Hauptfundgrube[2]) und die *Olla potrida* (1711) kommt einer freien Übersetzung desselben gleich, die nur unterbrochen ist durch Einschiebsel aus Abraham a Santa Clara.[3])

Und in England? Italienische Schauspieler hatten sich schon im XVII. Jahrhundert auch jenseits des Kanals niedergelassen, wo sie „bald auserlesene Lieblinge der Londoner Theaterbesucher" wurden.[4]) Ihr Theater muss sehr *en vogue* gewesen sein, als Rowe ausrief:

Must Shakespeare, Fletcher, and laborious Ben,
Be left for Scaramouch, and Harlequin?[5])

---

[1]) Erich SCHMIDT, *Lessing.* Berlin 1884, I, 105.

[2]) Die Quellennachweise im Einzelnen bei R. PRUTZ, *Holberg, sein Leben und seine Schriften.* Stuttgart und Leipzig 1857, p. 140 ff.

[3]) Vergl. die Ausgabe des Stranitzky von R. M. WERNER in den *Wiener Neudrucken,* Heft 10, Wien 1886, wo eine minutiöse Zusammenstellung des Entlehnten gegeben ist.

[4]) Vergl. *Englische Sprach- und Litteratur-Denkmäler,* herausgegeben von Karl VOLLMÖLLER, Heft 3, 1886. — Eine spezielle Untersuchung über die Comédie-Italienne in London kennen wir nicht.

[5]) Vergl. *An Apology for the Life of Mr. Colley Cibber, Comedian, written by Himself,* London 1740.

Zweifellos schöpfte man auch da reichlich aus dem Gherardi'schen Repertoire. Ein Beweis dafür sind die Übersetzungen, die von einzelnen Stücken vorliegen.[1])

In Frankreich selbst wurde ein grosser Teil der Stücke entweder in ihrer Originalgestalt oder in Form von Umarbeitungen in den Foire-Theatern und auf der Nouvelle Comédie-Italienne wieder gegeben.[2]) Deren Einfluss auf das XVIII. Jahrhundert darzuthun, liegt nicht in unserer Aufgabe; Andeutungen darüber sind gemacht im Kap. IV, wo von den Parodien und von der musikalischen Komödie gesprochen wird.

Noch sind einige Reprises zu verzeichnen, die man in jüngster Zeit veranstaltet hat.

Colombine Avocat pour et contre wurde in Form einer amüsanten Nachahmung unter dem Titel *Colombine juge et partie* am 11. Nov. 1877 in den *Matinées caractéristiques* des Théâtre de la Gaïté und am 18. Nov. gleichen Jahres in den *Matinées internationales* des Théâtre des Nations mit Conférences von Francisque Sarcey — die am 12. und 19. Nov. im *Temps* erschienen — wieder aufgeführt und von neuem in der etwas veränderten Version von Alphonse Pagès (*L'Avocat pour et contre, Pasquinade en un acte en vers,* Paris 1891) am 26. Jan. 1891 im Odéon. Daselbst hatte man schon im Winter 1899—1900 die *Matrone d'Ephèse ou Arlequin Grapignan* wieder gegeben, wozu N.-M. Bernardin eine Conférence hielt, die in der Revue des Cours et Conférences in der Nummer vom 7. Dec. 1899, p. 130—140 veröffentlicht ist.[3])

---

[1]) a) *Les deux Arlequins etc.* — Translated in to English by Brown, London 1718.

b) *The Fair of St.-Germain.* — Farce translated from the French of E. B. 1718.

Sodann vier Übersetzungen der *Filles errantes.*

c) *The intriguing Chambermaid* .... taken from French of Regnard .... by H. Fielding, London 1750.

d) idem. 1780 (?).

e) idem. 1806 (Minor British Theater by Cawthorn, vol. 2).

f) idem. 1824 (British Drama, vol. 2, London).

Alle auf dem British Museum; a—b auch auf der Bibl. Nat. in Paris.

[2]) Vergl. Le Nouveau Théâtre Italien, Paris 1753, t. I. Catalogue alphabétique des Comédies représentées . . . depuis l'année 1716.

[3]) Sarcey berichtet, das Publikum habe sich bei diesen Reprises ausserordentlich amüsiert und er, der Historiker, habe durch eine einzige Aufführung in wenig Minuten mehr gelernt, als zuvor durch tagelanges Studium — worum wir ihn freilich beneiden müssen —. Ob während des Ausstellungsjahres 1900 im *Vieux Paris* solche Versuche erneut worden sind, was man vermuten möchte, ist uns unbekannt.

Bibliographie.

Loret's *Muse historique* hat 1665 aufgehört zu erscheinen[1]) und die Fortsetzer der „burlesken Zeitung", Robinet etc., werden dem Publikum erst später zugänglich sein.[2]) Wie sehr De Vizé's *Mercure Galant* (seit 1672) als Klatschblatt bekannt ist, so bringt er doch manche Aufschlüsse, die uns willkommen sind. Einige wertvolle und zuverlässige Einzelheiten lassen sich aus Jean-Nicolas de Tralage entnehmen, einem Zeitgenossen Molière's und der „Italiener", dessen auf das Theater sich beziehende handschriftliche Aufzeichnungen der Bibliophil Jacob herausgegeben hat: *Notes et Documents sur l'histoire des Théâtres de Paris au XVII. siècle.* Paris 1880.[3])

Der erste Historiker des Théâtre-Italien in Paris ist der als Litterat und Mitarbeiter an den Stücken der Nouvelle Comédie-Italienne wohlbekannte Thomas-Simon Gueulette. Sein handschriftliches Material hat jetzt in den Archiven der Oper (Nr. 483 und 484), für die es 1893 der Bibliothekar derselben, Herr Nuitter †, angekauft hat, einen sichern Hort gefunden, nachdem es auf manchen Wanderungen auch durch die so unglücklich zerstückelte Collection Soleinne (Catalogue t. V, no 329) gegangen war. Es betitelt sich *Histoire du Théâtre Italien depuis l'année 1577 jusqu' en 1750 et les années suivantes par M. G.* und bildet mit der Übersetzung des *Scenario de Dominique* (vergl. darüber Anhang I) zwei Bände in 4°, in die eine Reihe alter Stiche eingestreut sind. Wir citieren nach der Pagination in roter Schrift.[4])

Was im Ferneren im XVIII. Jahrhundert über die Geschichte der Comédie-Italienne gebracht wird, ist Plagiat. Die grössten Plagiatoren, freilich nicht ohne es einzugestehen, sind die frères Parfaict. Ihre *Histoire de l'ancien Théâtre Italien depuis son origine en France jusqu'à sa Suppression en l'Année 1697, suivie des Extraits ou Canevas etc., par les Auteurs de l'Histoire du Théâtre Français,* à Paris, chez Lambert 1753 und chez Rozet 1767 (nach welch

---

[1]) Paris 1650—65, 3 voll. Neuausgabe, Paris 1857, 4 voll.

[2]) *Les Continuateurs de Loret etc.* (1665—89), herausgegeben vom Baron James de ROTHSCHILD, Paris 1881 ff. Erschienen sind bis jetzt bloss t. I (Mai 1665 bis Juni 1666) und t. II (Juli 1666 bis Dezember 1667).

[3]) Das Manuskript besitzt die Bibliothèque de l'Arsénal, fonds français, cotes 6541—6545, 5 voll.

[4]) Über ein anderes, gelegentlich citiertes Manuskript Gueulette's, das in der Bibliothèque de l'Arsénal ist, vergl. w. u. p. 23, Anmerk. 1.

letzterer Ausgabe wir citieren),[1]) ist beinahe eine Drucklegung tale quale der gekürzten handschriftlichen Aufzeichnungen Gueulette's, die dieser ihnen zum Geschenk gemacht hatte (vergl. die Vorrede dazu). *Il y a beaucoup d'erreurs dans cet ouvrage, et l'historique des commencements dudit théâtre est représenté de façon incomplète. Les recherches sont nulles* (Baschet, op. cit., p. 93, note 1). Dieses Urteil trifft natürlich auch für Gueulette zu und für die Historiker, die den Parfaict folgen: (Desboulmiers), *Histoire anecdotique du Théâtre Italien depuis son rétablissement en France jusqu'à l'année 1769*, Paris 1769, 7 voll. und D'Origny, *Annales du Théâtre Italien depuis son origine jusqu'à nos jours.* Paris 1788, 3 voll., die beide je im ersten Bande einen geschichtlichen Überblick über das Ancien Théâtre-Italien geben.[2])

Erst unsere Zeit hat mit ihrer auf Urkundenforschung basierenden Methode zuverlässige Darstellungen des Geschichtlichen der Comédie-Italienne und des Biographischen ihrer Schauspieler geschaffen: Baschet (vgl. w. o., p. 4, Anm. 1); — Campardon, *Les Comédiens du roi de la troupe italienne, pendant les deux derniers siècles. Documents inédits recueillis aux Archives Nationales,* Paris 1880, 2 voll. (mit einer Einleitung, die einen resümierenden Ueberblick über die ganze äussere Geschichte der „Italiener" in Paris gibt); — Luigi Rasi, *I Comici italiani, Biografia, Bibliografia, Iconografia,* Florenz 1897 ff. Das letztere, im Erscheinen begriffene Werk, das reich illustriert ist und dem teils eigene Forschungen zu Grunde liegen, wird in alphabetischer Anordnung sämtliche italienische Bühnenkünstler alter und neuer Zeit vereinigen. Es hat uns bis Letter P zur Verfügung gestanden.[3])

---

[1]) Irrtümlicherweise wird gelegentlich von zwei Bänden gesprochen, während es bloss einen einzigen gibt.

[2]) Die verschiedenen *Lettres,* meist polemischer Natur aus dem Anfang des XVIII. Jahrhunderts, der *Calendrier historique* von 1751 u. a. m. beziehen sich auf das Nouveau Théâtre-Italien, aber mit instruktiven Vergleichen mit den „Italienern" die die Sammlung von Gherardi spielten.

[3]) Eine nähere Betrachtung der Artikel über die *commedianti dell'arte,* die in Frankreich gespielt, über die wir uns einzig ein Urteil erlauben, hat zu unserm Bedauern ergeben, dass man dem prächtigen Werke Rasi's den Vorwurf ungenügender Wissenschaftlichkeit nicht immer ersparen kann. Einige Belege dafür: Rasi lässt einschlägige kritische Werke unbenutzt (vergl. w. u., Kap. III, § 6), schöpft aus Quellen, die unzuverlässig sind, und führt sie überdies nicht einmal an (vergl. w. u., Anhang I, B.), gibt Unrichtigkeiten (vergl. w. u., Kap. III, § 8). Zu einem derartigen Werke gehört sodann eine vorausgeschickte kritische Biographie; statt dessen werden hier die benutzten Bücher, z. B. Parfaict, Dutzende von Malen immer von neuem

Während Rasi in erster Linie die Biographien der Schauspieler zu schreiben im Auge hat, legt Maurice Sand, *Masques et Bouffons* (Paris 1860), den Schwerpunkt auf die Schilderung der Typen.[1]) Wie der Untertitel dieses stattlichen zweibändigen Werkes — *Comédie Italienne* — schon andeutet, beschränkt sich dasselbe auf die Darstellung der „Italiener", die in Paris gespielt haben. Sand gebührt das Verdienst, zum erstenmal die feststehenden Typen der *commedia dell' arte* eingehender charakterisiert und gruppiert zu haben, womit er ihnen ein bleibendes Denkmal gesetzt hat.[2])

Was das Repertoire der Comédie-Italienne in Paris in der zweiten Hälfte des XVII. Jahrhunderts anbetrifft, so hat Moland in seinem klassischen Buche *Molière et la Comédie Italienne* (Paris 1867) wohl endgültig darüber gesprochen; daselbst ist auch über die Französisierung der „Italiener" Treffliches gesagt.[3])

Die Sammlung von Gherardi im Besonderen ist ausser in den genannten Conférences von Sarcey und Bernardin (vergl. w. o., p. 18) in den folgenden zwei grösseren Artikeln untersucht worden: *Les Oubliés. Théâtre de Gherardi* von Jules Guillemot, in der *Revue Bleue* vom 7. Januar, 25. März, 24. Juni und 25. November 1893;[4]) — *Il Teatro d'Evaristo Gherardi* von Pietro Toldo, in der Nummer vom 16. April 1897 der *Rassagna Nazionale* (26 Seiten). Während Toldo vor allem die *ascendenti* und *discendenti* der Gherardi'schen Komödien zu eruieren sucht, beleuchtet Guillemot einige Seiten der sittengeschichtlichen Bedeutung der Satire dieser Stücke.[5])

---

wieder und stets mit mangelhafter Ausführlichkeit angeführt. Was das Ikonographische anbetrifft, vergl. Anhang II.

[1]) Eine analoge, viel weniger umfangreiche Arbeit, die Sand zum Vorbild gedient haben mag, war schon 1826 in Berlin erschienen: VALENTINI, *Trattato su la Commedia dell 'arte ossia improvvisa. Maschere italiane* (daneben deutscher Text), worin einige Typen Italiens und besonders des römischen Karnevals in Wort und Bild dargestellt werden.

[2]) Sand bringt zugleich ein reichhaltiges, biographisches Material, das indessen nicht immer zuverlässig ist und stets dargeboten wird, ohne dass er dessen Herkunft nennt. Von den vielen eingestreuten Szenen stammt eine Reihe aus der Sammlung von Gherardi, was indessen häufig nicht angegeben wird. Zu den beigegebenen Zeichnungen vergl. Anhang II.

[3]) Vergl. die letzten Kapitel.

[4]) Guillemot hatte schon am 15. Mai 1866 in der *Revue Contemporaine* über das Gherardi'sche Theater geschrieben.

[5]) Von ganz kurzen Charakteristiken derselben könnten wir nennen: Erich SCHMIDT, Lessing, I, 105—107; LINTHILHAC, *Lesage*, Paris, 1893, p. 125—126; DESPOIS, chap. V.

Von anderen Werken, die wir des öfteren zu citieren in den Fall kommen werden, seien hier genannt:

Louis Riccoboni, *Histoire du théâtre italien etc.* Paris 1728 —1731, 2 voll. (über das italienische Theater in Italien).

Adolfo Bartoli, *Scenari inediti della commedia dell' arte,* Florenz 1880, wo in der 183 Seiten fassenden *Introduzione* eine Art trefflicher Encyklopädie der *Commedia dell' arte* gegeben wird.[1])

V. Barberet, *Lesage et le théâtre de la Foire,* Nancy 1887 (Pariser Doktordissertation).

Gustave Larroumet, *Marivaux, sa vie et ses oeuvres,* Paris 1882.

Eugène Despois, *Le théâtre français sous Louis XIV,* 4e édition, Paris 1894.

Jal, *Dictionnaire de biographie et d'histoire,* Paris 1872 (wir verweisen auf die betreffenden Artikel).

Jules Bonnassies, *La Comédie-Française. Histoire administrative, 1658—1757,* Paris 1874.

Registre des Menus (Plaisirs du Roi), Jahre 1683—97. Archives Nationales, O1, 2819—2828.

Paul Lacroix, *Le XVIIme Siècle. Institutions, Usages et Arts. France 1590—1700.* Paris 1880.

---

[1]) Über die seit dieser Publikation aufgefundenen, umfangreichen Canevas-Sammlungen gibt CROCE Mitteilungen im *Giornale storico della letteratura italiana,* XXIX, 211 ff.

Erstes Kapitel.

Inhaltsangaben der Stücke.

Da wir den Zweck verfolgen, das Gherardi'sche Repertoire, insoweit es kultur- und litterarhistorisch merkwürdig ist, als Ganzes zu schildern, so mögen einzelne Stücke in ihrer Würdigung zu kurz kommen. Die Inhaltsangaben, die wir vorausschicken, sollen denn auch nur den Umfang haben, der uns zum Verständnis der folgenden Diskussion als dienlich erscheint.[1])

1. Arlequin Mercure Galant.

Fatouville — 22. Januar 1682.

Jupiter hat sich in eine irdische Schöne verliebt und ist, um sie zu gewinnen, auf die Erde heruntergestiegen, indessen er über die Weltbegebenheiten durch *Mercurius* (Arlequin) auf dem Laufenden gehalten wird *(Scène des Nouvelles)*.[2]) *Arlequin* soll auch des Olympiers Liebesbote sein, wird jedoch von *Rosalba* — so heisst das umworbene Mädchen — abgewiesen. — —

Das Stück beschliesst eine Gerichtsszene, in welcher wir *Arlequin* gegen die Geld benötigende *Proserpina* und deren Advokaten *Grippimini* das Testament verteidigen sehen, das der dahingegangene *Pluton* zu Gunsten seiner Söhnchen aufgesetzt hat *(Scène du Plaidoyer)*.[3])

---

[1]) Detailliertere Inhaltsangaben gibt das sehr seltene Büchlein von (DU GÉRARD), *Tables alphabethiques et chronologiques des pièces représentées sur l'ancien Théâtre Italien, depuis son établissement jusqu'en 1697, qu'il a été fermé.* Paris, Prault 1750 (Vergl. Catalogue Soleinne, t. V, n⁰ 328, Anmerkung). Bibl. Nat. Inventaire Y f. 1955. — Nichts anderes als Analysen der Stücke der Sammlung von Gherardi enthält auch ein Manuskript der Bibliothèque de l'Arsenal; GUEULETTE, *Recueil de Pièces, t. VII: Théâtre Italien de Gherardi* (fonds français, n⁰ 3454, fol. 1—92).

[2]) Diese Szene, die dem Stücke den Titel gegeben, war durch die grosse Beliebtheit von DE VIZÉ's Journal *Le Mercure galant* inspiriert worden. — Ein Jahr später, 1683 (und nicht 1679, wie fälschlich etwa gesagt wird), schreibt dann BOURSAULT einen *Mercure Galant (= Comédie sans titre)* für das Théâtre-Français.

[3]) Das Stück muss schon ein Jahr früher, wahrscheinlich ohne französische Szenen aufgeführt worden sein, denn der *Mercure Galant* spricht im April 1681 von einer *Arleq. Mercure Galant, autrement Dieu Mercure.*

2. La Matrone d'Éphèse ou Arlequin Grapignan.

Fatouville — 12. Mai 1682.

Ungeachtet des Titels liegt hier keineswegs eine neue Version des berühmten Stoffes der Weltlitteratur vor, jener Satire auf die Weibertreue, die uns Petronius überliefert hat. Die Matrone von Ephesus tritt vielmehr bloss episodenhaft in dem Stücke auf.

Arlequin tröstet die weinende Witwe und vergisst darob Margot, die er im Begriffe war zu heiraten, empfiehlt sich der Matrone von Ephesus *(Eularia)*, welche ihm auch die Hand reicht und ihm obendrein das Amt eines *Procureur* ihres Onkels *Coquinière* kauft. Nachdem dieser den *Arlequin* in die Geheimnisse seiner schurkischen Kunst eingeweit *(Scène d'un vieux Procureur)*, praktiziert dieser als *M. Grapignan* nun selber in der Weise, dass er alle Leute aussaugt, betrügt und bestiehlt, einer reichen Alten Vermögen durch einen neuen Ehekontrakt zu bekommen strebt, als die Epheserin und die Klienten jedoch seine Kniffe entdecken, worauf er zum Galgen abgeführt wird *(Scènes de l'Étude)*.[1])

3. Arlequin Lingère du Palais.

Fatouville — 4. Oktober 1682.

Eularia, die Tochter des *Scaramouche*, soll *Pasquariel* heiraten. Sie liebt jedoch *Cinthio*, dessen Diener *Arlequin* die Heirat mit allerhand Streichen hintertreibt.

Durch einen Trunk verrückt geworden, durchbohrt *Pasquariel* mit dem Degen Arlequin's Weinflasche, glaubt, er sei Rodrigo und der trauernde Arlequin Chimene, die Rache verlange für ihre — *bouteille percée* (Parodie des Cid).

Scaramouche endlich wird durch Schattenspuk so sehr in Furcht gejagt, dass er in die Heirat *Eularia's* mit *Cinthio* einwilligt und einen infernalischen Kontrakt unterzeichnet.

4. Arlequin Protée.

Fatouville — 11. Oktober 1683.

Die zwei Nörgeler *Proteus* und *Glaukos* sind aus dem Reiche *Neptun's* verjagt worden. Jetzt handelt es sich, was zu leben zu kriegen. Sie entschliessen sich, unter den noms de guerre *Arlequin* und *Mezzetin* das Handwerk der Diebe zu betreiben, und gehen nach Paris.

---

[1]) Vergl. w. u., Kap. II, § 3.

Hier angekommen, bewährt sich *Arlequin* gleich als vorzüglicher Beutelschneider an zwei Gastwirten, die sich um ihn streiten; dann beraubt er mit *Mezzetin* das Haus des *Docteur* und bestiehlt den *Scaramouche,* und als alles hinter den Schelmen her ist, erscheint *Arlequin* in eigener Person als Kommissarius, als welcher er jedoch die Beschädigten nach kurzer Prozedur mit Zauberkünsten verscheucht.

Darauf wirbt Proteus, als Schauspieler *La Comète, Isabelle,* die zarte Tochter des Docteur, und die lustige *Colombine* für seine Truppe, welche gleich eine Probe ihres Könnens in der Parodie der Bérénice gibt.

Die Schlusszene bildet ein gewichtiges Plaidoyer der Advokaten *Pillardin* und *La Ruine* für und gegen den *Docteur,* dessen Hündchen einem *Clerc* den Mantel zerrissen, das mit der Freisprechung des *Comédien Italien* endet.

5. Arlequin Empereur dans la Lune.

Fatouville — 5. März 1684.

Der *Docteur,* der einen festen Glauben an die Bewohntheit des Mondes hat, wovon er *Pierrot* umsonst zu überzeugen sucht, hat nebenbei auch drei Mädchen im Hause, für die er gute Partien weiss: *Isabelle,* die Tochter, *Eularia,* die Nichte, und *Colombine* seine Magd; er will sie alle drei verheiraten.

Das bringt *Arlequin,* der die *Colombine* gern hätte, in Verzweiflung; er will sterben, ist jedoch über die Art des Selbstmordes in Verlegenheit, bis er sich entschliesst, sich tot zu lachen.[1])

In der folgenden Scene *(de la Fille de Chambre)*[2]) erscheint er jedoch, um in das Haus, wo *Colombine* dient, einzudringen, als Zofe wieder. Obwohl ihn seine ausserordentlichen Eigenschaften bei der Frau des Docteur *(Pierrot)* sehr empfehlen, verfehlt er den Zweck, indem der *Docteur* in ihm eine *coureuse du Pont-Neuf* entdeckt.

Nach erneuten fehlgeschlagenen Versuchen einer Annäherung bittet er, indem er sich die Mond-Träumereien des Docteur zu Nutzen macht, als *Ambassadeur de l'Empereur de la Lune* um die Hand

---

[1]) *„Ceux qui ont vu cette Scène, conviendront que c'est une des plus plaisantes qu'on ait jamais jouée sur le Théâtre Italien“.* Anmerkung Gherardi's.

[2]) Diese Szene wurde der Nürnberger Molière-Ausgabe von 1695—96: Histrio Gallicus comico-satyricus etc. IV. 333 ff. beigedruckt und ist von Ed. Fournier, *La Valise de Molière,* Paris 1868, p. XXXIV—XXXVI für Molière in Anspruch genommen worden, vergl. dazu A. Desfeuilles, Molière (Gr. Ecrivains) Notices bibliogr. p. 101 ff.

Isabelle's für seinen Herrn, überzeugt den geschmeichelten Docteur von der Wahrheit seiner Aussagen, worauf Seine Majestät der Kaiser vom Monde (immer Arlequin) selbst erscheint. Nach allerlei Nachrichten über jene Welt *(C'est tout comme chez nous)*[1]) soll zur Hochzeit gerüstet werden, als jedoch drei *Chevaliers du Soleil* hereinbrechen, den Mondkaiser herausfordern und besiegen und *Isabelle, Colombine* und *Eularia* (die in ihnen wohl die wahren, verkleideten Liebhaber bekommen) für sich in Anspruch nehmen.

6. Arlequin Jason ou la Toison d'Or comique.

Fatouville — 9. September 1684.

Médée ist auf dem Punkte, den geliebten *Jason* glücklich zu machen, als dessen frühere Geliebte *Hypsipile* ihn für sich in Anspruch nehmen kommt. *Médée's* List, dem *Jason* die Figur des hässlichen *Arlequin* zu geben, um *Hypsipile* vor ihm zu degoutieren, fruchtet nichts. Wohl aber bezwingt *Médée* den *Jason* mit dem Goldenen Vliess, dessen Eroberung sie ihm in Aussicht stellt unter der Bedingung, dass er sie heirate. Nach gegenseitig aufgestellten Regeln über das Verhalten in der Ehe *(Scène des Item)*, wird die Heirat beschlossen. Bevor sie nach Griechenland verreisen, giebt *Médée* ihrem Geliebten Proben ihrer Zauberkunst: Sie erweckt Statuen zum Leben, worunter z. B. ein Comédien français und ein italien, die sich um den Vorrang streiten *(Scène des Comédiens)*.

7. Arlequin chevalier du soleil.

Fatouville — 26. Februar 1685.

Unter diesem Titel, der von einer nicht überlieferten Szene herrühren muss, sind verschiedene Sujets behandelt, die zusammenhangslos aneinander gereiht sind. Wie das vornehmlich in diesen ersten Stücken häufig der Fall ist, lässt sich eine durchgehende Intrigue nicht herausfinden.

8. Colombine Avocat pour et contre.

Fatouville — 10. (8.) Juni 1685.

Arlequin hat hunderttausend Thaler geerbt. Er nennt sich jetzt *Marquis de Sbruffadelli* und wirbt um *Isabelle,* die reiche Tochter des *Docteur*. Seine frühere Geliebte, der er die Heirat versprochen und welche er in Venedig hat sitzen lassen, kommt jedoch

[1]) Szene, aus der Holberg für seinen Ulysses geschöpft hat. Vergl. Prutz, op. cit., p. 140 f.

ebenfalls nach Paris. In Verkleidung gelingt es ihr, sich ihm zu nähern und ihn durch plötzliche Entpuppung fürchterlich zu erschrecken. *(Perfido, traditore, tu m'avrai negli occhi se non m'hai nel cuore!)* Sechsmal wiederholt sie den Streich. Schliesslich wird die wahre Gestalt des *Marquis* entdeckt; er wird ergriffen und zum Galgen verurteilt. Aber *Colombine,* als Advokat, verteidigt ihn so gut, dass der Richterspruch widerrufen wird, worauf *Arlequin* dieselbe mit seiner einstigen Liebe neu beschenkt und heiratet.[1])

9. Isabelle Médecin.

Fatouville — 10. Sept. 1685.

Cinthio, ein junger Turiner, wird von seinem Vater gedrängt, *Colombine,* eine reiche Bürgerstochter, zu heiraten, die in Paris lebt. Zwar reist *Cinthio* dahin, fühlt sich jedoch von *Colombine* abgestossen und verliebt sich in die schöne *Isabelle,* die ihrerseits seinen Reizen nicht widerstehen kann. Diese gibt sich nun die Gestalt ihres eigenen Bruders, eines Arztes, den *Cinthio* um ihre Hand zu bitten hat, in welcher Verkleidung sie sich von der Echtheit der Leidenschaft ihres Geliebten überzeugen kann. Zugleich erkennt sie, dass *Colombine*, die ihm bestimmte Braut, denselben nicht liebt, indem sich diese in *Isabelle,* die sie für einen wirklichen Arzt hält, verliebt. So ist es nur gerecht, dass *Isabelle* und *Cinthio* sich bekommen. Für die getäuschte *Colombine* aber, die nun nicht länger auf dem homosexuellen Gegenstand ihrer Liebe beharrt, bringt der Zufall einen willkommenen Bewerber in *Octave.*[2])

10. Le Banqueroutier.

Fatouville — 19. April 1687.

Die Finanzen des Bankiers *Persillet* sind erschöpft. Um auf dem selben hohen Fusse weiter leben zu können, handelt es sich darum, Geld zu bekommen. Der Notar *M. de la Ressource* rät ihm, den unbegrenzten Kredit, den er geniesst, auszubeuten, indem er grosse Summen borge und darauf einen betrügerischen Bankrott inszeniere. Das geschieht. *Persillet* verduftet darauf plötzlich mit seinem gesamten Darlehen; man munkelt von Falliment und die

---

[1]) Das Stück ist seither in Form einer Neubearbeitung wieder aufgeführt worden (vergl. w. o., p. 18).

[2]) Dieses Sujet ist oft dramatisiert worden, im 18. Jahrh. z. B. nach Gueulette in einem Stück der opéra comique: *Les Aventures de Strasbourg.*

Gläubiger, als deren einer sich der schurkische Notar ausgibt, machen unter sich in aller Stille mit einem Dritteil ab.

Die Familie *Persillet* scheint gerettet, als jedoch die Kassette welche die ganze herrliche Frucht des Manövers enthält, in die Hände der Justiz gelangt. Aber glücklicherweise kommt der reiche *Prince des Chimères* um *Isabelle,* die Tochter des Bankiers, werben und als die Gläubiger mit der Polizei, den entdeckten Betrug zu bestrafen, hereinbrechen, entpuppt sich der Chimären-Prinz als *Aurélio,* der Isabelle liebt, und einer der Kläger, der *Docteur,* erkennt in ihm seinen Sohn, was zur Folge hat, dass der Konflikt gelöst und zwei Menschen gebunden werden.[1])

11. La Cause des Femmes.

Montchesnay — 26. Dezember 1687.

M. de Bassemine, ein Pariser Bürger, der etwas Geld hat, hat sich in den Kopf gesetzt, seine Tochter dem achtzigjährigen Arzte *M. Tuetout* zu geben. Die schöne *Isabelle* jedoch, die den jungen *Aurélio* liebt und von ihm wieder geliebt wird und überdies, an den Verkehr mit Schöngeistern und Spielern gewöhnt, niemals einem Bourgeois die Hand reichen würde, widersetzt sich mit Entschiedenheit dem Willen ihres Vaters, welch letzterer in der Weise düpiert wird, dass er einem *Commissaire* (Arlequin), der mit der *Colombine,* der Zofe Isabellens, befreundet ist, den Schiedsrichterspruch anheimstellt. *Isabelle* hält eine beredte Verteidigungsrede für die *Cause des Femmes,* während *Colombine* für M. Tuetout plädiert, voll Ironie jedoch, was bewirkt, dass der Alte auf Freiersfüssen sich zurückzieht, worauf *Isabelle* den *Aurélio* heiratet.

12. La Critique de la Cause des Femmes.

Montchesnay — 14. Februar 1688.

Es wird vorausgesetzt, *Isabelle* und *Aurélio* haben sich nicht bekommen. Die junge Schöne hat vielmehr den Alten heiraten müssen, und hier thun wir nun einen Blick in das Intérieur einer solchen Ehe. Bei dieser Gelegenheit erfahren wir auch, als einmal die junge Frau mit ihren Liebhabern aus der Comédie-Italienne, wo die *Cause des Femmes* gegeben worden, nach Hause kommt und das Stück kritisiert wird, allerhand interessante Dinge über die „Italiener“.

---

[1]) Kulturhistorisch höchst interessant an dem Stücke ist die *Scène du Notaire.* Vergl. w. u., Kap. II, § 2.

13. Le Divorce.

Regnard — 17. März 1688.

Selbst die Götter sind neugierig heruntergestiegen, um die Ehescheidung mit anzusehen. *Je pourray bien en faire venir la mode là-haut,* meint Jupiter und setzt sich indessen in den „Olymp“ des Hôtel de Bourgogne (Prolog).

Sotinet, ein hinfälliger Greis, hat die kaum siebzehnjährige *Isabelle* zur Frau bekommen und mit ihr auch die Eifersucht. Er bewacht sie ängstlich und um ihr die Möglichkeit zu nehmen, zur Promenade zu fahren, löst er sogar ein Rad von ihrer Equipage und verbirgt es in seinem Kabinet. Die Abneigung des jungen Weibes, das in Spiel, Gesellschaft und in Freuden aufgehen möchte, gegen den Alten ist auf die Spitze getrieben: sie lässt sich von ihren Freunden bereden, eine Ehescheidung zu erwirken. *Sotinet* soll vor dem Gott der Ehe erscheinen. Nach einem grossen Plaidoyer der Advokaten *Braillardet* und *Cornichon* für und gegen die Scheidung entscheidet *Hymenäos* von dem erhabenen hundertfach gehörnten Tribunal herunter zu Gunsten *Isabelle*'s, die sich nun dem jungen *Aurélio* hingibt, während Herr *Sotinet* ins Irrenhaus geschickt wird.

Von ausgezeichneter Komik sind einige hineingespickte, episodische Szenen, so die, wo *Arlequin* dem *Mezzetin* erzählt, wie er dem Galgen entsprungen (I. 2), die Begegnung des *Maître à danser* mit dem stotternden *Maître à chanter* (I. 6 u. 7), die Visite des *Chevalier de Fondsec* (II. 3).

14. Le Marchand dupé.

Fatouville (?) — 1. September 1688.

Friquet ist ein alter, reicher Kaufmann, der das Opfer seiner verspäteten Gelüste wird. Er hat sich in die hübsche Kokette *Isabelle* vergafft, die — von ihrer Zofe *Colombine* instruiert — dem Alten sein Geld herauslockt. Daneben kokettiert sie mit andern, so mit dem *Marquis d'Oripeau,* der kein andrer ist, als *Mezzetin,* der Sohn Friquet's, ein ganz abscheuliches Subjekt. Nicht genug, dass er den Vater bestiehlt, als Prévôt verkleidet, droht er ihm, als er ihn bei einem Duell überrascht, bis ihm der Geängstigte den Diamant, den er für *Isabelle* bestimmt hatte, herausgibt. Als Maske überrascht *Mezzetin* den Vater bei einem tête-à-tête mit *Isabelle* und wirft ihn hinaus. *Friquet* erfährt, dass sein eigner Sohn diese Ruchlosigkeit begangen, und überzeugt sich davon, als der Zufall Vater und Sohn bei *Isabelle* sich begegnen lässt, worauf der entpuppte Marquis ins Gefängnis abgeführt wird und der düpierte Alte nur mit Schande und Furcht davon kommt, indem ihm dafür, dass er auf die geborgten Summen verzichtet, „aus Gnade“ ein Hinterthürchen geöffnet wird, das ihn vor der Verfolgung seiner eifersüchtigen Frau errettet. — Das Stück endet mit der Ankunft des wirklichen Liebhabers in Paris, *Aurélio*, dem nun *Isabelle* die Hand reicht.

15. Colombine femme vengée.

Fatouville (?) — 5. Januar 1689.

Auf einer Reise in die Provinz erobert *Mezzetin* mit seinen Heiratsversprechungen das Herz der jungen *Olivette*, der Tochter des Docteur, und entführt sie. Unterdessen benützt *Colombine* die Abwesenheit Mezzetin's, ihres Gatten, und kokettiert ihrerseits mit diesem und jenem, selbst mit ihrem eigenen Manne, der, indessen nach Paris zurückgekehrt und als Marquis verkleidet, sich in ihr Haus hat einführen lassen. Nichtsdestoweniger gestaltet sich das Wiedersehen Colombine's und Mezzetin's zu einer herzlichen Kundgebung, worüber freilich die getäuschte *Olivette*, die als arme Magd vorgestellt wird, empört ist und nicht minder die hintangesetzte *Colombine*, die bald erkennt, was Olivette für ihren Gatten bedeutet. Statt nun gegenseitig sich zu zerzausen, vereinigen sich die beiden Weiber, um gemeinsam an der falschen Männerseele Rache zu nehmen. *Mezzetin* wird tüchtig durchgeprügelt und, nachdem er beim Spiel überrascht und gefangen genommen, gerichtet. *Pierrot*, als Richter, entscheidet in der Weise, dass *Olivette* dem *Aurélio*, der sie schon vorher liebte, gegeben wird, *Mezzetin* aber der *Colombine*, seiner rechtmässigen Gattin, von neuem Treue schwören und sie mit Rechten ausstatten muss, die sie zur Herrin des Hauses machen.

16. La Descente de Mezzetin aux Enfers.

Regnard — 5. März 1689.

Der Faden, der durch dieses Stück gieng, ist nicht herauszufinden; dafür sind die vier hier überlieferten Szenen voll Komik und Satire.

Mezzetin ist in Verlegenheit, wie er sich eine Existenz verschaffen soll; seine Frau *Colombine* rät ihm, *Maître à chanter* zu werden, und legt die Vorteile auseinander, die ein solcher geniesst.

In einer andern Szene erzählt derselbe die Galgen-Geschichte seines Vaters, macht der *Isabelle* den Hof, wobei ihn *Colombine* überrascht, nachdem sie ihn durchgeprügelt, sich stellt, wie eben ein Mann vorübergeht, als ob sie die Geschlagene wäre, was dem *Mezzetin* neue Prügel einträgt.

Die *Scène de l'Auteur* kritisiert Schöngeister und Akademiker der Zeit.

Zuletzt sind wir in der Unterwelt, wo die Übervölkerung sorgenerregende Dimensionen annimmt. Da kommen zwei *Musiciens de l'Opéra:* Orpheus *(Aurélio)* und Amphion *(Mezzetin),* die ihre Frauen zurückholen wollen, gelegen. Pluton ist freilich erstaunt, *voilà du fruit nouveau,* meint er; erlaubt aber alle Weiber wegzuführen, seine Proserpina nicht ausgenommen, worauf *Isabelle* und *Colombine,* nachdem ihnen von ihren Gatten *Aurélio* und *Mezzetin* grosse Konzessionen gemacht worden, nach Paris zurückkehren.

17. Mezzetin, Grand Sophy de Perse.

Montchesnay — 10. Juli 1689.

Dem *M. Groguard,* einem Edelmanne aus der Beauce, haben unverdaute Bücher den Kopf verdreht; zudem ist es ihm in Paris, wo seine Frau mit einem andern kokettiert *(Scène du Substitut)* nicht mehr geheuer. Nach Persien, wo die Männer noch Herren über die Weiber seien, will er ziehen und dort auch seine Tochter *Isabelle* verheiraten. Diese wird aber von *Octave* geliebt, der sich nun die Narrheit Grognard's zu Nutzen macht. Wie der *M. Jourdain* Molière's wird er dupiert; indem er glaubt, seine Tochter dem Schâh von Persien zu geben, gesteht er sie dem verkleideten *Octave* zu.

Das gleiche Stück enthält auch eine Parodie der Oper *Armide,* nebst andern zusammenhangslosen Szenen.

18. Arlequin, Homme à bonne fortune.

Regnard — 10. Januar 1690.

1686 gab Baron seinen *Homme à bonnes fortunes* dem Théâtre-Français; nun wollten die „Italiener“ auch den ihrigen haben.

Der Glückliche ist vorerst *Arlequin.* Eine ganze Reihe von Damen beten ihn an, beschenken ihn auch schon in aller Frühe. Zufällig hat jede die Idee, ihn mit einem Schlafrock zu beglücken, den er je nach dem Besuche wechselt. Da passiert es ihm aber, dass er in der Eile einmal alle zugleich anzieht, worauf seine List entdeckt wird, was eine Rauferei zur Folge hat, wobei die eifersüchtigen Weiber freilich schlechter wegkommen als *Arlequin,* der Gegenstand ihrer Rache *(Scène des Robes de chambre).*

Diese und andere episodische Szenen *(Scène de la petite Fille; Scène de la Tirade)* haben jedoch wenig zu thun mit der Intrigue des Stückes, die folgende ist.

Der alte *Brocantin* will sich noch einmal verheiraten, was ihm natürlich den Spott seiner Töchter einbringt. *Isabelle,* die eine derselben, hat er sodann *Monsieur Bassinet,* einem ekligen Arzte, bestimmt, den sie jedoch von sich degoutiert, indem sie, als Offizier verkleidet, ihre eigene Tugend verleumdet, indem sie ihm erzählt, sie schlafe jede Nacht mit ihr zusammen. Schliesslich erscheint der *Prince Tonquin des Curieux,* um *Colombine,* Isabelle's Schwester, zu heiraten. *Brocantin,* geschmeichelt, willigt ein und nun auch in die Heirat *Isabelle*'s mit deren wirklichem Geliebten *Octave,* der, verkleidet, im Gefolge des asiatischen Prinzen ist.

19. La Critique de l'Homme à bonne fortune.

Regnard — 1. März 1690.

Ein lebendiger, amüsanter, mit Satire durchwirkter Einakter! Er spielt sich in einem Gasthofe ab, wo verschiedene vornehme Herren und Damen zusammentreffen, nachdem sie der Aufführung des *Arlequin, Homme à bonne fortune,* beigewohnt. Der *Baron de Platgousset* und der *Procureeur fiscal Nivelet* sind wütend über die „Italiener". Nicht minder die schwangere *Comtesse de la Gingandière,* die in dem grossen Gedränge fast geboren hätte, und ihre Cousine, die dabei um ihre Börse gekommen, während der *Marquis de Roussignac* arg zerzaust worden ist. Sie fahren alle über das Stück her; nur *Monsieur Bonaventure,* der davon nichts versteht, lobt dasselbe und führt mit seinem Widerspruch eine wüste Keilerei herbei, an der noch einmal diese „Bateleurs" des Hôtel de Bourgogne schuld sein müssen.[1])

20. Les Filles errantes.

Regnard — 24. August 1690.

Zwei unstäte Mädchen sind *Colombine* und *Isabelle.* Jene hat Rom verlassen, um *Octave,* ihrem treulosen Geliebten, nachzureisen. Sie trifft jedoch *Cinthio,* der sie verführt, und erfährt von *Isabelle,* dass sie ebenfalls nach Paris gekommen, um einem Ungetreuen zu folgen, und dass dieser eben dieser *Cinthio* ist. In einem Hôtel (man hat das Stück auch L'Intrigue des Hôtelleries genannt), wo sie sich zufällig treffen, verleugnet *Cinthio Isabelle.* Durch eine

---

[1]) Manche Züge bringt Regnard in der *Critique du Légataire* (1708) wieder.

List *Arlequin's* aber, der sich als Commissaire verkleidet, wird er schliesslich doch bewogen, die *Isabelle* zu heiraten, da er dem Galgen, der ihm droht, das Joch der Ehe vorzieht, worauf man sich männiglich belustigt (Parodie der Chaconne de *Cadmus*).

21. La Fille savante.

Fatouville — 18. November 1690.

In der Rue Saint-Denis wohnt ein nüchterner Bürger, *M. Tortillon*, den seine beiden Töchter unglücklich machen, vor allem aber die ältere derselben, *Angélique*. Diese ist ein Blaustrumpf und nicht zu bewegen, einen Mann zu nehmen. Noch tröstet er sich mit der andern, mit *Isabelle;* aber auch diese wird verrückt. In *Angélique* siegt schliesslich doch die gute Natur, als ihr der freundliche *Arlequin*, der sie liebt, die Maximen der Liebe enthüllt; sie erkennt jetzt die wahre Aufgabe des Weibes, die darin bestehe, die Schönheit zu pflegen: *La vraye science d'une femme, c'est d'être belle,* sagt Angélique und wird fortan ihre „Weisheit" nicht mehr in Büchern suchen.

22. La Coquette ou l'Académie des Dames.

Regnard — 17. Januar 1691.

L'homme est un animal qui veut être trompé denkt *Colombine* und führt den eitlen Rabulisten *Nigaudin*, den gespreizten *Capitaine* und andere Verehrer an der Nase herum (I. Akt).

Ihr Vater *Traffiquet* hat sie dem *Bailli du Main*, einem komischen Provinzialen (der sich an Molière's *M. de Pourceaugnac* anlehnt) bestimmt. Indessen liebt *Octave* die *Colombine*. Seine zwei Diener *Pasquariel* und *Mezzetin*, als *Comtesse de Flamèche* und *Marquise Bistoquet*, zwei Damen des Quartier, verkleidet, sollen seiner Geliebten den *Bailli* verleiden und diesem Angst vor der Heirat einjagen, indem sie ihm, als Zigeuner, die Hahnreischaft weissagen (II. Akt).

Trotzdem stellt er sich der Schönen von neuem. Um ihn los zu werden, spielt ihm nun *Colombine* folgenden Streich. Sie bittet ihn, der *Académie des Dames* beizutreten, als deren Mitglied sie keinem Manne die Hand reichen dürfe, der nicht darin aufgenommen worden sei. Er willigt ein, wird grotesk gekleidet, so dass *Traffiquet*, der hinzukommt, glaubt, er sei verrückt geworden, und ihn wegschickt, worauf *Colombine* den *Octave* heiratet (III. Akt).

23. Arlequin Ésope.

Le Noble — 24. Februar 1691.

Äsop hat sich von der Welt zurückgezogen. Dasselbe hat *Rhodope*, eine berühmte Courtisane, ihres ausschweifenden Lebens müde, gethan. Sie liebt den *Äsop* und wird von ihm wieder geliebt. *Äsop* hat einen gelehrten Freund. hässlich und bucklig wie er, den *Docteur Babillard;* diesem hat er seine Tochter *Colombine* versprochen. Sie hat jedoch ihr Herz schon einem andern geschenkt, dem jungen *Octave,* von dem ihr Vater nichts wissen will, weshalb es gilt, ihn zu täuschen. *Colombine* verkleidet sich als *M. Clistorel,* der durch Gestalt und Wissen bald den *Äsop* entzückt, worauf *Rhodope* erklärt, nur unter der Bedingung letzterem die Hand zu reichen, dass er in die Heirat *Colombine's* mit diesem ihr verwandten Arzte einwillige, was auch geschieht. Darauf wird die List entdeckt und *Colombine* bekommt *Octave,* während *Rhodope Äsop's* Gattin wird.

Eine Reihe von Plaideurs treten daneben episodisch auf, Rat und Recht zu suchen bei dem weisen Äsop *(Arlequin),* der die Moral, die er für jeden hat, in eine Fabel kleidet, ähnlich wie ein Jahr früher der *Ésope à la ville* und wieder 1701 der *Ésope à la Cour* von Boursault auf dem Théâtre-Français.

24. Les deux Arlequins.

Le Noble — 26. September 1691.

Géronte, ein reicher Alter, liebt *Isabelle,* die wohl jung und kokett, aber arm ist und nur vom Spiele lebt. Géronte's Geschenke erobern sie bald, sie gibt ihm ihre Hand, während sie den jungen, aber geizigen *Octave,* der sie liebt, zurückweist, denn:

En amour ainsi qu'au Palais
Qui paye mal perd son procès.

Auf das Gerücht hin, dass *Arlequin,* der Diener des Géronte, gestorben sei, ist sein Bruder nach Paris gekommen. Da er indessen noch lebt und die beiden Arlequins sich gleichen wie die *Menächmen* des Plautus,[1]) entsteht eine Reihe komischer Verwechslungen, die dem *Arlequin cadet* allerhand eintragen, während sie den *Arlequin aîné* fast zur Verzweiflung bringen (Parodie des Cid).

Schliesslich erkennen sie sich. Die Folge davon ist ein allgemeiner Jubel und drei Hochzeiten: *Géronte* heiratet die *Isabelle,*

---

[1]) Über den Zusammenhang mit den andern Versionen dieses selben Sujet vergl. REINHARDSTOETTNER, *Plautus. Spätere Bearbeitungen plautinischer Stücke* (Strassburg, 1886), p. 557—559.

der ältere *Arlequin* seine liebste *Colombine* und *Arlequin*, der jüngere, bekommt die von seinem Bruder verschmähte *Marinette*.

25. Ulysse et Circé.

La Selle — 20. Oktober 1691.

Kirke, neugierig, Frau Helena, die so viel Lärm von sich macht, einmal zu sehen, hat sich nach Troja begeben, wo sie sich in *Odysseus* verliebt. Durch ihre magischen Künste macht sie nach beendigtem Krieg sein Schiff auf ihrer Insel landen und verwandelt die Krieger in Tiere: den *Docteur* in einen Esel, *Pierrot* in einen Ziegenbock, *Pasquariel* in ein Schwein und den *Mezzetin* in eine Katze. Nur *Arlequin* bleibt Arlequin, denn *Colombine*, Kirke's Vertraute, liebt ihn, gleichwie *Kirke* den *Odysseus*. Um den Umstrickungen zu entgehen, greift *Odysseus*, auf *Arlequin's* Rat hin, zu einer List. Er stellt sich, als ob er die Liebe der Zauberin erwidere, verspricht zu bleiben, wenn sie seinen Gefährten wieder die wahre Gestalt verleihe, und verheiratet *Arlequin* und *Mezzetin* mit *Columbine* und *Marinette*, was mit grotesken Festlichkeiten gefeiert wird. *Kirke* ist getäuscht und eines schönen Tages wird sie samt ihren Gefährtinnen vereinsamt sein, die Helden aber gen Paris steuern sehen müssen, welche Stadt sie schon längst zum Ziele ihrer Reise gewählt.

26. Le Phénix ou la femme fidèle.

Montchesnay — 22. November 1691.

Ein eifersüchtiger *Prinz* will sich der Treue seiner Gemahlin vergewissern. Seine Untergebenen, als Türken verkleidet: *Arlequin* mit grotesker Rhetorik und *Colombine*, als Pascha, mit stürmischen Gefühlen, versuchen die *Prinzessin* zu verführen, worüber sie wahnsinnig wird oder zum mindesten sich so gebärdet. Darüber geängstigt, konsultiert der *Prinz* die Weisen des Altertums, ohne jedoch dadurch klüger zu werden *(Scène des Philosophes)*. Indesssen spielt sich in den elysäischen Gefilden etwas ab, woraus auch der naseweise Prinz seine Nutzanwendung ziehen mag:

Vor *Arlequin*, infernalischem Kommissarius, haben sich verschiedene Frauen, die sich in das *quartier des femmes de vertu* eingeschmuggelt haben, zu verantworten, wobei selbst die berühmtesten Muster des Altertums: *Lucrezia*, *Artemis*, *Penelope* schlecht weg kommen. Daraus sieht man, dass ein tugendhaftes Weib eben etwas Fabelhaftes und Einziges zugleich ist, wie ein *Phönix*. Mit diesem

Titel aber sich zu schmücken, schliesst Arlequin, ist einer jeden Schönen erlaubt,

Et, s'il n'est qu'un Phénix, ou (soit dit entre nous)
Qu'une femme fidelle, à qui ce nom convienne,
Hé bien, chaque mary jaloux
N'a qu'a croire que c'est la sienne.

27. Arlequin Phaéton.

Palaprat — 4. Februar 1692.

Phaéton als *Arlequin* und *Epaphos* als *Pierrot* verkleidet, befragen die Weissagerin Doris, wer von ihnen die *Galateia* bekommen werde, streiten sich dabei über ihre Abstammung, bei welcher Gelegenheit dem *Arlequin* vorgeworfen wird, nicht der Sohn des *Helios* zu sein. Um den authentischen Beweis seiner göttlichen Abkunft zu erbringen, bittet *Arlequin,* auf den Rat des heimtückischen *Momos,* den Sonnengott — zu dem er auf komischer Reise gelangt ist —, ihm die Leitung seines Wagens für den Rest des Tages anzuvertrauen. Trotz der Warnung des bangen Vaters unternimmt darauf *Arlequin* die waghalsige Fahrt. Aber die Rosse brennen ihm durch, die Erde gerät in Brand und schreckliche Verwirrung herrscht, bis *Jupiter* durch einen Blitzstrahl den *Arlequin-Phaéton* herabstürzt.

[Dieses Phaeton-Sujet hatte ein Jahr vorher (1691) den Stoff geliefert zu einer Komödie von Boursault und 1683 zu einer Oper von Quinault.]

Aber *Äskulap* erweckt den *Phaéton* wieder zum Leben und er heiratet die *Galateia.* In Verlegenheit, was für einen Beruf er nun erwählen soll, entscheidet er sich für das Landleben und Hirten und Hirtinnen besingen dessen Reize.

28. La Précaution inutile.

Fatouville — 5. März 1692.

Colombine, die den schönen *Léandre,* den Vetter ihrer Freundin *Isabelle,* liebt, wird von *Gaufichon,* ihrem bejahrten Bruder, der sie gegen ihren Willen dem alten *Docteur Balouard* zur Frau geben will, aufs peinlichste bewacht, um sie bis zur Hochzeit, die am folgenden Tage stattfinden soll, von jedem Verkehr abzuschliessen. Aber *les jeunes gens sont comme des vents coulis: ça se glisse dans les maisons, sans qu'on sçache par où ils entrent,* und so gelangen sie denn auch zu *Colombine,* während *Gaufichon* hintergangen wird, so dass er am Ende, ohne es zu wissen, eigenhändig den Heiratskontrakt seiner Schwester mit *Léandre* unterzeichnet.

29. L'Opéra de Campagne.

Dufresny — 7. Juni 1692.

Octave hat sich in die naive *Thérèse* verliebt, die Tochter der *Madame Prenelle,* einer hochtrabenden Frau, und des Herrn *Jeannot. Madame Prenelle* ist gegen die Vereinigung der beiden jungen Leute und der gute *Jeannot,* ein neuer *George Dandin,* muss sich ihrem Willen fügen. *Octave* beauftragt deshalb seinen Diener *Arlequin,* alles aufzubieten, um ihn zu seinem Ziele zu führen.

Das ist um so leichter, als auf dem Land eine Oper aufgeführt wird von einer Truppe, der auch Arlequin's alte Freundin *Colombine* angehört. *Madame Prenelle* ist verrückt in die Oper, sie spielt mit (Parodie der Oper *Armide*) und geht auf diese Weise in die Falle. Durch eine wohl vorbereitete List bringt man es fertig, dass sie, obwohl unfreiwillig, die Heirat *Theresa's* mit *Octave* zustande kommen lässt.

30. L'Union des deux Opéras.

Dufresny — 16. August 1692.

Wenige Monate nach der Aufführung der *Opéra de Campagne* gibt Dancourt dem Théâtre-Français seine teilweise darnach modellierte *Opéra de Village* (20. Juni 1692). Das provoziert die Schauspieler des Hôtel de Bourgogne und in kurzem geht ihre *Union des deux Opéras* über die Bretter. Dieser Einakter, der seinerseits wieder einiges an sich hat von Dancourt's Stück, bietet eine Kritik der beiden *Opéra,* wobei die der Comédie-Française schlecht wegkommt.

Das *Divertissement* am Schlusse besteht in einer Bauernhochzeit, zu der *Jupiter* mit unlautern Absichten kommt, aber von der eifersüchtigen *Juno* nach Hause geschickt wird.

31. La fille de bon sens.

Palaprat — 2. November 1692.

Die zwanzigjährige *Angélique* ist aus Rom nach Paris gekommen und wird hier von Freiern umringt. Da ist der alte *Docteur* mit seinem Diener *Pierrot*; die zwei Offiziere *Octave* und *Cinthio,* der eine ein Laffe, der andere ein Aufschneider, sind besonders von Flandern hergereist, um mit Hülfe ihrer Diener *Mezzetin* und *Pasquariel* das reiche Mädchen zu erobern. Aber als vierter stellt sich der Financier *Géronte* mit seiner stets offenen Hand und *Angélique* ist „vernünftig“ genug, *de s'attacher au solide*: Sie heiratet den *Gé-*

ronte, nachdem *Colombine* und *Arlequin,* der beiden Bediente, alle andern hinter's Licht geführt haben.

32. Les Chinois.

Regnard und Dufresny — 13. Dezember 1692.

Isabelle hat fünfzehn Sommer und soll heiraten. Verschiedene Freier — alles gute Partien, wie sichs der Edelmann *Roquillard,* Isabelle's Vater, hat erzählen lassen — sind erwartet. Aber diesen zuvorzukommen, greift *Arlequin* für seinen Herrn *Octave,* welcher dem koketten Mädchen das Herz hingegeben, zu einer bekannten Intrigue: er wird sich in die Bewerber verkleiden und sie vor Vater und Tochter lächerlich machen.

So werden denn auch der *Baron de la Dindonnière,* der mit grotesker Roheit und mit einem Gefolge von Jagdhunden und Wildschweinen sich einstellt, der *Docteur chinois,* der zu seiner Empfehlung eine chinesische Musik-Akademie vorführt — (ein Divertissement, das dem Stücke den Titel gegeben) — und der verstümmelte Haudegen *Major de Bagnolet* nacheinander abgewiesen. Es handelt sich nur noch um einen französischen Schauspieler. Da indessen der schmachtende Octave anch von der Bühne ist, ein *comédien italien,* so soll nach Ropuillard's Willen derjenige von diesen zweien die Tochter bekommen, der der vorzüglicheren Truppe angehört, worüber das Parterre entscheidet und zwar zu Gunsten des Schauspielers vom Hôtel de Bourgogne.

33. La Baguette de Vulcain.

Regnard und Dufresny — 10. Januar 1693.

Wir sind in der Zeit des Lyoner Bauern J a c q u e s A y m a r, über dessen angebliche Entdeckungen mit der Wünschelrute alle Welt spricht, als *Arlequin* uns seine *baguette divinatoire* vorführt, die ihm Vulkan, der olympische Hahnrei, geschenkt. Mit dieser befreit er als *Rüdiger Bradamante* und ihr Gefolge von dem Zauber, welcher sie in einen zweihundertjährigen Schlaf gelegt hatte. Gar mancherlei Dinge sind seither in der Welt passiert, wie man aus den Erzählungen ersehen kann, die da über die damaligen und jetzigen Sitten gemacht werden *(Oh, que ce n'est plus le temps!).* Die erweckten Leute sind mit der Gegenwart unzufrieden, werden aber bald mit ihr versöhnt durch die launigen Urteile Arlequin's und die Maximen eines Druiden, die eine lachende Hymne auf das *Cocuage* sind.

Diesem Vaudeville, das gewaltigen Erfolg erntete, wurde eine Augmentation angefügt; sie ist episodischen Charakters wie das Stück selbst.

34. Les Adieux des Officiers ou Vénus justifiée.

Dufresny — 25. April 1693.

Die Abreise der Offiziere zum Feldzug von 1693 steht bevor. *Vulkan* ist beglückt darüber, nun wird er den unbequemen *Mars*, der mit seiner Frau, der *Venus*, kokettiert, los werden. Um Venus der Untreue völlig zu überführen, nimmt er die Gestalt des *Plutus* an, als welcher er sie mit Geschenken für sein Begehren empfänglich macht, worauf er sich zu erkennen gibt und den Rat der Götter versammelt, um die Scheidung herbeizuführen. Aber der ganze Olymp macht sich über ihn lustig, jedoch hat ihm, auf *Jupiter's* Befehl, jeder ein tröstendes Geschenk zu geben, wobei des Bacchus Gabe vollends vermag, den wütenden Kollegen wieder „vernünftig" zu machen, so dass er mit eigenem Munde die Unschuld der Frau Venus verkündet.[1])

35. Les Mal assortis.

Dufresny — 30. Mai 1693.

Arlequin wird Statthalter einer spanischen Insel, als welcher er eine der Töchter seines Vorgängers zu heiraten hat. Er entscheidet sich für *Isabelle*, die jedoch den *Léandre* liebt.

Auf dieser Insel besteht das Gesetz der Ehescheidung. Dem Gouverneur steht das Recht zu, die *Mal assortis* zu trennen und wieder zu binden. Derselbe scheidet denn auch verschiedene komische Paare und verheiratet sie einfach übers Kreuz. Bei dieser Gelegenheit schliesst er auch zwischen der verkleideten *Isabelle* und *Octave* eine Ehe, worauf sich diese entpuppen. Zwar ist Arlequin erstaunt, sich düpiert zu sehen, tröstet sich aber gar leicht, indem er einfach eine andere zum Weibe nimmt.

36. Les Originaux ou l'Italien.

Lamotte — 13. August 1693.

Mr. Goguet hat seine Tochter *Colombine* einem reichen Italiener bestimmt, dessen Ankunft in Paris noch nicht erfolgt ist. Indessen

---

[1]) Dasselbe mythologische Sujet ist auf dem Nouveau Théâtre-Italien wieder behandelt worden in den Stücken *Les Adieux de Mars* (1735) und *Les Filets de Vulcain* (1750).

darf das Mädchen andere Freier empfangen. Da stellt sich denn auch der *Vidame de Cotignac,* ein Gaskogner, der einfältige Musiker *Monsieur de la Gamme* und der Arzt *Monsieur de Senécasse* ein, die aber alle so wunderliche Käuze *(Originaux)* sind, dass es mit ihren Ansprüchen auf Colombine gleich aus ist. Glücklich für diese, denn sie liebt ja den schönen *Octave*, dessen Diener *Arlequin* sich, wie die Kunde kommt, dass der erwartete Freier aus Italien *(l'Italien)* auf dem Wege sei, in diesen verkleidet und in so unsympathischer Weise darstellt, dass *Mr. Gognet* auf dem Punkte steht, ihm die Thür zu weisen, als jener in einem Maskenaufzug, der herzu kommt, angeblich seinen Sohn *Octave* wiedererkennt, seinen einzigen Erben, zu dessen Gunsten er den Platz räumt, worauf der düpierte Alte seine Tochter unwissentlich ihrem Liebhaber gibt.

37. Les Aventures aux Champs-Élisées.

(?) — 28. November 1693.

Wir sind in Elysium. Der Herrscher der Unterwelt hat ein *faible* für den Schatten der schönen *Lucinde*, die sich das zu Nutzen macht, indem sie, um ihren geliebten *Agénor* wiederzufinden, von Pluto eine Revue aller Schatten erwirkt, bei welcher diese irdische Gestalt und Form annehmen und die Sprache wieder erhalten sollten. Da strömen sie herbei: Leute vom Palais, Ärzte, Spiessbürger, Abbés, Adelige, alte Hahnreie, junge Ehebrecherinnen; man erkennt sich wieder, man erzählt sich von der Oberwelt und manch einer erfährt dabei Dinge, die nach seinem Ableben geschehen, die ihn entsetzen; eine wunderliche Scene nach der andern!

Indessen hat sich *Proserpina,* die über die Liebe ihres Gatten Pluto zu Lucinde aufgebracht ist, angeschickt, seine Pläne in Gestalt der „Zwietracht“ und der „Eifersucht“ zu vereiteln. *Pluto* jedoch, von dem zarten Verhältnisse der sich wieder erkannten *Lucinde* und *Agénor* gerührt, steht aus freiem Willen von seinem ehebrecherischen Trachten ab und lässt die beiden auf die Erde zurückkehren, damit sie dort in glücklicher Vereinigung das irdische Glück von neuem geniessen mögen, während er selbst sich jetzt wieder mit seinem häuslichen Glücke bescheidet.[1])

---

[1]) Ein ganz anderes, auch für die „Italiener“, nach Léris von BORDELON geschriebenes, aber nie aufgeführtes Stück ist *Arlequin comédien aux Champs-Elisées,* mit einer *Lettre à Cadran,* 1691 und 1731 separat gedruckt und unter dem Titel *Les Intrigues d'Arlequin aux Champs-Elisées* der Sammlung von Gherardi in der Ausgabe von Amsterdam 1721 einverleibt.

38. Les Souhaits.

Montchesnay — 30. Dezember 1693.

Die Menschen sind unzufrieden mit dem, was ihnen Mutter Natur gegeben. Von ihren ewigen Wünschen gelangweilt, ist *Jupiter* auf die Erde heruntergestiegen, um einmal einem jeden das zu geben, was er sich wünscht, um glücklich zu sein. Aber diese Geschenke machen die Sterblichen nur lächerlich und belassen sie unzufrieden wie zuvor.

Dieses bekannte Thema, das schon die Alten auf die Bühne gebracht, bildet nur den Rahmen des Stückes, dessen Hauptinhalt indessen zusammenhanglose Episoden bilden, von denen die *Scène contre les Hommes* (Emancipation der Frau) und die *Scène du Parnasse et de l'Ode Pindarique* (Satire auf Boileau) genannt seien.

39. La Naissance d'Amadis.

Regnard — 10. Februar 1694.

Périon, ein irrender Ritter, verliebt sich in die Tochter des Königs von Gallien, *Élizène,* die sich ihm hingibt. Ihr geheimes Verhältnis wird entdeckt und nach dem Gesetze des Landes sollen beide des Feuertodes sterben. Aber im Augenblicke des Vollzuges der Strafe entsteigt ein Geist dem Scheiterhaufen und verkündet, dass aus der Verbindung der Liebenden der *Amadis* hervorgehen werde, worauf ihnen verziehen wird.

Das Stück ist eine Lächerlichmachung der Geschichte von der unehelichen Geburt des berühmten Helden, wie sie der Amadis-Roman erzählt, woneben in einigen musikalischen Einlagen die gleichnamige Oper von Quinault parodiert wird.

40. Le Bel esprit.

(?) — 13. März 1694.

Cléanthus hat sich in den Kopf gesetzt, seine Tochter *Angélique* einem Schöngeiste zu verheiraten. *Arlequin*, der Diener *Octave's*, des Geliebten des Mädchens, verkleidet sich nun in verschiedene schöngeistige Freier, die er lächerlich macht, und gibt sich schliesslich als *Apollo* aus, erklärt, dass *Octave* sein Sohn sei, dem jetzt *Cléanthus* die *Angélique* zugesteht, um den Preis, dass ihm Apollo eine poetische Ader verleihe, was mit farcenhafter Komik geschieht, wobei dem düpierten Alten übel mitgespielt wird.

41. Arlequin Défenseur du beau Sexe.

Barante oder Biancolelli — 28. Mai 1694.

Der Graf *Persillet* sucht das Versprechen, seine Tochter *Isabelle* an *Octave* zu verheiraten, das er seiner Frau abgelegt, nun, da diese gestorben ist, zurückzuziehen. Denn seine Absicht ist, das Vermögen für sich zu behalten und selbst noch einmal auf Freiersfüssen zu gehen; *Isabelle* aber, die ihm im Wege steht, soll ins Kloster geschickt werden. Um letzteres leichter vollbringen zu können, benützt *Persillet* die weiberfeindliche Stimmung des Tages, die seit der berühmten *Satire des Femmes* (Boileau's X. Satire) herrscht, und engagiert einen befugten Richter, in seinem eigenen Heim Gericht über die Weiber zu halten. Dieser beweist zwar anfänglich die Nichtsnutzigkeit derselben, kehrt dann aber den Spiess um — ist er doch kein anderer als der verkleidete *Arlequin,* der Diener Octave's! — und macht sich zum beredten Fürsprecher des schönen Geschlechtes und verkündet als Resultat der Debatte eine Sentenz zu Gunsten desselben, das er in alle seine Rechte wieder einsetzt. So ist der Alte getäuscht und Jugend und Schönheit hat gesiegt.

42. La Fontaine de Sapience.

Barante oder Biancolelli — 8. Juli 1694.

Boileau's Satire auf die Weiber[1]) hat den guten *Oronte,* den Vater der *Lucile,* so sehr alarmiert, dass er sich fürchtet, seine Tochter zu verheiraten; denn, sagt er sich, ein Mann, der nunmehr alle Fehler der Frau kennen müsse, könne nur noch um des Geldes willen eine Ehe eingehen. Da er nun doch einen Schwiegersohn braucht, konsultiert Oronte den Gelehrten *Crassotius*, der ihm von dem fabelhaften Eilande mit dem Weisheitsbrunnen erzählt. Er beschliesst, dahin zu gehen und von dem Wasser, das einem die Wahrheit sehen mache, zu trinken. Kaum ist dies geschehen, fallen so manche Vorurteile dahin und — was die Hauptsache ist — er erkennt nun in *Oronte, Lucile's* Geliebten, die ehrliche Absicht und gibt ihm freudig seine Tochter.

43. Le Départ des Comédiens.

Dufresny — 14. August 1694.

Die *saison morte* hat begonnen und selbst in den sonst so heiteren Räumen des Hôtel de Bourgogne ist alles wie ausgestorben.

---

[1]) Vergl. das vorangehende Stück.

Darum wird von den Schauspielern der Beschluss gefasst, ihr Theater zu schliessen. In der Beratung über die Art und Weise, wie sie nun das Leben verdienen sollen, kommen sie auf die Idee, aufs Land zu gehen und Oper zu spielen. Sie halten gleich eine Probe ab, was Anlass gibt zu einer Parodie des *Bellérophon* von Lulli.

44. La Fausse Coquette.

Barante oder Biancolelli — 18. Dezember 1694.

Das Stück setzt sich aus einer Menge farcenhafter, episodischer Szenen zusammen, durch welche folgender Faden sich lose hindurchzieht:

Der alte *Mr. Prudent* lebt mit *Colombine*, die tugendhafter sein sollte als jener klug, in geheimer Ehe. Ohne davon zu wissen, verliebt sich *Octave*, ein polnischer Prinz, den Mr. Prudent erzogen, in Colombine, die auch mit ihm kokettiert, um sich an Prudent, der an ihrer Treue zweifelt, zu rächen. Als der Prinz erfährt, dass die Schöne die Geliebte seines Erziehers ist, bezwingt er seine Leidenschaft und gibt so *Colombine* Gelegenheit, ihre Tugend über die Versuchung triumphieren zu lassen.

45. Le Tombeau de Maître André.

Barante oder Biancolelli — 29. Januar 1695.

In der verödeten Schenke des *Meister Andreas*, den eben der Sensenmann hinweggeholt, vom gefüllten Kruge hinweg, um den sich jetzt *Mezzetin* und *Scaramouche* streiten, während ihn *Arlequin* leert, mischen sich in die feierlichsten Totenklagen die nicht minder feierlichen Schwüre *Colombine*'s, des Wirtstöchterchens (Parodie des Cid), den *Arlequin* zu heiraten. Indessen gilt es, erst den toten Meister zu bestatten, was in grotesker Art geschieht (Lächerlichmachung des prunkvollen Begräbnisses eines damaligen Pariser Schenkwirts), als *Andreas* auf einmal wieder zum Leben erwacht, mit ganz pantagruelischen Gefühlen, was zur Folge hat, dass sich der Leichenpomp in ein solennes Zechgelage verwandelt.

46. «Attendez-moi sous l'orme!»

Dufresny — 30. Januar 1695.

Wir sind in einem Dorfe. Da steht eine uralte ausgehöhlte Ulme, die das Besondere an sich hat, dass eine Jungfrau ungeschoren in sie eintreten und sie wieder verlassen kann, während sie sich, sobald sich ein Mädchen, das nicht makellos ist, in die Oeffnung begiebt, zuschliesst und die Unglückliche ersticken macht.[1])

Da nun *Colombine* den *Pierrot* liebt, der ihr untreu geworden, und der *Jacqueline* nachstellt, die jedoch von *Arlequin* begehrt wird, so haben *Colombine* und *Arlequin* gemeinsames Interesse, die Verbindung von *Jacqueline* und *Pierrot* zu hintertreiben. Sie bringen es fertig, *Jacqueline* zu überreden, die Probe der Ulme, die *Pierrot* von ihr verlangt, zu verweigern, worauf sie dieser von sich stösst, um zu *Colombine* zurück zu kehren, während *Arlequin* nun die *Jacqueline* heiraten kann.[2])

47. La Thèse des Dames ou le Triomphe de Colombine.

Barante — 7. Mai 1695.

Octave und *Angélique* lieben sich und da der gute *Mr. Grognard*, der Vater des Mädchens, mit ihrer Verbindung einverstanden ist, so kommt diese ohne Hindernis auch zustande. Was diese einfache Handlung in die Länge zieht, ist eine Reihe von accessorischen Szenen, in denen *Arlequin, Mezzetin, Pierrot* und *Scaramouche* ihre Streiche spielen und welche *Colombine* beschliesst mit der Aufstellung der Forderung, die Vorrechte der Männer in Bezug auf Unbeständigkeit und Treulosigkeit in der Liebe seien abzuschaffen, indem den Weibern die gleiche Freiheit zugestanden werde, welche sie triumphierend verteidigt.

48. Les Promenades de Paris.

Mongin — 6. Juni 1695.

Die schöne, vornehme *Élise* und der junge Offfzier *Léandre* sind sich ergeben. Während letzterer in Flandern im Felde steht, wird das Mädchen von andern umschwärmt, vor allem von *Mr. Calmar*, einem dem Richterstande angehörigen reichen Alten. Die Feste, die dieser für sie veranstaltet, Gelage im Bois de Boulogne und nächtliche Konzerte in den Tuilerien, tragen ihm jedoch nur Insulte

[1]) Das ist eine Version der indogermanischen Erzählung von der Lothusblume, die verwelkt, von der Quelle, die sich trübt, der Milch, die sich rötet, dem Ring, der entzwei bricht, etc., sobald das Weib untreu gewesen ist. Im XVII. Jahrhundert war in Frankreich dieses Sujet durch *Lafontaine* populär geworden: *La coupe enchantée*, conte (III, IV) und comédie (1688).

[2]) Dieser Einakter ist ungleich pikanter und lustiger als das gleichnamige Stück, das Regnard ein Jahr zuvor fürs Théâtre-Français geschrieben hatte. Vergl. w. u., Kap. IV, § 2.

und Spott ein, statt der Gunst der Schönen, welche *Léandre*, der nach Paris zurückkehrt, heiratet.

Aehnlich wie Léandre, triumphiert dessen Diener *Arlequin* über seine Rivalen *Mezzetin* und *Scaramouche,* indem er es ist, dem *Colombine,* die Zofe der Elise, die Hand gibt.

In diese Handlung sind episodische Szenen eingestreut, die in hübscher Weise die Galanterien zeichnen, deren Schauplatz die berühmten Pariser Promenaden sind.

49. Le Retour de la Foire de Bezons.

Gherardi und Barante — 1. Oktober 1695.

Am 14. August 1695 hatten die Schauspieler von der Comédie-Française Dancourt's *Foire de Bezons* auf die Bühne gebracht, worin sich die biederen Bezontiner lächerlich gemacht sahen. Aufs tiefste beleidigt, macht sich nun ihr Ammann mit seiner Tochter *Angélique* und seinem zukünftigen Schwiegersohne, dem Bauern *Pierrot,* als Zeugen, auf nach Paris, um Klage einzureichen. Nachdem diese vorgebracht worden, unterzeichnen sie, im Glauben, ihre Beschwerde vor sich zu haben, den Ehekontrakt zwischen der *Angélique* und dem *Octave*; denn der vermeintliche Richter in Paris war nur ein Diener des geheimen Liebhabers der *Angélique, Octave's*, und das Ganze eine Intrigue, die den Zweck hatte, entgegen dem Willen eines hartnäckigen Vaters zwei Liebende zusammen zu bringen.

50. La Foire de Saint-Germain.

Regnard und Dufresny — 26. Dezember 1695.

Quand on n'a plus de dents, on ne sçauroit prendre la viande trop tendre (I, VII), darum hat sich der siebenundsechzigjährige *Docteur* in den Kopf gesetzt, sein blutjunges Mündel *Angélique* zu heiraten. Das Mädchen jedoch, das *Octave* liebt, entwischt dem alten Drachen und entflieht nach St-Germain, wo eben die grosse Messe abgehalten wird und wohin ihm der *Docteur* nachläuft.

Da sind wir nun mitten im tollsten Jahrmarktsleben drin, wo sich die buntesten Szenen abspielen. Wir gehen an all' den drolligen Auftritten vorbei und folgen unserm *Docteur.*

Wir begegnen ihm wieder an der *Bouche de la Vérité;* er lässt sich über seine Zukunft wahrsagen und erfährt *qu'il sera enregistré dans le grand Catalogue où Vulcain est à la tête* (I, VII). Nachdem er daraufhin über die Tugendhaftigkeit der Angélique nicht mehr allzu sehr entzückt ist, bestellt er den *Mr. Nigaudin,* einen dummen Advokaten aus der Provinz, den er nun zu seinem Schwiegersohne zu machen sich vornimmt, weil er hofft, aus ihm am meisten Nutzen ziehen zu können. Aber diesem Nigaudin wird beim Würfelspiel mit *Mezzetin* und *Scaramouche* alle Baarschaft und aller Schmuck, den er mitgebracht, abgestohlen, so dass er, ohne Angélique nur gesehen zu haben, eiligst sich aus Paris davon macht, froh noch, mit heiler Haut davon zu kommen.

Indessen aber ist auch *Octave* in Begleitung der Intriguanten *Arlequin, Mezzetin* und *Colombine* auf dem Platze erschienen, mit deren Hülfe er gegen den Willen des Docteur in den Besitz der Angélique zu kommen hofft. Man bereitet einen Streich vor.

Nebst den verschiedenartigsten Sehenswürdigkeiten wird auch das *Serail de l'Empereur du Cap-Verd* mit einem Menschenfresser gezeigt. Zufällig entkommt letzterer aus seinem Käfig, stürzt sich auf den *Docteur*. Da jener aber die Eigenschaft hat, beim Anblick eines Weibes seine anthropophagen Gelüste zu vergessen, so wird ihm des Docteur's Mündel, das eben in der Nähe steht, entgegengehalten und welches der Docteur, um nicht gefressen zu werden, dem Wilden belässt, welcher jedoch im Besitze der *Angélique* zusehends sanfter wird — denn er ist kein anderer als der verkleidete *Octave*, der sich die Dummheit des Docteur und die Foire-Spässe zu Nutze gemacht, um sein ersehntes Ziel zu erreichen.[1])

51. Les Momies d'Égypte.

Regnard und Dufresny — 19. März 1696.

Mr. Jacquemard und *Mme. Jacquemard* sind ein Ehepaar, das die Eigenschaft hat, in nichts einig zu gehen als in dem einen, sich von vornehmem Auftreten imponieren zu lassen, da sie selbst nur bürgerlich sind. Deshalb ist *Madame* stolz auf die Komplimente. die ihr der *Baron de Groupignac* macht, während *Monsieur* mit einer sehr vornehmen Dame, namens *Léonore* kokettiert. Man gibt sich Rendez-vous auf der Foire St-Germain, wo sich in einer Bude, wo egyptische Mumien[2]) gezeigt werden, einmal auch die beiden,

---

[1]) Um den „Italienern" Konkurrenz zu machen, bringen die Comédiens Français ein paar Wochen darauf ein gleichnamiges, von DANCOURT geschriebenes Stück auf die Bühne, jedoch ohne grossen Erfolg. Daneben gibt es noch eine dritte *Foire de St-Germain*, die das Théâtre-italien von Amsterdam 1698 (s. Anhang I), t. II, p. 413—456, überliefert hat und welche verschieden ist von der der Sammlung von Gherardi.

[2]) Daher der Titel des Stückes. Mumien müssen in der Zeit eine grosse Kuriosität für Paris bedeutet haben. 1691 erschien ein besonderes Büchelchen darüber: *La grande Momie nouvellement arrivée d'Egypte en France* (cf. Tralage, Ms. t. I. fol. 62).

die dem Gesetze nach zusammen gehören würden, unliebsamerweise treffen, was einen wüsten Auftritt zur Folge hat, der aber erst recht ausartet, als sie in dem vorgeführten Mummenschanz ihre bewunderten Nobili erkennen, die sich die Hand reichen und als die Professionsschwindler *Arlequin* und *Colombine* entpuppen, worauf sich die beiden *Jacquemard*, statt zur Bestrafung der Betrüger sich zusammen zu thun, noch mehr verrennen, indem sie sich — um sich gegenseitig zu ärgern — zu übertreffen suchen in der Beschenkung der Leute, von denen sie soeben geprellt worden sind.

52. Les Bains de la Porte Saint-Bernard.

Boisfranc — 12. Juli 1696.

Octave liebt *Angélique,* deren Vater, der *Docteur,* sein erklärter Feind ist. Darum sucht Octave das Mädchen mit Hülfe der Listen seines Dieners *Arlequin* zu bekommen. Zwar misslingen einige Streiche, denen jedoch einer folgt, der ihn zum Ziele führt: *Arlequin* verkleidet sich als Arzt, verschreibt als solcher der *Angélique* Seine-Bäder an der Porte St.-Bernard, wo *Octave* sie antrifft und entführt.

53. Arlequin misanthrope.

Barante — 22. Dezember 1696.

Was die *Annales Arlequiniques* bis jetzt nicht verzeichnet hatten, das war, dass Arlequin Misanthrop geworden. Die Falschheit der Menschen und ihre verderblichen Sitten haben ihn so gemacht. Er hat sich von Paris zurückgezogen, um fern von demselben eine Idealstadt zu gründen. Sein Ruhm breitet sich weithin aus; die einen kommen herbei, um ihn zu bewundern, die andern, um den Rat des weisen Mannes zu holen, und wieder andere, um in der neuen Stadt ihr Glück zu versuchen. Das gibt Anlass zu einer ganzen Kette satirischer episodischer Scenen, die den Hauptinhalt des Stückes ausmachen und durch welche sich im übrigen der Faden einer traditionellen Intrigue zieht.[1])

---

[1]) An diesem Misanthropen sind Züge, die an MOLIÈRE's Schöpfung erinnern. Wo das eigentliche Sujet hergenommen worden ist, erkennt man leicht: 1. aus PLATO's *Politeia,* 2. aus LUKIAN's *Dialog von Timon.* Letztere Quelle hat auch DELISLE benützt, in dessen *Timon le Misanthrope* (1722) man bekanntlich einen früheren Ausdruck der Rousseau'schen Ideen sieht. Soll man vielleicht schon in diesem Misanthrop-Stücke der „Italiener“ eine leise Kundgebung der Rückkehr zur Natur-Bewegung des folgenden Jahrhunderts erblicken?

54. Pasquin et Marforio, médecins des mœurs.

Dufresny und Barante — 3. Februar 1697.

Pasquin und *Marforio* sind wegen ihrer unverhüllten Satiren aus Rom verjagt worden und sind nach Paris gekommen, um hier unter dem vornehmeren Titel von „Sittenverbesserern" *(médecins des mœurs)* ihr altes Métier weiter zu treiben.

In Paris lebt ein *Docteur,* der schon längst darnach strebt, geadelt zu werden, wozu ihm seine zwei Töchter durch Heirat verhelfen sollen. Aber *Julie,* die eine derselben, sowenig wie *Angélique* die andere, ist willens, sich einem Manne hinzugeben. Deshalb wendet sich der *Docteur* an *Pasquin* und *Marforio,* aber dasselbe thun auch *Léandre* und *Octave,* die Liebhaber der beiden Mädchen und was nichts in der Welt vermochte, das bringt die Satire zustande, freilich nicht was der Docteur erhoffte, sondern das, wonach sich die jungen Liebenden sehnten.

55. Les Fées, ou Contes de ma mère l'Oie.

Dufresny und Barante — 2. März 1697.

Die Ammenmärchen, die Perrault eben der französischen Litteratur geschenkt hatte (1697), müssen rasch populär geworden sein, dass man fast im selben Monat diese neu erschlossene Welt schon auf die Bühne brachte! Dieses Feenstück ist freilich besonderer Art.

Die Prinzessin *Isménie,* die den Prinzen *Octave* liebt, ist von Menschenfressern geraubt und in ihre Höhle im Feenreiche entführt worden. Aber die gute Fee *Colombine* ist den zwei Liebenden hold. Ihr Diener *Pierrot* führt *Octave* auf einem fliegenden Gespann dahin, wo ihn jedoch nur der Zauber *Colombine's,* die ihn in einen Felsen verwandelt, vor dem Tode bewahrt. *Isménie,* die der geile *Grand Ogre* vor die Alternative stellt, ihn zu heiraten oder sich von ihm fressen zu lassen, wählt das letztere. Indessen wird sie durch Zaubermacht von ihm befreit, und *Octave* und andere Verwandelte bekommen wieder die menschliche Gestalt, als eben *Isménie's* königlicher Vater herzu kommt, der nun in die Heirat derselben mit *Octave* einstimmt, womit die Féerie ein Ende nimmt.

In diesem Rahmen sind Erzählungen hineingeflochten *(Bonbeningnet, Croquignolet etc.),* die, wie das ganze Stück, bei allem Zauberhaftem gleich den Pariser Erdgeschmack verraten.

Zweites Kapitel.

Kultur- und sittengeschichtliche Bedeutung.

Als 1697 das Gerücht ausgestreut wurde, über die Bretter des Hôtel de Bourgogne gehe ein Stück, worin die Frau von Maintenon lächerlich gemacht werde, stand Ludwig XIV nicht an, demselben sogleich Glauben zu schenken. Obwohl wir es nun zwar für unwahrscheinlich halten, dass man des Königs Person und dessen intimste Umgebung je anzutasten gewagt habe, so bleibt doch die charakteristische Thatsache bestehen, dass die Möglichkeit nicht für ausgeschlossen erachtet wurde: so sehr hatte man sich gewöhnt, von diesen „Italienern“ alles in den Bereich der Satire gezogen zu sehen. Kein Stand, keine Person war ihnen heilig, überallhin ergoss sich ihr Lachen und nirgends stand ein *non decet* geschrieben, das ihrem Spotte Halt geboten hätte. Die Zeitgenossen wissen denn auch davon zu reden; die einen thun es im Tone der Entrüstung über diese „Pietätlosigkeit“, die andern haben ihre robuste Freude daran.

Überall durchschimmernd ist der Einfluss Molière's, soweit wir die französisierten Szenen des Repertoires des Ancien Théâtre-Italien im Auge haben, in die allein die kultur- und sittengeschichtlich so interessanten Schilderungen gelegt sind. Abgesehen von den vielen direkten Entlehnungen komischer Situationen, begegnet man einer Reihe von Nachahmungen seiner populär gewordenen Schöpfungen. Sodann deutet die Art der Satire auf die Einwirkung des Dichters der *Précieuses* und der *Femmes savantes* hin: es gilt weniger Figuren von traditioneller Lächerlichkeit, zum einzigen Zwecke komischer Wirkung vorzuführen, als vielmehr wirkliche Leute der Zeit, mit dem üblen Erdgeruch der damaligen Hauptstadt, Leute denen dann tief ins lebendige Fleisch geschnitten wird.

Dabei kommen den „Italienern“ noch Freiheiten zu statten, die sie vor der klassischen Komödie voraus haben. Einmal nahmen sie von jeher eine gewisse Sonderstellung ein: ausser Schauspieler waren sie stets zugleich eine Art *bouffons,* die „Narren“ des Hofes und des Volkes. Narren aber dürfen alles ungestraft sagen. Und jetzt, als ihnen die Worte französischer Schriftsteller in den Mund gelegt wurden, hörten sie nicht auf, von diesem Vorrechte Gebrauch zu machen. Dann haben sie, wenigstens in Bezug auf den Aufbau und die Ökonomie ihrer Stücke, keine künstlerischen Prätentionen, was ihnen erlaubt, in toller Willkür an allen Ecken und Enden „etwas anzubringen“, die Satire an den Haaren herbeizuziehen, Szene um Szene episodisch aufzurollen und tausend Witze und Anspielungen hinein zu werfen, wie es ihnen gerade einfiel. Daher kommt es, dass die Sammlung von Gherardi mit kulturgeschichtlichen Details so voll gespickt ist. Und die Gesamtheit dieser Einzel-Radierungen sieht sich an wie eine Callot'sche Jahrmarktszene, e i n e grosse Karrikatur.

Wir können nicht daran denken, alle einzelnen Gestalten derselben hier Revue passieren zu lassen; es kann sich für uns nur darum handeln, die charakteristischesten derselben vorzunehmen. Wir werden dabei da und dort Erscheinungen begegnen, die erst das kommende Jahrhundert mit markanteren Zügen ausstatten wird, die aber beweisen, dass sie schon früher aufgetaucht waren, als man gewöhnlich annimmt.

1. Der Adel. Die ihm angehören. Die ihm nachstreben. Die ihn kritisieren.

In seiner Ideal-Stadt, die der Misanthrop Arlequin erbaut, wird er in das Hospital für unheilbare Kranke voran die *Marchands qui vendent à crédit aux gens de Cour* unterbringen (53, III, III).[1] Versprechen halten, ehrlich sein, ist spiessbürgerlich, die vornehme Welt hat ihre eigene Moral. Unter den *Ouvrages merveilleux* ist auf dem Jahrmarkt von Saint-Germain eine Pendeluhr *qui marque l'heure d'emprunt et jamais celle de rendre: ouvrage très utile à la plupart des officiers revenus de l'armée* (50, III, II). Dabei haben diese Leute stets mehr blaues Blut in den Adern als blanke Thaler in den Taschen. Belauschen wir diese drollige Szene, die sich vor einer Verkaufsbude abspielt. Zwei vornehme Herren haben eine Dame mit reichen Stoffen beschenkt, es handelt sich nur noch, dieselben zu bezahlen, worum sie sich streiten.

Le Marquis: *Tu diras, Chevalier tout ce qu'il te plaira, mais je payeray assûrément.*

---

[1]) Da man in den seltensten Fällen die Ausgabe von 1700 zur Hand hat, so citieren wir, statt nach Band und Seite, nach Stücken (vergl. I. Kap.), Akten und Szenen. Dabei ist die Orthographie der Vorlage beibehalten worden.

Le Chevalier: *Tu le prendras, Marquis, comme tu le voudras, mais absolûment je donneray de l'argent.*

Le Marchand: *Entre vous le debat, il n'importe qui paye, pourvû que je sois payé.*

Le Marquis: *C'est fort bien dit.*

Le Chevalier: *Tu as raison, mon amy.*

Le Marquis (fouillant dans ses poches): *Et une marque certaine que je veux payer . . . . Chevalier, prête-moy dix Louis.*

Le Chevalier (fouillant aussi dans ces poches): *Dix Louis? Je te les prêterois volontiers si je les avois, mais je veux être déshonoré si j'ay un sou.*

Die beiden laufen davon und dem Krämer bleibt nichts übrig, als der Dame das Geld abzuverlangen. Darüber ist sie nicht wenig empört: *Quelle grossiéreté! demander de l'argent à une femme de qualité! Fy! je n'ay pas un sou ou la peste m'étouffe.* Er pfändet ihr die Kleider vom Leibe weg, worauf sie in *Corset et Juppon de Marseille* in stolzer Indignation den Ort verlässt: *Hé, Laquais, prenez ma queuë* (50, II, II).

Weniger galant ist der *Baron de Troufignac!* Trotzdem er behaupten kann *qu'on meubleroit vingt Hôpitaux de toutes les filles et les femmes à qui sa froideur a causé la jaunisse,* haben ihn alle diese Schönen nichts gekostet, *pas un liard,* sie müssen es überhaupt für etwas halten, *quand il s'abbaisse à les aimer gratis* (11, V). Ein anderer lässt sich dafür beschenken (37, II, VII). Bekannt wurde die Skandalgeschichte von dem Grafen *qui d'une main fait à sa Maitresse des offres et des amitiez, et de l'autre luy vole ses bijoux sur la Toilette,* die man auf Fächern gemalt sehen konnte (49, VIII). Bis zur Schurkenhaftigkeit versteigt sich ein Vicomte, der, wegen einer Wechselfälschung von der Polizei verfolgt, zu einem unerfahrnen Mädchen dringt, einem Backfisch, der sich in ihn vergafft hat, den er nun vollständig ausraubt, bis zum Ringlein am Finger. Dabei ist dieser vizegräfliche Herr ein ganz rohes Subjekt, der den Tag *chez Rousseau* mit Schlemmen, Rauchen und Saufen verbringt; wenn er zärtlich sein will, nennt er das kleine Ding eine *guenon;* seine Seufzer sind Rülpse, die ihm der Branntwein aufstösst (18, V).

Über diese *Scène du Vicomte* des *Arlequin Homme à bonne fortune* heisst es dann in der *Critique: Ces coulèurs ne crayonnent pas mal les Gens d'Épée, qui pendant un Quartier d'Hiver nous sucent une femme jusqu'au dernier bijou* (19, I). Die Mittellosigkeit vieler Adeligen bewegte manchen, eine Mesalliance einzugehen, wie es auch Boileau (Sat. V, Vers 105—106) konstatiert:

Alors le noble altier, pressé de l'indigence,
Humblement du faquin rechercha l'alliance,

aber nur um die armen Bürgerlichen auszubeuten! Der *Marquis de Nom-forgé fait payer à sa femme les Violons, avec lesquels il fait danser ses Maîtresses* (49, VIII), ein anderer dringt auf Scheidung, sobald er alles Geld seiner Frau verprasst hat (35, II, III).

Das Auftreten dieser *gens de qualité* in der Öffentlichkeit, in den Promenaden, im Theater ist, man errät es, ein arrogantes. Da begnügt sich z. B. ein Marquis, der die Comédie-Italienne besucht, nicht, zu kritisieren und zu pfeifen, er isst und trinkt, ohne zu bezahlen, und von den drei Billets, die er sich von einem Schauspieler hat schenken lassen, verkauft er zwei, so dass er obendrein noch Gewinn macht (10, Prol.); ein anderer begnügt sich bloss, dumm zu sein, er verdonnert ein Stück der „Italiener" wegen der „Regeln" folgendermassen: *Il n'y a point d'unité dans le sujet; car les acteurs se rossent perpetuellement sur le Théâtre; point de temps observé, puis que les Italiens jouent en un soir ce qui se doit passer en vingt-quatre heures*, etc. (12, III).

Eine wichtige Rolle spielen die Offiziere bei den Weibern, worauf sie sich nicht wenig einbilden. *Oh, ma foy, le Plumet est en amour, ce que la moutarde est à la Sausse-Robert. Il n'y a que cela de piquant,* sagt einer von ihnen (18, V). Von anderer Seite vernehmen wir freilich ein anderes Urteil: *Ils n'auroient jamais rien à dire s'ils ne vous étourdissoient de leurs bonnes fortunes, et s'ils ne vous faisoient le calcul du nombre des bouteilles qu'ils ont vuidées* (22, I, VI). Die Erziehung, die sie sich selbst geben, zielt auch bewusst auf Ausschweifung und Arroganz hinaus. Ein junger Mensch ist ganz überzeugt, dass er sich, seit er das Gymnasium verlassen, zum „reizendsten Kerl von der Welt" ausbilde. Befragt, wie er das anstelle, giebt er zur Antwort: *Je vais au Cabaret, je joue, je prends du Tabac, je jure . . .* Er freut sich, dass er sich schon so früh daran gewöhnt, sonst duldeten ihn seine Kameraden niemals. *Fy! je n'y serois pas souffert un quart-d'heure si je n'avois pris mes licences et mes attestations de libertinage, dans les rues de Paris, aux Spectacles, aux Caffez, et aux Cabarets* (47, II, VIII). Aber wie unverschämt, wie roh, wie liederlich, wie bettelarm auch sie sein mögen — *ils n'ont jamais le sou* (47, II, VII) —, Thüren und Thore öffnen sich, wo der Marsjünger sich zeigt, und Frauen und Mädchen empfangen ihn mit offenen Armen. Der *Plumet* dominiert unbedingt beim schönen Geschlecht. Je nach seiner An- oder Abwesenheit — im Sommer steht er im Felde — hat Paris seinen besonderen Aspekt. Sobald er im Herbst zurückkehrt, so verkriecht sich alle Welt vor ihm. *Déja les Abbez ont évacué les ruelles; les Financiers n'oseroient plus y paroître que le bordereau à la main; déja les gens de Robe ont pris leurs vacations de galanterie; et toutes les Coquettes sont sous les armes* (38, VIII). Und was er braucht *pour faire l'amour: un air étourdy, beaucoup de négligence, débraillement complet, sottises, jeux de mains, mots équioques, mines, montres, et tabac* (49, III). Sobald der Winter zu Ende ist und er wieder abreist, verödet Paris. Nur für eine völlig Naive kann der Frühling noch Reize haben. Hören wir dieses Zwiegespräch zwischen *Isabelle* und *Colombine.*

Isab.: *Le beau temps revient . . . .*

Col.: *Mais les Officiers s'en vont à Guerre.*

Isab.: *La Campagne rit . . . .*

Col.: *Ouy, et Paris pleure.*

Isab.: *Les Arbres reverdissent et . . . .*

Col.: *Et les filles séchent sur pied* (32, I, VI).

Ein ganzer Kerl in seiner Art ist der Nobile, den der gaskognische Boden hervorgebracht: aufgeblasen, lärmend, grosssprecherisch von seinen Waffenthaten und seinen Erfolgen in der Liebe. Der *Chevalier de Fondsec* braucht eigene *Tablettes*, um all die stündlichen Stelldichein aufzunotieren, die ihm die Frauen geben, die alle in ihn vernarrt sein sollen (13, II, III). Dabei ist sein Schädel so hohl wie sein Geldbeutel. Einmal ist von einer neuen Oper die Rede, der „Asträa". *Bon, Astrée?* fällt der *Vidame de Cotignac* ins Wort, *c'est une Publique qui m'a coûté onze francs, elle m'ennuya pour mon argent* (36, II, IV). Alles, was da an Land-Edelleuten auftritt, sei es der *Baron de la Dindonnière* (32, I, VI), sei es der *Major de Bagnolet* (32, III, III) oder seien es andere, trägt den Stempel der Verrohung. Daneben giebt es manches Original. Drollig ist der *Mr. Roquillard,* der so fanatisch das Jagen liebt, dass er sich eine förmliche „Bibliothek" von den Geweihen der erlegten Hirsche angelegt und geordnet hat *par ordre chronologique, avec les Relations historiques de la prise d'iceux,* über hundert Nummern, *sans ceux,* wie seine Magd boshaft hinzufügt, *qu'on y a introduits dont on n'a pas tenu le regître* (32, II, II).

Bissig (um das hier einzuschalten) ist eine Bemerkung, die über den Engländer gemacht wird. Man sehe ihn alle Tage in den Tuilerien, wo er beim Anblick jeder Grisette, der er begegne, *vingt soupirs sterlin* ausstosse (26, VI).

Neben diesem verrohten Bestandteil des vornehmen Standes giebt es einen andern, völlig verschiedener Art, die *gens du bel air*, voran die Abbés, die die reinsten Antipoden der *gens d'épée* sind. Wo da soldatesker Schneid und Robustheit zur Arroganz und Roheit aufgeschraubt ist, so ist hier Feinheit zur Zimperlichkeit und Verweichlichung entstellt. Die Abbés, *ils sont par les plaisirs, par les mines, par les promenades, par les mouches, et par les maniéres, moins hommes, que femmes* (52, I, VI). Diese Leute überfluten die Hauptstadt. Es sind jene Abbés *hors-abbaye*, jene jungen Geistlichen ohne kirchliche Funktion, denen das geistliche Gewand die Ausübung eines Laien-Handwerkes verbietet, die ihre Existenzmittel zusammen zu bringen suchen durch Schmarotzerei, Hausfreundschaft, durch anrüchige Intriguen, oder indem sie Hauslehrer sind, Verse machen oder sonst schriftstellern. Übrigens soll der Titel Abbé ein *titre spécieux* sein. Da heisst es: *il en est de ce nom à l'égard de bien des gens qui le portent, comme de celuy qu'on donne aux Garnitures de cheminée. Verre, Fayance, Bois doré, tout cela est censé Porcelaine* (37, I, X). Manch einer ist ein Schuft, der nur *à l'ombre de son petit collet* in die feine Gesellschaft gelangt (25, I, I). Was diesen Stand vor allem charakterisiert, ist die Verweichlichung. Man erinnert sich La Bruyère's Entrüstung über die Degeneration desselben, man liest sie zwischen den Zeilen, wo er von *ajustement, mollesse, vanité* gewisser Abbés spricht, *qui entrent auprès des femmes en concurrence avec le marquis et le financier, et qui l'emportent sur tous les deux* und wo er sich schliesslich fragt: *Ne doit-on pas craindre de voir un jour un jeune abbé . . . avec des mouches et du rouge comme une femme?*[1]) Seine *Caractères* erschienen 1688 und in einem Stücke der „Italiener" von 1696 begegnen wir schon so einem *petit rougeau qui se plaignoit de vapeurs,* und einem andern *qui endèvoit d'avoir perdu sa boëte à mouches* (53, II, V) und ein Porträt stellt einen Abbèe dar *devant sa Toilette pleine de quarrez, de pots de pommade, et de rouge* (53, III, III). *Hé, fy, fy, Monsieur l'Abbé! hé fy!* ruft ihm eine junge Dame zu, *laissez là le blanc, le rouge, et les mouches pour les Coquettes; occupez-vous à quelque*

---

[1]) *Les Caractères,* chap. XIV, *De quelques Usages.* — Wir citieren nach der von G. Servois und A. Rebelliau besorgten und von Hachette herausgegebenen Schulausgabe, 3. Auflage, Paris 1894.

chose de plus sérieux. Mais il ne veut pas m'entendre. Le voila qui minaude à son miroir; il essaye une grimace, il repéte une révérence, et étudie une mauvaise plaisanterie, pour la debiter tantôt aux Tuilleries sur un faucet effeminé (41, VII). Dieser *Blondin à rabat* schreibt eine Dissertation *sur les différentes maniéres de rire de bonne grace* (53, I, IV). Alle Abbés thun sich viel zu Gute auf ihre Schöngeistigkeit. Sie kokettieren damit in den *ruelles,* wo sie so eigentlich zu Hause sind. Dank dem Kleide, das sie tragen, und der Geziertheit ihrer Manieren finden sie überall Zutritt. *Il ne faut point rire, depuis que nous avons la guerre, ce sont eux . . . . qui font les plus belles affaires de Paris: Femme de Robe, femme de Cour, femme de Finance, tout passe par leurs mains* (37, I, X). *Ils voient tout ce qu'il y a de jolies femmes à Paris* (10, II). Sehen wir uns zum Schlusse noch das Konterfei an, das Arlequin von diesen *Passe-volans de la Galanterie* macht; die Zeichnung ist fein ciseliert:

Car qu'est-ce qu'un Abbé dans le tems d'apresent?
C'est un surtout de bagatelles,
Un tissu de chansons nouvelles,
Un petit Coquet tout plaisant,
Qui sçait du coin de l'ongle ouvrir la tabatiére,
Caresser son petit collet,
Tourner son castor de maniére
Qu'il fasse toûjours le godet;
Entendant surtout à merveille
A laisser entrevoir un petit bout d'oreille;
A se mordre de temps en temps,
Par maniére de passe-temps,
Une levre qu'il tâche à rendre plus vermeille;
Affectant de rire de tout
Pour montrer qu'il a les dents belles;
Se plaignant qu'il ne peut rencontrer de cruelles,
Pour avoir le plaisir de les pousser à bout,
En garde dans les Thuilleries,
Pour éviter un pied prêt à crotter le sien:
Faisant son cours aux Comédies;
Où, soutenant à l'aise un doucereux maintien,
Son œil voltige autour des actrices jolies,
Et les has ne luy coûtent rien.
Voilà de legers traits de la délicatesse
Où nos Petits-Collets sont presque tous tombez.
Avouons donc que la mollesse
Est l'appanage des Abbez (11, III).

So werden die Vertreter der vornehmen Gesellschaft vom Ende des *grand siècle* geschildert. Es ist kein erfreuliches Bild, das sie uns bieten. Das hindert aber nicht, dass sich die nichtadeligen Stände davon imponieren lassen; die ganze Bourgeoisie sehen wir da *entêtée de gentilhommerie.* Sie schämt sich ihrer Abkunft und ahmt die Sitten und Unsitten der Vornehmen nach. Der Sohn eines simplen Bürgers der Rue Saint-Denis *a déguisé sa naissance avec une brette et un manteau rouge, se fait appeler Monsieur le Baron de Tricolor et traite son propre père de Bourgeois* (21, VI.) Äusserst komisch und typisch ist das zeitgenössische Vorkommnis, das die *Scène des Carosses* (50) überliefert hat. *La femme du premier Marguillier, du premier Œuvre de la Vilette, la première Cousine du premier Clerc, du premier Huissier à Verge au Chatelet de Paris* fahren in eleganten Equipagen durch die Stadt und begegnen sich in einer Gasse, die so eng ist, dass nicht beide zugleich passieren können. Jede hiesse es etwas von ihrer Vornehmheit vergeben, wenn sie Platz machen würde; so weicht keine zurück. Nun benehmen sie sich in der vulgärsten Weise, schimpfen sich *sous-roturiére* und *arriére-Bourgeoise,* bis es zu einer regelrechten Rauferei kommt. — Gleich lustig ist die Lächerlichmachung einer anderen wirklichen Begebenheit des Tages. Einem Procureur, der auf dem Punkte stand, eine *Charge de Greffier en Chef* zu bekommen, was ihn in den Stand der Vornehmen erhoben hätte, der sich schon sein Porträt *en robe rouge* hatte anfertigen lassen und überall damit plagiert, wurde plötzlich der nötige Kredit, dessen es zum Ankauf des Amtes bedurft hätte, entzogen, worauf er sich sogar weigerte, den Maler zu bezahlen. Noch glaubt er sich schon geadelt, sehen wir ihm zu, wie er sich geberdet im Vorzimmer einer Schönen, um die er werben kommt.

Mr. Griffon: *Tortille, tortille ma queuë; tortille, tortille, tortille!*

Le Laquais: *Mais, Monsieur* ....

Mr. Griffon: *Tortille, tortille!*

Le Laquais: *Mais, Monsieur, je tortille tant que je puis.*

Mr. Griffon: *Tortille, tortille encore, il ne faut pas qu'elle soit plus grosse qu'une saucisse, cela a l'air Magistrat.* (Appercevant Angélique) *Ah, ma Princesse!* (Vers son Laquais) *Etale, étale!* (Vers Angélique) *Vous voyez Madame.* (Vers le Laquais) *Etale ma queuë, étale, étale!* (Vers Angélique) *Excusez, Madame; c'est que ce Maraut-lá n'est pas encore stilé à l'exercice de la Robe.* Etc. (52,

Scène ajoutée). Dem Maler hat er befohlen, die Schattenpartien seines Porträts, die zu sehr an seine frühere Stellung *(robe noire)* erinnern, hochrot zu übermalen (Ebenda).

Wem irgend die Vermögensverhältnisse es gestatten, der kauft sich den Adels-Titel. Der Hof braucht Geld. Im Jahre 1696 allein erhob Ludwig XIV fünfhundert Personen in den Adelsstand gegen Bezahlung von sechstausend Livres pro Kopf.[1]) Selbst ein Gelehrter hat seit dreissig Jahren *la rage d'être noble* (54, I, IV), und ein Advokat, der eine Tochter hat, *a travaillé cinquante ans pour la faire marquise* (27, II, V). Ein gewöhnlicher Spiesser *friponne à toutes jambes, pour acheter en bref une Charge de Secretaire du Roy, et transporter insolemment son enseigne de sa Boutique à son Carosse* (36, II, II).[2]) Es gibt genug Valets *qui roulent bon carosse, et qui autrefois étoient trop heureux de monter derriére* (24, II, IV). Es wimmelt von Parvenus im damaligen Paris. Auch La Bruyère berichtet von solchen, *qui se couchent roturiers et se lèvent nobles.*[3]) *Faut-il plus d'une nuit pour faire d'une fille une femme, un Gentilhomme d'un roturier, et d'un roturier et d'un faquin un homme d'importance?* (53, I, IV).

Aber schon erwacht auch der Spott auf diese Emporkömmlinge. Da begegnen wir z. B. der folgenden Pasquinade.

Marforio.

Pourquoi cet homme d'importance,
Superbe et bouffi d'arrogance,
Fait-il si bien claquer son fouët?

Pasquin.

C'est qu'il est le fils d'un cocher fort adroit. (54, II, I). Aber geradezu vernichtenden Hohn hören wir aus den Worten heraus, die *Mr. Raffle* spricht. *Quel bonheur,* sagt dieser, *n'est-ce pas pour un père de famille Bourgeoise, de pouvoir arrêter tout à coup le sang roturier qui luy coule dans les veines, pour faire place à un plus pur; de se faire par son bien et par son crédit, une naissance toute neuve; et de se voir, pour ainsi dire, le pied-d'estal d'une famille noble!* (37, I, VI). Die Frau dieses *Mr. Raffle* heiratet dann den Kammer-

---

[1]) Rambaud, *Histoire de la Civilisation française.* Paris 1897, II, 67.

[2]) Diese Neugeadelten benützten als Wappen thatsächlich oft einfach die Aushängeschilder ihrer früheren Verkaufsladen. Vergl. die genannte La Bruyère-Ausgabe, p. 421, note 2.

[3]) Chap. XIV, *De quelques Usages.*

diener, die Tochter wird entführt und der Sohn in einer Kneipe mit einem Bierglas erschlagen (37, I, VII).

Geld ist „Adel“ geworden.

Bon, bon! dans le siécle où nous sommes,
On habille de même et Manans et Marquis.
Tel portoit des sabots jadis,
Qui porte aujourd'huy l'écarlatte.
Un homme n'est plus un pied-plat,
Dès qu'il n'a pas sa bourse platte.
L'Argent est Gentil-homme . . . . (48, I, II).

Wenn die Satire meistens nicht auf den Adel als Geburtsadel hinauszielt, sondern vielmehr auf die Verkäuflichkeit der Titel, auf die emporgekommene Bourgeoisie, diese *noblesse en détrampé,* die das in lächerlicher Weise ausbeutet, so fehlt es doch nicht an Stimmen der Geringschätzung für das blaue Blut. Das sagt uns folgender Gassenhauer:

Noblesse n'est que vetille,
Jean Gille, Gille joly Jean;
Un roturier pour la fille,
Jean Gille, Gille joly Jean etc.

Un Roturier pour la fille,
Jean Gille, Gille joly Jean,
Rend la moisson plus fertille,
Jean Gille etc. (54, II, II).

Und die demokratischen Prinzipien des XVIII. Jahrhunderts keimen schon hier. *Tout homme est homme,* heisst es da, *et ce qui met de la différence entr'eux, n'est bien souvent que le velours et la tiretaine* (37, II, V).

Und von einem Lakaien hören wir den Ausspruch:

. . . . tout Laquais que nous sommes,
Sommes-nous pas du bois dont on fait les grands hommes? (38, II).

Ist das nicht schon der Ton Figaro's, in seinem berühmten Manifest, das er neunzig Jahre später in die Welt schleudern wird?

2. Ein betrügerischer Bankrott im XVII. Jahrhundert.

Ein anderer *homo novus,* der sich im XVII. Jahrhundert aus dem *tiers état* erhebt, ist der Financier, von dem La Bruyère sagt, dass er weder Vater, noch Freund, noch Bürger, noch Christ sei, *âme sale, pétrie de boue et d'ordure, éprise du gain et de l'intérêt.*[1]) Der berühmteste ist jener Samuel Bernard (1651—1739), dem selbst der König — sich „prostituierend", wie Saint-Simon sich ausdrückt — so grosse Ehren erwies. Diese *gens d'argent* sind zugleich beneidet wegen ihrer Reichtümer und verhasst und verachtet wegen der schurkischen Mittel, die sie gebrauchen, um dazu zu gelangen. Die jetzt die grössten Ausbeuter sind, waren noch vor kurzem Bettler: *sous les pilliers des Halles, vous trouverez encore la vieille peau des principales Sangsues de Paris* (49, III). Trotzdem sind sie *des gens fort considerez dans le monde. On leur adresse tous les jours des Epitres dedicatoires* (11, V). Ihr gespickter Beutel verschafft ihnen vor allem Zutritt bei den Weibern.

Les Banquiers et les Partisans,
A force de Finance
Faisoient plus de Cocus par ans
Qu'un Gascon d'abstinence (37, I, V).

Freilich erwirbt sich der Financier die Gunst nur *à proportion de l'argent qu'il perd au jeu* (6, VI), oder durch üppige Geschenke. Eine chargierte Satire auf diesen ekligen Emporkömmling bietet die Szene, in der er mit seiner *douce eloquence que les sourds entendent* in Gestalt des Plutus sich bei der Venus einschmuggelt.

Plutus *(tousse, crache et se dispose comme s'il vouloit parler; et tout cela se termine par une grosse bague qu'il tire de son doigt, et qu'il met au doigt de Venus).*

Venus. *On ne peut rien de plus galant que cette manière de s'exprimer. Mais je sçais que vous êtes le premier homme du monde pour soutenir une conversation suivie . . .*

Plutus *(tire de son Porte-feuille plusieurs billets).*

Venus, *Et qu'on ne lâsse jamais de vous entendre parler; et j'ay appris d'un Historien moderne. que vous écrivez des billets plus doux, plus persuasifs, et plus touchans que ceux de Voiture. Etc.* (34, V).

Indessen macht Frau Fortuna mit diesen Leuten allerhand für Sprünge. Da begegnen wir *Partisans,* die als *gueux* geboren, *par leurs tours de souplesse* obenauf gekommen sind dank ihrer *soudaine opulence,* zu der sie auf verbrecherischem Wege gekommen sind, selbst Zutritt beim König haben, die in Saus und Braus dahin leben, grösstes Protzentum entfalten, Leute, die *le volage sort avoit élevé*

---

[1]) Chap. VI, *Des biens de fortune.*

du fond de la bouë dans ce pompeux état, ebenso plötzlich wieder ruiniert:

.... un coup de Justice
De ce pompeux état les jette au précipice (23, IV, IV).

Die Annalen der Zeit wissen von manchem Fallimente zu er-erzählen. Ein wirklicher Bankrott schwebte auch Fatouville vor, als er 1687 den *Banqueroutier* (10) schrieb, der in seiner Ganzheit wohl die derbste Satire der Sammlung von Gherardi ist, zwei Jahrzehnte bevor Lesage in seinem *Turcaret* die klassische Satire auf die Finanzleute schuf.[1])

Nicht der Schlag ist's, den das Schicksal mit brutaler Faust zu versetzen pflegt, den wir in diesem Bankrott vor uns haben, sondern ein mit krassester Perfidie und Cynismus begangener spitzbübischer Raub, ein organisierter Bankrott zum Zwecke des Gewinnes.

Der Financier *Persillet* hat durch die Verschwendungen seiner Frau, einer Dame von Stand, sein grosses Vermögen eingebüsst. Trotzdem gilt es, standesgemäss zu leben, die Tochter soll mit einer Mitgift von hunderttausend Thalern ausgestattet werden und dem Sohne „für den Anfang“ zweihunderttausend Livres überlassen werden. Überdies beabsichtigt *Persillet* das Herzogtum von Hautebrise für circa eine halbe Million Franken sich zu erwerben. Es gilt aber, Geld herzuschaffen, und dazu soll der Notar *Mr. de la Ressource* behilflich sein. *Mr. de la Ressource* versteht sich auf die *affaires délicates,* die darin bestehen *de sçavoir à point nommé vieillir une hypothèque, corriger un testament, amaigrir une obligation, mettre sur le pied une contre-lettre; et par-dessus cela avoir toûjours de reserve plusieurs bons modèles de banqueroute. Rien n'est si couru presentement.* Er wird innerhalb vierundzwanzig Stunden eine Million herschaffen und Mittel dazu, sie nie wieder zurückzuerstatten. Hören wir ihn selbst; in der *Scène du Notaire* erfahren wir sein Procedere.

Persillet. *Mais à propos de banqueroute, tenez-vous que cela puisse rétablir les mauvaises affaires d'un homme? Ce seroit un beau secret.*

---

[1]) Schon MOLAND gibt ausgedehnte Proben dieses Stückes, *qu'on serait tenté de croire plus moderne* (p. 320—330); L. ETIENNE, *Les Financiers au théâtre* in *Revue de deux Mondes* vom 1. und 15. October 1870 erwähnt es im weiteren Zusammenhange; GUILLEMOT, die Bedeutung richtig erkennend, hat von dem Stücke noch ausgedehntere Citate gegeben als Moland (l. c.); LINTHILHAC, *Lesage,* Paris 1893, erkennt die Bedeutung als Vorläufer des *Turcaret* (p. 62); über die Beziehungen des *Banqueroutier* des *Turcaret* giebt TOLDO Details (p. 627 ff.).

Le Notaire. *Il est infaillible. C'est ce qu'on appelle l'Emetique des geus ruinez ... Il faudroit mettre de côté de l'épée le million que vous cherchez pour marier votre fille, acheter un Duché, et établir votre fils, dans le crédit où vous êtes, voilà trois hameçons capables de prendre toutes les duppes de Paris: car enfin que vous l'entendiez, quand on veut faire son coup, il faut être dans cette odeur de fortune et d'opulence.*

Persillet. *Il ne faut donc pas attendre à l'extrémité.*

Le Notaire. *Nenny, diable, nenny. Dès que le crédit chancelle, il n'y a plus rien à faire. Mais quand tout vous rit, et que le monde est bien infatué de vos richesses, il faut prendre à toutes mains l'argent qu'on vous offre, faire grande dépense à l'ordinaire; et puis, un beau matin, après avoir mis tous vos meilleurs effets dans une cassette, déloger à petit bruit, et donner ordre à votre portier de dire à tout le monde qu'on ne sçait où vous êtes allé. A cette nouvelle, ceux qui ont prêté le million, s'allarment, la frayeur les prend; d'abord il proposent de perdre le tiers de leur deu. A cela, mot, point de réponse. Ils s'assemblent, ils vont, ils viennent, ils se tourmentent. A la fin, désolez de votre absence, et ne sçachant sur quoy de vanger, ils font dire sous-main qu'ils perdront les deux tiers, si on veut assurer l'autre. Ho, quand ils se mettent comme cela à la raison, on entre en pourparler; on écoute, on negocie; et enfin après un bon contract bien et deuëment homologué, vous revenez sur l'eau avec sept ou huit cens mille livres d'argent comptant, et tous vos meilleurs effets divertis. Un homme qui a cette prudence une seule fois en sa vie, n'est-il pas pour toûjours au dessus de ses affaires? Voilà comme je parlerois à mon frere, si j'en avois un.*

Persillet ist nicht bloss gerührt, sondern ganz überzeugt, *qu'un bon pere de famille est obligé en conscience de faire banqueroute au moins une fois en sa vie, pour l'avantage de ses enfans.* Der Notar wird als Lohn den dritten Teil der Summe erhalten. Er schickt die Gläubiger her und in der *Scène du Prêt* wohnen wir dem Darlehen bei. *Persillet* geniesst so hohen Kredit und spielt trotz des drohenden Ruins so täuschend den Krösus — mit Halbhunderttausenden, die man ihm zurückbezahlen kommt, und anderen *gueuseries de cette nature-là* derangiert man ihn nur! —, dass die Herren es als eine besondere Ehre ansehen, wenn er sich herablässt, von ihnen Geld zu nehmen. Darauf erfolgt der fingierte Bankrott in der *Scène de la Banqueroute* und das Arrangement mit den Gläubigern in der *Scène des Créanciers:* „Der Himmel“ hat den Herrn Persillet in seinem

Vorhaben unterstützt: *car en tout cecy il ne songoit qu'à établir ses enfans, et à vivre doucement le reste de ses jours, selon la condition.*

Die Schurkerei ist trefflich gezeichnet; die Szenen (die wir bedauern, nicht in extenso anführen zu können) wickeln sich vorzüglich ab. Das Ganze ist sehr realistisch und mutet uns sehr modern an. Man hat den Eindruck, hier vor einer „Freien Bühne" des XVII. Jahrhunderts zu stehen.

3. Juristerei und Medizin.

. . . es würde beßer in der welt zugehen, wenn die welt von die 3 *charlatans* würde befreit sein: die pfaffen, docktoren undt *advocatten;* also schrieb damals die Liselotte, deren Freimütigkeit und Vorurteilslosigkeit wir kennen, in einem ihrer Briefe.[1]) Und wenn wir auf der zeitgenössischen Bühne die Gestalten dieser Leute an uns vorüberschreiten sehen, so befremdet uns dieses scharfe Urteil nicht mehr: was die einen durch Ignoranz verbrechen, das thun die andern durch Unehrlichkeit.

Die Ärzte! In seiner Untersuchung, ob es bei Molière „groteske" Satire gebe, hat Schneegans dargethan,[2]) dass das nicht der Fall sei und dass speziell auch die Figur des Doktor, wie sehr sie uns Modernen grotesken Eindruck macht, doch getreulich nach der Natur gezeichnet sei.[3]) Dasselbe muss auch für das Théâtre-Italien gelten.

Auf welcher Stufe die medizinische Wissenschaft stand, das illustrieren die Thatsachen, dass anno 1650 ein Pariser Arzt noch schreiben konnte, er halte die Einführung der Chemie in die Arzneikunde für durchaus schädlich, und dass noch 1671 die Pariser Fakultät von den Lehren Descartes', die sich auf Anatomie und Physiologie bezogen, nichts wissen wollte.[4]) An den überkommenen „Regeln" wurde festgehalten; an Stelle von Beobachtung der Wirklichkeit sah man den alten Kram scholastischer Wortklauberei. Die Heilmittel bestanden in *seignare, purgare, clysterium donare.* Liselotte sagt von den Ärzten: sie seindt gar *ignorant* undt wißen nichts als *bourgiren,*

---

[1]) Fontainebleau, den 8. October 1704, in der Ausgabe von BODEMANN.

[2]) *Beiträge zur romanischen Philologie. Festgabe für Gustav Gröber.* Halle a. S., 1899, p. 267—310.

[3]) Einzelheiten bei RAYNAUD, *Les Médecins au temps de Molière.* Paris 1862. — Instruktiv ist auch eine Apotheker-Rechnung aus dem XVII. Jahrhundert, die im *Moliériste* vom 1. Jänner 1880 in extenso abgedruckt ist.

[4]) Vergl. SCHNEEGANS, op. cit., p. 307.

aderlaßen undt *clistiren.*[1]) Für Zahnschmerzen werden Brechmittel verschrieben (6, VI). Was alles ihr vielseitiges Können in sich begriff, erfahren wir von einem Medicus selber: *je saigne, je purge, je sonde, je bistourise, je scie, je ventouse, je rogne, je déchique, je romps, je fends, je brise, j'arrache, je déchire, je coupe, je disloque, j'écarte, je taille, je tranche, et je suis sans quartier* (7, III). Was der damalige Heilkünstler, dank seiner Ignoranz, die mit Gewissenlosigkeit gepaart war, für Unheil anstiftete, können wir heute nicht mehr ermessen.

On dit que son ignorance
Cause la mortalité,
Plus que guerre et péstilence,
C'est la pure vérité (54, I, VII).

Kennt ihr den Unterschied zwischen einem Arzte und einem Henker? — *L'un expédie son homme dans le moment, et l'autre le fait langir quelque temps auparavent* (25, I, I).

Womit der „Herr Doktor" imponierte, das war sein feierlicher Anzug, seine freche Pose und das Kauderwälsch, mit dem er um sich schlug. Die Ignoranz verhinderte nicht, dass man ein geschickter Arzt war: *Ce n'est pas la science qui fait le Médecin heureux. C'est l'effronterie et le jargon* (7, I). Lassen wir uns belehren, auf welche Weise man Äskulap's Jünger wird. *On commence par avoir une Mule,* auf dem man der Sitte der Zeit gemäss durch die Gassen reitet; man begegnet einem Menschen, der einen Arzt für seinen kranken Verwandten sucht, zu dem man sich führen lässt, der Doktor, nachdem er sich gewichtig in einem Fauteuil neben dem Krankenlager niedergelassen, diagnosticiert nun auf folgende Art: *Montrez-moi votre langue!* sagt er zum Patienten. — *Voilà une langue bien seiche.* — *Voyons le poux!* — *Voilà au poux qui va diablement vîte.* — *Tâtons le ventre!* — *Voilà un ventre bien dur.* — *Vîte, qu'on apporte les matiéres!* — *Les matiéres sont louables.* — *Qu'on me donne du papier, une plume, et de l'encre.* Darauf wird verschrieben: *Recipe ce soir un Lavement, demain matin une Saignée, et demain au soir une Médecine.* Man nimmt Abschied, wünscht gute Besserung. *Aussitôt l'homme qui vous a introduit vous reconduit et vous met dans la main un demy Louïs d'or. Vous remontez sur votre Mule, et vous vous en allez* (7, I).

Um Arzt zu sein, genügt es, dass man eine Klystier von einem Bouillon unterscheiden kann,

[1]) Brief von Saint-Cloud, 5. Juni 1689 (Ausgabe von BODEMANN).

Et qu'on sçache ordonner par un mot ridicule
Le Mélange commun du vinaigre et de l'eau (23, IV, I).

Die Unverschämtheit ist es, nicht das Wissen, die den Arzt ausmacht.

.... *pourvu qu'il sçache avec grande arrogance,*
Et d'un ton de hauteur,
Traîner de dis grands mots l'importance lenteur,
Ou les précipiter avec impertinence,
Il passera par tout pour homme d'importance;
Et dans deux ou trois ans, à force de troter,
De Mule en bon carrosse on le verra monter (23, V, II).

Indessen begegnen wir in einem Stück von 1692 einem bemerkenswerten Passus. Äskulap klagt darüber, dass sein Métier heutzutage verschrieen sei und das *personne ne donne plus dans leurs mots spécieux* (27, III, IX). Und an einer anderen Stelle, wo Phaeton seine alte Philosophie auskramt: *barbara, celarent, darii, ferio, baralipton etc.* entgegnet ihm Momus: *Quelle philosophie barbare! tout cela a changé comme la Médecine. Entens-tu le Sistême Cartésien?* (27, II, IV). Cartesius! Also noch das Ende des Jahrhunderts konnte sehen, wie das alte morsche Gebäude Feuer fieng und wie schon ein anderes moderneren Stiles sich zu erheben begann.

Das Pendant zum Korpus der Ärzte bildet der Stand, dessen Beruf es gewesen wäre, für Recht und Gerechtigkeit einzutreten: les gens de robe. Diese stehen jenen nicht nach an Gemeingefährlichkeit. Darum ruft Medeia, um den Jaso zu verwandeln, neben dem Styx und dem Tartaros und allen unterweltlichen Mächten, auch diese an:

Et vous, Diables nouveaux, Sergens, Clercs, Procureurs,
Commissaires, Greffiers; altérez Picoreurs,
Vous de qui la malice énorme,
Par une adroite trahison,
Rend l'équité même difforme,
Faites-en autant de Jason (6, I).

Übrigens sträubt sich selbst die Hölle, diese Leute aufzunehmen, *car ces gens-là mettent l'Enfer en mauvais predicament* (16, IV). Ihr erstes Charakteristikum ist die Bestechlichkeit. Mit grösstem Cynismus erzählt uns das *Mr. Nigaudin* selbst: *J'ai une pénétration d'esprit qui me surprend quelquefois,* sagt er, *je jugeai derniérement un gros procès à l'Audiance, dont je n'avois pas entendu un mot. — Pas un mot,* fragt ihn eine Dame, *et comment avez-vous pû rendre justice? — Bon dans tous les procès il n'y a qu'une routine; une des parties m'avoit envoyé un carosse de cent pistoles, et l'autre deux chevaux gris de 600 écus, vous jugez bien qui avoit le bon droit* (22, I, VI). Eine Gerichtssitzung wird mit folgenden Vorsätzen eingeleitet:

Voyons les bons Payeurs, et d'un soin obligeant
Plaçons les selon leur mérite,
C'est-à-dire selon l'argent.
Mesurons tout à la finance,
Et vivons comme on a vêcu,
La p'stole en bonne balance
Au Palais emporte l'écu (23, III, I).

Die Advokaten finden für alles das *pro et contra,* wie in der Fabel vom Wanderer Satyr jener Bauer *qui sait souffler à la fois et le froid et le chaud* (33, III, II). Le Noble, der die juristische Praxis selbst ausgeübt hatte, höhnt seine ehemaligen Kollegen mit diesen Worten:

. . . . . . votre langue
Nous dit aujourd'huy blanc, et demain dira noir.
Les Loix sont dans vos mains une glaive à tranchant double,
Et ce n'est qu'à mentir et nous faire voir trouble
Que se réduit votre sçavoir (23, III, II).

Und der Procureur? *Rien de plus ruineux qu'un Procureur: Il faut n'avoir jamais plaidé pour en disconvenir* (1, IV). *Procureur, Voleur, c'est comme qui diroit Barbier, Perruquier* (37, I, III). Ein Schuft vom Kopf bis zur Sohle! Das kulturhistorisch interessante Bild dieses Menschen, wie er zu Ende des XVII. Jahrhunderts leibt und lebt, ist festgenagelt:

. . . en l'an six cent quatre-vingt deux,
Pour divertissement d'un théâtre fameux,
Contre les procureurs on fit une Satire,
Où presque tout Paris pensa pâmer de rire.[1])

Das ist der *Arlequin Grapignan,* das zweite Stück der Sammlung von Gherardi, vom Jahre 1682 und ein Jahr darauf zur grossen

[1]) *Mercure Galant (= Comédie sans titre),* Acte V, Scène VII. BOURSAULT, der ein Jahr nach dem Stücke der „Italiener" diese Komödie für das Théâtre-Français schrieb, lässt dann *M. Brigandeau* und *Mr. Sangsue* streiten, ob der *Arlequin Procureur* des Théâtre-Italien, auf den hier angespielt ist, *du châtelet* oder *de la cour* gewesen sei.

Freude des Publikums gedruckt.[1]) Er bildet ein würdiges Gegenstück zum *Banqueroutier.* Bittere Satire steckt in dem Stück und schneidende Schärfe, die nur gemildert wird durch die grosse Komik, die darüber ausgegossen ist. Der Autor ist wieder jener Fatouville, was doppelt wichtig, da er als Mann von Beruf das Milieu, das er hier schildert, kennen musste, was die Echtheit der aufgetragenen Farben verbürgt. Die *Scène d'un vieux Procureur instruisant un jeune Praticien qui veut acheter sa charge* verrät uns die schurkischen Geschäftsgeheimnisse eines Procureur und in der *Scène de l'Étude* wohnen wir der praktischen Verwertung derselben bei.

Was der alte *Coquinière* dem lernbegierigen *Grapignan* vor allem anempfiehlt, damit er reüssiere, ist, zu seiner Verfügung einen *Sergent* und einen *Greffier* und einen *Notaire* zu halten. *Un Procureur qui a ces trois cordes à son arc, peut tout risquer, et tout entreprendre. C'est sur leur avidité qu'on doit fonder le succès de toutes les affaires difficiles.* Dann muss er durchtrieben im höchsten Grade sein. *Croyez-moi, mon amy, vous ne ferez jamais votre fortune, à moins que vous ne joignez l'adresse à la procédure. Un homme de notre métier qui voudroit faire sa charge dans l'ordre, n'auroit pas sa maison deffrayée, et mille écus de profit au bout de l'an.* Grapignan hat kaum seine dreissig Jahre und ist vielversprechend. *Il faut que vous soyez une balourde,* sagt zu ihm der alte Coquinière, *après les instructions que je vais vous donner, si dans quatre ans vous n'avez ruïné cent familles, et acquis dix maison dans Paris.* Grapignan ist nicht mehr ganz Anfänger; er weiss schon *tout le petit ménage de l'Étude,* aber was er noch ignoriert, das sind *ces coups de maître qui font aller en carosse.*

Coquinière: *Patience: Paris n'a pas été fait tout en un jour. Avant toutes choses, dites-moy, mon cher enfant, aimez-vous l'argent avec apreté? Vous sentez-vous l'honneur à tout faire pour en amasser?*

Grapignan: *Malepeste, si j'aime l'argent!*

Coquinière: *Tant mieux. Vous voilà déja à demi Procureur. Sçachez donc que pour parvenir en fort peu de temps, il faut être dur et impitoyable, principalement à ceux qui ont de grands biens: il ne faut jamais donner les mains à aucun arbitrage, jamais ne consentir d'Arrêt deffinitif; c'est la peste des Études! Au reste, qu'on ne vous voye que rarement aux Audiances. Attachez-vous aux procès par*

---

[1]) La *Matrone d'Ephèse ou Arlequin Grapignan,* auch kurzweg *Grapignan* geheissen, sowie auch *Arlequin Procureur.*

écrit, et multipliez si adroitement les incidens et la procedure, qu'un affaire blanchisse dans votre Etude avant que d'être jugée.

Grapignan: *Ah Diable! je voy bien que vous l'entendez.*

Coquinière: *Dans notre métier, le grand talent et le grand gain, c'est de beaucoup écrire.*

Grapignan: *Mais que dire en tant d'écritures?*

Coquinière: *Que dire? Le pauvre homme! Il faut dire des impertinences, des suppositions, des faussetez; et quand on est au bout, il faut avoir recours aux invectives et aux injures.* Bei alldem, fährt Coquinière fort, wird das *sçavoir faire et le tour du bâton* von grosser Wichtigkeit sein und schliesst dann: *Voilà, mon cher enfant, les preceptes solides que mon honneur et ma conscience me suggerent.*

Mit diesen Lehren ausgestattet, übernimmt nun der junge Grapignan die Praxis, voll der besten Hoffnungen. *Que je feray de mal avant qu'il soit six mois!* ruft er aus. *Un chien enragé n'est pas si dangereux qu'un jeune Procureur. Malheur à ceux qui tombent sous ma couppe!* Und jetzt beobachten wir ihn in seiner Amtsstube, die eher den Namen einer Räuberhöhle verdiente, seinen Beruf ausüben, der darin besteht, unter dem Deckmantel der Rechtschaffung eine Reihe von Leuten auszuplündern und auszusaugen — er wird selbst zum Diebe eines Dieben! — mit einer Schurkenhaftigkeit, die ohne Grenzen ist.

Gewaltiger Erfolg krönte das Stück, von dem damals alle Welt redete. Der *Mercure Galant* hebt daran die *manières très naturelles* hervor, womit diese Schurkereien gezeichnet seien, und der Recensent erzählt bei diesem Anlasse von einem Procureur, den er kenne, der in einem Prozess zu gleicher Zeit zwei Parteien unter verschiedenen Namen vertreten habe, und fügt bei, dass man sich nun weniger leicht werde täuschen lassen, nachdem man den *Arlequin Grapignan* gesehen, worin man *cent tours de cette nature* finde, *si bien tournez, que rien ne paroît plus vrai-semblable.* Zum Schlusse drückt er seine Freude darüber aus, dass das Stück im Drucke herausgekommen: *C'est un trésor qui mérite qu'on le garde* (Dezember 1683, p. 321 ff.). Selbst Bayle spricht davon, in ähnlicher Weise sowohl die Nützlichkeit des Stückes hervorhebend, wie die Realistik der Darstellung: *C'est une comédie .... où les comédiens italiens ont représenté admirablement les fripponneries qui se commettent dans la profession de procureur. On prétend que l'utilité de cette piece sera grande etc.*[1])

[1]) *Nouvelles de la République des Lettres,* April 1684, Art. 7, p. 199. Vergl. Tralage, p. 65.

Eine bildliche Darstellung des XVII. Jahrhunderts, die sich *Les quatre Veritez du Siècle dapresent* betitelt, zeigt uns folgende vier Figuren: *Le Prie Dieu pour vous,* ein Priester; *Le vous Garde tous,* ein Krieger; *Le vous Nouris tous,* ein Bauer; und der vierte, *Le vous Mange tous* und dieser ist ein *homme de robe!*[1])

Von grosser Lustigkeit und nicht minder realistisch ist die *Scène du Plaidoyer* des 4. Stückes (vergl. die Inhaltsangabe), zu der Gueulette bemerkt: *Les procureurs plaidants nommés Pillardin et la Ruine donnent ici une vrai image des plaidoyeries les plus ordinaires de nos tribuneaux: injures, eloquence et érudition mal placée*[2]) *chicannes surtout et frais gros* etc.[3])

Das sind alles Beweise, dass sich hier die Satire auf realem Boden bewegt. Wie könnte man sich sonst so betroffen fühlen? Hören wir den empörten Protest, den Boursault[4]) seinem Mr. Brigandeau in den Mund legt:

Et telle est aujourd'hui la licence des mœurs,
Que des hommes si bien, comme des procureurs,
Qui de tant d'opprimés embrassent la défense,
Ne sont pas à couvert contre la médisance,
Depuis que dans le monde Arlequin procureur,
Pour un corps si célèbre a donné tant d'horreur.

Gleich den Procureurs und den Advokaten sind die andern „Diener der Gerechtigkeit". Das Bild eines schurkischen Notarius hat uns bereits der *Banqueroutier* entworfen. Und die Greffiers? — *Ex ungue leonem. C'est-à-dire, Messieurs, que le Lion se connaît par l'ongle et le Greffier par la griffe* (I, IV).[5]) Auf dem Jahrmarkt von Saint-Germain, wo „gefährliche Sprünge" ausgeführt werden, wird ein *Greffier* gezeigt, *qui saute à pied joint par dessus la Justice* (50, II, II). Der Greffier ist ein *diable blanchi dans l'ordure et dans la chicane* (1, IV). — Ein Sergent protzt mit den zweihundert Protokollen, die er als Zeuge unterzeichnet, ohne je bei der Aufnahme gegenwärtig gewesen zu sein (23, II, VI). Ganz besonders delikater Kommissionen befleisst sich der Commissaire: er ist gewöhnlich der Vertraute einer *femme coquette,* oder

---

[1]) Reproduktion bei LACROIX, p. 331.

[2]) Ein Beispiel dafür die *Scène de la Tirade* des 18. Stückes.

[3]) Im Ms. der Bibl. de l'Arsénal.

[4]) *Mercure Galant,* alias *Comédie sans titre,* acte V, Scène VI.

[5]) Arlequin leitet *greffier* volksetymologisch von *griffe* (aus deutschem grifan) ab, während es natürlich von *greffe* (γραφίον) kommt.

einer *joueuse du quartier*. Für hundert Pistolen *il donne volontiers un soufflet aux réglemens de la Justice* (15, III, IV). *Commissaire* und *fripon* sind identische Ausdrücke (49, IV). Aber die Galanterie, für die er sich freilich bezahlen lässt, kann man ihm nicht absprechen; das schwache Geschlecht findet an ihm eine sichere Stütze. Ein Beispiel! — Es handelt sich um eine Klage, wegen der er sich an seinen Schreiber wendet: *Avez-vous dressé la plainte de cette femme qui battit hier au soir son mary? Il faut tourner les choses de manière que le mary soit condamné en des dommages et intérêts pour les coups qu'il a reçus* (49, XI). Ein *Commissaire*, der sich in seiner Würde verletzt fühlte, reichte damals Klage ein und machte dem Polizeileutnant Vorstellungen: *Si vous souffrez que les commissaires soient ainsi turlupinés* . . . warf er ihm vor, *que deviendront leur fonctions les plus sérieuses?* [1])

Das beweist von neuem, wie sehr diese Satire nach dem *document humain* gearbeitet war und dass die giftigen Pfeile, die man in die damalige Gesellschaft schleuderte, ihr Ziel nicht verfehlten.

4. Preziosität und Emanzipationsbestrebungen. Dichterlinge. Akademiker etc.

Molière's Meisterstücke der Lächerlichmachung des Preziösentums hatten solche Leuchtkraft in sich, dass sie alle andern derartigen Versuche überstrahlten. Daher kommt es wohl, dass man diesen bis jetzt noch so wenig Aufmerksamkeit geschenkt hat, während es doch interessant sein müsste, an Hand satirischer Dokumente, besonders von solchen der Bühne, jene schöngeistige Bewegung seit den siebziger Jahren zu verfolgen bis zum Schlusse des Jahrhunderts. Bausteine zu einer solchen Untersuchung würde auch das Théâtre-Italien liefern. Durch die ganze Sammlung von Gherardi zieht sich der Spott auf die Preziösen, den Einfluss des grossen Poquelin verratend, aber doch modifiziert, einigen neuen Formen entsprechend, die die Sache selbst angenommen hatte.

Die *Précieuses ridicules* (1659) und die *Femmes savantes* (1672) scheinen, statt die Luft desinfiziert, sie vielmehr noch unreiner gemacht zu haben. *Ma foy depuis que Molière a célébré les Précieuses, nous les voyons monter en graine, et demeurer là pour la prisée* (5, IV).

Zu gewissen Zeiten nimmt die Bewegung wieder einen neuen

---

1) Campardon, I, 248.

Anlauf. So rumort es um 90 herum besonders stark. 1690 rückt de la Barre mit den zwei Streitschriften heraus: *de l'Égalité des deux Sexes* und *de l'Excellence des Hommes contre l'Égalité des Sexes*; ein Jahr darauf werden im Hôtel de Bourgogne *La Fille savante* (21) und *La Coquette ou l'Académie des Dames* (22), deren Titel allein schon den Inhalt verraten, aufgeführt; 1694 und 1695 folgen *Le bel Esprit* (40) und *La thèse des Dames* (47), und — auf dem Théâtre-Français — Boursault's *Mots à la mode.*

Der Geist, der von den *ruelles* und den *académies* ausgieng, war in alle Schichten der Gesellschaft gedrungen. Das nüchternste Bürgertum äffte bekanntlich die Schöngeisterei nach. Die Tochter eines Financiers schämt sich ihres Vaters (10, VII) und sucht ihre Abkunft zu verbergen *par le commerce des beaux esprits* (10, I). Noch kann es Mr. Tortillon nicht fassen, dass er der Vater eines Blaustrumpfes sein soll: *dans le cœur de la ville,* ruft er entsetzt aus, *morbleu, dans la ruë Saint Denis, engendrer une fille qui fait de ma maison un atelier de Philosophie!* (21, I). Selbst das Hausgesinde stellt seine Vertreter. Ein Mohr von einem Diener versteht sich nicht nur darauf, für seine Herrin allerhand Schönpflästerchen herzustellen, *il se mêle aussi de faire des vers* (11, III) und ein anderer schreibt seine *Remarques sur Vaugelas* (36, I, III).

Was die Preziosität dieser Zeit kennzeichnet, ist einmal die Sprache, die man mit grösster Pedanterie nach den Geboten der Akademie handhabt. Eine Zofe frägt eine junge Dame, die schlechter Laune ist: *Est-ce que votre Père s'est servy, en vous parlant, de quelque mot qui n'étoit pas de l'Academie?* (11, II).

Sodann ist jetzt bei den Preziösen die Beschäftigung mit den exakten und den Naturwissenschaften zur Regel geworden. Für wissenschaftliche Studien interessierten sich schon vor Jahrzehnten Frauen von Begabung, aber das Neue ist, dass das, was vorher vereinzelt und aus innerm Bedürfnis geschah, nunmehr von der Mode diktiert wird. Selbst in den volkstümlichsten Quartieren von Paris begegnen uns Mädchen, deren Boudoirs in Bibliotheken umgewandelt sind, angefüllt mit den Schriften der alten Philosophen, mit geographischen Werken und mathematischen Instrumenten (21, I u. VIII).

Die Emanzipationsidee des Weibes trägt den Stempel der Intensivität und der Popularität. Die Gleichberechtigung ist zu einem Postulat geworden, das weitere Kreise aufstellen, freilich noch nicht mit jener Feinheit, wie jene Frauen-Liga in Marivaux' *Nouvelle Colonie* (1729), aber mit Bestimmtheit; so z. B. in den *Souhaits* (38), wo in der *Scène contre les Hommes* eine Bürgerliche sich folgendermassen ausdrückt:

Dans quelle sujétion n'ont-ils (les hommes) pas jetté notre pauvre sexe? Falloit-il nous brider comme ils ont fait, en nous éloignant des sciences, du gouvernement, et des emplois? ... Mais fais-moy raison un peu de cette licence effrenée qu'ont les hommes de tout dire et de tout faire sans conséquence; au lieu que la moindre émancipation nous est tournée à crime.

Wie modern das klingt! Das könnte wörtlich in einem Buche von heute stehen. Daneben giebt es aber auch Weiber, die sich in den bestehenden Verhältnissen sehr wohl zurecht finden. *Allez, allez,* antwortet eine Kokette, *quoy qu'en disent les hommes avec leur prétendue superiorité, nous ne les balottons pas mal!* Und was *ce joug importun de la pudeur* anbetreffe: *Est-ce que vous ne sçavez pas le manége du sexe en ces rencontres? Nous surprend-on, par exemple, dans quelque lecture equivoque, hébien, nous en sommes quittes pour une rougeur; et c'est un verny pour la beauté. Voilà comme les femmes ont le plaisir de tout faire sans en avoir la honte. ... Les Loix de la pudeur sont sujettes à extension, comme le reste. Notre honneur est de ces choses où l'on peut dire que la forme emporte le fonds; et la reputation de l'honneur est souvent plus courue que l'honneur même. Pourvû qu'on se pare au besoin de certaines grimaces fondamentales; qu'on ait soin tous les matins de charger ses yeux sur l'hypocrisie; qu'on begaye fidellement aux endroits où le sexe doit begayer, hé, notre honneur n'en exige pas davantage.* Wenn die Männer das Privileg haben, sich in den Kneipen herum zu balgen und tolles Zeug zu treiben, so haben auch die Weiber ihre *petites folies, — mais nous les faisons à huy clos, et nous n'y appellons que les témoins absolument nécessaires.*

Deutlich zum Ausdruck kommt die Stellung, die das Preziösentum zur Ehe einnimmt. Ein Charakteristikum desselben ist ja, dass es an Stelle sinnlicher Liebe die nach den Schäferromanen modellierte und zum Selbstzweck erhobene Galanterie gesetzt hat. Die Folge davon ist, dass man in Ehe und Familie etwas Verächtliches sieht. Wenn man „liebt", so geschieht es bloss *pour dire de belles choses* (17, III). Die Heirat gehört zu den *préjugez populaires* (17, III). Welch ein Skandal, wenn ein Vater einer Preziösen vom Heiraten spricht: *Un Père proposer de sang froid à une Fille qui a dix-huit ans passés, de la marier! A-t-on jamais vü de procédé plus injurieux? Moy, qui abhorre le mariage comme un monstre! Il faut que la raison de mon Père soit en decours* (ebenda). Und erst die Empörung einer Schöngeistigen, die von einem *Recepte pour avoir à coup seur des enfans* hört! *Ah, quel absynthe pour nos oreilles! j'entrevois là-dedans une cohuë d'obscenitez* (11, III). Der Mann ist — wie in unsern Tagen! — „fade". *Le fade ragoût qu'un Mary, avec toutes ses dépendances!* (17, III), urteilt ein Mädchen und ein anderes schwört *aucune sensibilité pour l'homme* zu haben (10, VII). Ganz „drittes Geschlecht"! Menschlicher und zugleich recht modern mutet uns folgende Beschwerde einer verheirateten Frau aus dem Bürgerstande an; sie sagt: *Le bel employ pour une personne, que le detail d'un petit ménage! Oh, que les Maris sont sots, quand ils croyent que leurs femmes se contenteront pour toute lecture d'un papier journal de dépense, où la moutarde, le poivre et le charbon reviennent à toutes les pages! Voila-t-il pas une belle Bibliotheque pour façonner un esprit* (15, I, I).

Ein anderes Kennzeichen dieser Leute ist die Roheit, die ihnen bei aller Scheinfeinheit anhaftet. — Beim Wiedersehn am neuen Tag begrüsst ein Vater mit freudigem Lächeln sein Kind: *Ma chére fille, je te donne le bon jour.* — *Ah Ciel!* ruft es ihm entrüstet entgegen, *ne vous deferez-vous jamais de vos abords populaires, qui choquent l'oreille, et qui scandalisent le bon sens?* und nach einer langen philosophischen Auseinandersetzung erfährt der Vater, worin sein Verbrechen liegt: man muss sagen *je vous souhaite le bon jour* (21, II). — Hier kann man sich nur streiten, ob die Gefühlslosigkeit oder die Pedanterie grösser sei. Wo die *police du beau langage* aufhört, da treten alle Rücksichten zurück. Was den Menschen ausmacht, das ist *un esprit flexible au manége de l'Académie* (17, III). Man weiss, was ausser der von der Akademie inspirierten Pedanterie *in grammaticis ce beau langage* charakterisierte: es ist die bis zur Unverständlichkeit führende geistreichelnde Geziertheit und Gesuchtheit. *Ils laissent au vulgaire l'art de parler d'une manière intelligible,* sagt uns La Bruyére [1]) und hier werden diese „professionellen Schöngeister" hingestellt als diejenigen *qui ne parlent jamais comme les autres; qui ne sçavent ce que c'est que d'appeller les choses par leurs noms; qui ne crachent que des sentences, et qui s'imaginent que l'esprit consiste à ne se pas faire entendre* (40, I, IV).

Eine erste Rolle dabei spielt die Metapher. *Mr. Cusiffle's* Werbung hebt also an: *Madame, mon esprit est tellement constipé dans le bas ventre de mon ignorance, qu'il me faudroit un syrop de vos lumiéres, pour liquifier la matiére de mes pensées* (5, VII). Den Vorteil lässt sich dieser Erklärung nicht absprechen, dass sie die An-

---

[1]) Chap. V. *De la Société et de la Conversation.*

geredete zugleich über den Beruf, den der Sprecher im täglichen Leben ausübt, aufklärt. Es liessen sich noch übelriechendere Beispiele anführen; hier setzt eben die Karikatur ein, mit all ihren Freiheiten und Tollheiten. Eine solche chargierte Figur ist die *Madame Pindaret* (22, III, II). Wenn sie sich schon keiner Ahnen rühmen kann, denn vor Boileau's *Ode sur la prise de Namur* gab es noch keine Pindaret in der Welt, so ist sie nichts desto minder eine *dame de qualité* von einer exquisiten Vornehmheit des Geistes. Sie ist gekommen, der *Mlle Trafiquet* eine Visite zu machen, die sie übrigens schon des öftern besucht hat, *depuis les Calendas du mois dernier*, wie sie sich ausdrückt. Denn sie bedient sich ausschliesslich des römischen Kalenders und hält etwas darauf. *Si ma servante datoït sa dépense autrement, elle ne coucheroït pas chez moy deux jours de suite: je veux de l'érudition jusques dans ma cuisine.* Sie selbst strahlt von Gelehrsamkeit und ist ein solch universales Talent, dass sie es fertig bringt, sowohl mit den *Anciens* Umgang zu haben, wie auch sich mit den *Modernes* zu vertragen. Völlig durchgeistigt, wie sie ist, ist ihr die Konversation, die sich nicht in den Sphären höchster Erudition bewegt, ein Greuel, weshalb sie zu Damen-Visiten zur Vorsicht stets einen Juvenal *in quarto* mit sich trägt, *pour se dédommager des minuties de leur conversation.* Das hindert nicht, dass sie sich letzthin bei einer Marquise, während den Hundstagen, einen Schnupfen holte. Was für eine Böotierin, diese Marquise!

Mme P.: *Vous ne sçauriez vous imaginer jusqu'où va l'ignorance de cette femme-là.*

Mlle T.: *Une femme de qualité ignorante, vous me surprenez.*

Mme P.: *Ignorantissme; croiriez-vous .... Mais non, cela n'entre point dans l'esprit.*

Mlle T.: *Mais encore?*

Mme P.: *Croiriez-vous qu'elle ne put jamais me dire dans quelle Olympiade mourut Epaminondas?*

Mlle T: *Ha Ciel, quelle Ignorance! en vérité, Madame, vous futes bien-heureuse d'en être quitte pour un rhume, cela valoït bien la peine de tomber en apoplexie.*

Dass dieses pindarische Weib der Leier erhabne Töne zu entlocken weiss, macht uns nicht erstaunen. *Madame Pindaret* hat Rondeaux gedichtet, ein Leben des Themistokles *en vers burlesques*, ein *Poëme épique aux cheveux*, aber was das Erhabenste ist: ein Madrigal *sur l'inconstance d'une Maïtresse qui changea d'Amant, parce qu'il avoït soûpiré par le derriére.*

Wir bedauern, nicht länger das Vergnügen zu haben; aber *Madame Pindaret* verabschiedet sich, *elle ne se prostituë jamais à une longue conversation, et elle aime les visites brèves et laconiques.*

Wenige thun es ihr gleich; aber alle dichten sie. Selbst die Verliebten *ne se tuent plus qu'en vers* (6, IV). Die Prosa wird als das „Exkrement" des Geistes betrachtet; vornehm ist nur die gebundene Rede, ein Madrigal z. B. *voiture plus de tendresse au cœur, que trente Periodes des mieux arrangées. Il faut être du dernier Peuple pour ne pas aimer les Poëtes à la folie* (5, IV). Alles besteigt den Pegasus. Selbst die Frauen *le font trotter en vers Alexandrins* und schreiben Opern und Tragödien (38, VIII); weiss der Teufel, wie sie ihn schinden: *il ne revient jamais à l'Ecurie,* erzählt Thalia, *qu'il ne soit crevé de coups d'éperons* (32, Prol.). Und Dichterlinge schiessen in Paris aus dem Boden „wie das Gras auf dem Felde" (48, II, III). Zu Dutzenden überfluten diese *pieds plats d'Auteurs* (11, I), diese *petits poëtes crottez, vrais chardons du Parnasse* täglich die *ruelles.* Auf die Fabel vom Affen und seinen Jungen anspielend, sagt Le Noble von ihnen:

C'est ainsi, Messieurs les Poëtes,
Que pour vos laids enfans, j'entends vos sots écrits,
C'est ainsi, dis-je, que vous êtes
Toûjours d'un fol amour épris.
Tout ce que vos creuses cervelles
Ont bizarrement enfanté,
Vous paroît d'un tour enchanté,
Vous en fatiguez les ruelles (23, V, IV).

Von damaligen schöngeistigen Moden erfahren wir Näheres über die mots à la mode. Ein Mädchen setzt Essen und Trinken hintan *pour aller deux fois par jour dans cette peste de maison-là faire ses provisions de mots à la mode* (5, IV) — schon 1684, also längst vor Callières Publikation.[1])

Litterarisch völlig wertlos, aber kulturhistorisch interessant ist die Mode der bouts-rimés,[2]) die in dieser Zeit grassierte. Man

[1]) *Mots à la mode* nannte man eine Anzahl neuer modischer Ausdrücke, die in Hofkreisen als chic galten und die von der Bourgeoisie nachgeäfft wurden. François de CALLIÈRES gab 1690 eine Sammlung derselben heraus; BOURSAULT machte sie lächerlich in der nach ihnen betitelten, schon genannten Komödie.

[2]) Die Mode datiert eigentlich aus der Zeit der Fronde, verschwand und wurde zu Anfang der achtziger Jahre wieder aufgenommen. Den Todesstoss versetzte ihr damals (1654) SARASIN mit seinem heroi-komischen Gedicht *Dulot vaincu ou*

durchblättere nur den *Mercure Galant* von 1682. Es ist für uns einfach lachhaft, zu sehen, mit welchem Ernste und mit welcher Wichtigkeit selbst Leute von Stand und Bildung sich damals mit dieser läppischen Spielerei abgaben.

Ähnlich ist es mit der Tändelei mit Rätseln bestellt. *C'est là presentement la pierre de touche du bel esprit . . . la moitié du Mercure n'est remplie que des noms de ceux qui les devinent* (13, I, VI).

Hier sei noch die Satire auf Boileau genannt. Im gleichen Jahre, in dem seine *Ode sur la prise de Namur* erscheint (1693), bringen die „Italiener" (38, VIII) eine *Ode Pindarique ou Pindari-comique,* eine Parodie derselben, der höhnende Bemerkungen über ein zeitgenössisches, ellenlanges Gedicht vorausgehen und die sich wohl darauf beziehen. Diese Poesei erzielt solch grossen Erfolg als Schlafmittel, dass sie das Opium ersetzt hat, woraus den Apothekern dermassen Schaden erwachsen ist, dass sie nun dem Autor den Prozess machen!

Tausend andere Anspielungen, die den Zeitgenossen nicht verborgen waren, mögen uns heute entgehen.

Häufig werden wir an die Querelle des Anciens et des Modernes erinnert. Indessen wird keine Stellung eingenommen in diesem litterarischen Streit, der nur herangezogen wird zum Zwecke komischer Einhüllungen.[1])

Unverhohlen werden der Geringschätzung Worte verliehen, die man für „die vierzig Unsterblichen" hat. Man spricht von einem *mérite crotté* der Académie Française (48, II, I). Wir werden inne, dass die meisten ihrer Mitglieder *ne se donnent pas la peine de faire leurs harangues eux-mêmes, et pourvu qu'ils sçachent lire, on les reçoit tout d'une voix* (16, III). Man kennt die Langsamkeit, mit der am Dictionnaire gearbeitet wurde; darauf ist natürlich angespielt, wenn Arlequin folgende Nachricht vom Monde auftischt: *Il y a plus de soixante et dix ans que l'on travaille après un Dictionnaire qui ne sera pas encore achevé de deux siécles* (5, VIII). Ein Interesse an den Aufgaben der Akademie wird ihnen überhaupt abgesprochen. Wenn man an den Sitzungen teilnimmt, so geschieht es bloss den *40 jettons* zuliebe, die das jedesmal einträgt. Hören

---

la Défaite des bouts-rimés und DE SAINT GLAS spottet jetzt darüber in seinem Lustspiel: *Les Bouts-rimés* (1682), neu gedruckt im 1. Bd. der von Victor Fournel herausgegebenen *Petites Comédies rares et curieuses du XVII. Siècle.* Paris 1884.

[1]) So wird beispielsweise einer Preziösen, die die „Antike" geheiratet hat, ein Mädchen gegenübergestellt *qui dort plus volontiers avec des Modernes* (33, Augm. I).

wir, welchen Rat eine Dame ihrer Freundin erteilt, die heiratet und befürchtet die *gens d'esprit* nicht mehr wöchentlich um sich versammeln zu können: *Vous n'avez qu'à distribuer des jettons d'argent à chaque assemblée, cela les fera venir de cent lieuës* (10, XII). Noch höhnischer ist ein Epigramm, das zum Schlusse hier angeführt sei:

Ces jours passez en bonne Compagnie,
Trois Héros de l'Académie
S'échauffoient sur le différend
Qui tient tout Paris en suspend.
Des modernes Autheurs, l'un prenoit la défense:
L'autre des Anciens soutenoit les raisons.
Le plus sçavant des trois prit en mains la balance:
Et moy, dit-il, je suis pour les jettons (33, Augm. I).[1]

5. Von den drei hauptstädtischen Bühnen.

Die ersten (italienischen) Opern sah man in Paris in den vierziger Jahren und 1669 begann die Nationalisierung der Oper in Frankreich durch die *académie d'opéra ou représentations en musique, en langue française, sur le pied de celles d'Italie.* Das neue litterarische Genre, das hier seine Stätte hatte, eine Kontamination von drei bisher getrennten Ausdrucksweisen menschlicher Empfindung: Ballet, Poesie, Musik, ausgestattet mit der Zugabe von blendenden Dekorationen und komplizierten Maschinerien — war eine Neuigkeit, mit der sich nicht jedermann ohne Sträuben befreundete. Vielmehr mögen manche den *tragédies lyriques* Quinault's und Lulli's gegenüber eine Stellung eingenommen haben, die nicht ohne Analogie gewesen sein muss zu derjenigen der Neuern zu Wagner's musikalischem Drama.

Saint Evremond verurteilt einmal in seinen *Reflexions sur les Opéra* (1678) die Zusammenschweissung von Musik und Dichtung, weil daraus der einen und der andern Kunst Nachteil erwachse; er

---

[1] Mögen die Herren *Amilaré, Fredonnière, de la Gavotte, de Trottenville* und wie sie alle heissen, diese *Maîtres à chanter* und *Maîtres à danser* verzeihen, wenn wir ihrer nicht gedacht. — Sie sind alle karikiert. Wir erfahren, dass man sie erst bezahlt *quand on est mariée, réligieuse ou morte* (7, IV). Übrigens spielen sie in der damaligen Zeit die wichtige Rolle eines heutigen Klavierlehrers; trotzdem sie also unentbehrlich sind, scheinen sie nicht mit besonderer Reverenz behandelt zu sein. Am besten ist noch der Tanzlehrer dran. Früher ging er in *carozza di San Francesco* durch die ganze Stadt, jetzt trägt er ein über und über vergoldetes Kleid und man würde ihn nicht einmal mehr ansehen, *s'il n'avoit le Cheval et le Laquais* (13, I, VI). — Im Übrigen vergleiche man: 10, VIII; 13, I, VII; 16, I; 29, II, XI; 36, II, IV; 53, III, II etc. etc.

nennt die Oper *un travail bizarre de Poésie et de Musique, où le Poëte et le Musicien également genés l'un par l'autre, se donnent bien de la peine à faire un méchant Ouvrage.*[1]) Darauf bezieht sich wohl auch die Definition der Oper, die man im Hôtel de Bourgogne giebt: *c'est un hermaphrodite entre le bon sens et le mauvais* (25, I, VI). Im weitern billigt Saint-Evremond die Spektakelmacherei der Oper mit ihrem pompösen szenischen Apparate nicht. *Les Machines,* sagt er, *pourroient satisfaire la curiosité des gens ingenieux pour des inventions de Mathématique,* aber auf der Bühne verletzen sie den *bon goût.* Auch auf dem Théâtre-Italien lacht man darüber und Lafontaine höhnt darauf:

> *Des Machines d'abord le surprenant spectacle*
> *Eblouit le bourgeois et fait crier miracle* etc.

Aber am meisten stiess man sich an jener diesem Genre inhärierenden Seltsamkeit, die Personen auch in Umständen singen zu lassen, in welchen es einem vernünftigen Menschen niemals in den Sinn kommen würde, sich in Melodien zu ergiessen. *Il y a une autre chose dans les Opera tellement contre la nature, que mon imagination en est blessée: c'est de faire chanter toute la Piéce depuis le commencement jusqu'à la fin,* urteilt derselbe Saint-Evremond und fährt dann fort, wie man sich einen Herrn denken könne, der singend seinen Diener rufe oder ihm singend einen Auftrag gebe etc. etc. Und seine ganze fünfaktige Komödie *Les Opéra* (1678) ist eine Lächerlichmachung dieser Eigentümlichkeit: zwei junge Leute sind darin derart von der Oper verrückt worden, dass sie immer erst die Tonleiter besteigen, bevor sie das Maul aufthun zum Ausdruck der alltäglichsten Dinge.

Hier treten nun mit ihrem Spott auch die „Italiener" ein. Die Sammlung von Gherardi enthält verschiedene komische Belege. Einmal tritt ein Schauspieler der Oper auf und belehrt uns folgendermassen über das oberste Gesetz seines Theaters: *Il faut que toutes les fonctions de l'Opera se fassent en Musique; on mouche les chandelles en cadence du violon* etc. (29, III, IV). Ein andermal hören wir drei Gefährten des Odysseus zu, denen es vor Troja langweilig geworden und beschlossen haben, nach Paris zu gehen, bei welcher Gelegenheit sie auf die Oper zu sprechen kommen.

Arlequin: *Ha, Pierrot, si tous les hommes ne parloient jamais qu'en chantant comme à l'Opéra, ah que ce seroit beau!*

---

[1]) *Œuvres,* par des Marizeaux, 5. éd. Amsterdam 1739, III, 282—298.

Pierrot: *Comment, Mezzetin, à l'Opera on ne dit rien qu'en chantant?*

Mezzetin: *Non, pas mème si on demandoit quelle heure est-il. Par exemple on diroit alors: Quelle heure est-il, Margot, quelle heure est-il? Il est midy, Madame, il est midy* (Tout cela se dit en chantant) (25, I, VI).

Obendrein erfahren wir, welch grosse Rolle das Ballet spielt:

Pierrot: *Puisqu'on n'y parle qu'en chantant, apparemment on n'y marche qu'en dansant.*

Arlequin: *Peste; tu l'as deviné, c'est la danse qui fait toute l'intrigue de l'Opera* (ebenda).

Das Lustigste ist folgender travestierender Auftritt. Die Oper ist ausgezogen, um auf dem Lande zu spielen. Da kommen sie die Strasse heran; Pauken und Trompeten erdröhnen; in der Mitte führen sie einen Karren, grotesk überfüllt mit Dekorationen, Maschinen, Leuten und Musikinstrumenten. Unterwegs wird Probe abgehalten; ein ohrenbetäubendes Gezetter von Stimmen und Instrumenten! Und was das Interessanteste ist, selbst der Fuhrmann lenkt seine Pferde in Melodien, *à dia, hureau, ori* und Instrumentalmusik und Chöre begleiten ihn etc. (29, I, III).

Tolles Zeug! — Aber instruktiv: diese Szene wurde anno 1692 aufgeführt und beweist so deutlich, dass sich das Publikum mit der neuen Kunstgattung noch nicht durchweg und in allen Stücken abbefunden hatte — ein Vierteljahrhundert nach der Gründung des Pariser Opernhauses!

Es seien hier noch einige andere Merkwürdigkeiten erwähnt.

Der Niedergang der Oper nach dem Tode Lulli's (1687) und Quinault's (1688) ist auch vom Théâtre-Italien bezeugt. *Les Almanach vieux et les Opéra nouveaux sont des garde-Boutiques* (29, III, IV), heisst es da schon 1692, und drei Jahre darauf wird gesagt, die *faiseurs de bons Operas* seien selten, *car ceux d'aujourd'huy ne font qu'aboyer à la Lune* (47, III, III); sie sind nicht mehr imstande, neue Melodien zu machen (ebenda). Wie populär dagegen die von Lulli geschaffenen waren, dass viele derselben zu Gassenhauern geworden, ist bekannt; es geht auch aus diesem Couplet hervor:

Un grand air de Lully se vend
Un Louis d'or; c'est le prix courant.
Mais quand il court la pretantaine
Au tour de la Samaritaine
Le livre et la feuille, six blancs (54, I, VII).

Zu allen Zeiten hat es vereinzelt Künstler gegeben, die Bacchus mehr opferten, als es den Musen lieb gewesen; aber hier sehen wir die Ausnahme zur Regel erhoben. Die Schauspieler der *Académie royale de Musique* sind allesamt Trunkenbolde und Schlemmer. Man erzählt von dem berühmten *Dumesnil* (debutierte 1677), dass er zu jeder Vorstellung sechs Flaschen Champagner brauchte. — Das liessen sich die „Italiener“ nicht entgehen, um darüber zu spotten. Ein Beispiel: Jupiter ist zu Fuss auf die Erde gekommen, das ist beschwerlich. Hätte er doch, meint Momus, irgend eine *Machine d'Opéra* angespannt, freilich, fügt er hinzu, *aurait-il falu faire passer la Machine par le feu, pour en étranger tout le mauvais air, et une certaine teinture de taverne et de Cuisine, qui sont les parfums ordinaires des Dieux habitans à l'Opera* (38, I).

Dem Kunstinstitut im Palais Royal haftet etwas an, was es von den andern Bühnen in einer Beziehung scharf unterscheidet: ein aufdringlicher Odor von Libertinage. Man erinnert sich der Verse Boileau's in der *Satire des femmes* (v. 141—142):

Et tous ces lieux communs de Morale lubrique,
Que Lully réchauffa des sons de sa Musique.

In einer Lächerlichmachung der betreffenden Satire Despréaux', worin just auch diese Verse citiert werden, knüpft Arlequin die Bemerkung dran: *Rien ne seroït plus curieux assurément, qu'une histoire exacte du dedans et du dehors de l'Opera, et un recit véritable des effets de la Danse et de la Musique* (41, III, VI). Ob wirklich die Ballette und die Musik die Effekte, auf die hier angespielt wird, erzeugt, oder der Umstand, dass die Oper der Sammelpunkt der eleganten leichten Welt war, wissen wir nicht; wohl hat beides zusammen gewirkt. Thatsache ist, dass man in diesem Milieu einen Kitzel empfand, von dem man selbst auf dem Lande spricht. *Ce n'est pas la Musique qui fait le charme de l'Opera,* erfahren wir von Mme. Prenelle, einer Provinzialen, *ce n'est point la danse non plus; car on m'a dit que tous les gens du bel air ne vont à l'Opera, ny pour y voir ny pour entendre, et qu'ils ont plus de plaisir que les autres . . . Ce sont des charmes, des enchantemens; des Dieux et des Déesses; et il se mêle parmy tout cela, dit-on, un certain je ne sçay quoi; qui fait qu'on sent . . . . Ah, je voudrois déja y être* (29, I, VIII). Einen Tanzlehrer empört die blosse Zumutung, er besuche die Oper. Es ist ein *mauvais air,* das man dort einatmet; um keinen Preis würde er „seinen Ruhm prostituieren“ *pour quelques . . . . quelques femmes qu'on achete bien. Voulez-vous que je vous parle franchement?* fährt er fort, *l'Opéra n'est plus bon que pour les filles. Il n'y a pas aussi une meilleure condition au monde.* Die jungen Leute seien verrückt in die Oper, dafür beklagen sich alle Koketten laut und behaupten *que l'Opera leur enlève les meilleures pratiques* (13, I, VI). Und das schon Ende der achtziger Jahre, wenige Tage vor Lulli's Tod! Selbst vornehme junge Damen gehen an die Oper — *pour leur plaisir* (29, I, III). Man weiss, wie später die Oper zu einem Mittelpunkt skandalöser Intriguen geworden, wo sich die grossen Herren einfanden, „ihre Haremsdamen auszusuchen“. Man bringt diese Erscheinung in Zusammenhang mit den öffentlichen Bällen, die dort — nachdem sie eigentümlicherweise noch Ludwig XIV, 1713, autorisiert hatte — zu Beginn der Regentschaft eingeführt wurden. Aus den satirischen Anspielungen des Ancien Théâtre-Italien geht aber unzweideutig hervor, dass dieselbe, wenigstens für deren Anfänge, um drei Jahrzehnte früher zu datieren ist. So manches, was man gewohnt ist, der Régence in die Schuhe zu schieben, besteht schon unter dem *Roi Soleil* und schon im XVII. Jahrhundert. Wir werden dieser Thatsache wieder begegnen.

Nun in die Comédie Française!

Man kann sich kaum grössere Gegensätze denken als das regellose, bunte, tolle Spiel im Hôtel de Bourgogne und die feierliche, gemessene, klassische Tragödie. Natürlich verfehlen die „Italiener“ nicht, ihr Genre laut zu preisen und dem ihrer Konkurrenten den Stempel der Lächerlichkeit aufzudrücken. Aber was dabei mit lachendem Munde ausgesprochen wird, scheint nicht einzig und allein inspiriert worden zu sein von einer satirischen Absicht rein persönlicher Natur. Sehen wir uns eine interessante Stelle an.

Der Gelehrte Crassotius hat ein Trauerspiel geschrieben in romantischem Geschmacke und mokiert sich über die klassische Tragödie: *Dans la Tragédie d'aujourd'huy on ne voit que quelques sentimens langoureux, et à la fin un Ecuyer ou une Soubrette viennent en pleurs conter la mort d'une ou de deux personnes. Voilà qui suffit pour donner à un Poëme le nom de Tragédie.* Die seinige sei andrer Art, da machen die Belagerten schon im zweiten Akte einen Ausfall und lassen achttausend Griechenleichen auf dem Platze (42, IV). — Wie sehr nun der Schluss ins Farcenhafte übergeht und zugegeben auch, dass Crassotius weniger an die Werke des grossen klassischen Tragöden als vielmehr an die faden rhetorischen Pfuschereien ihrer talentlosen Nachahmer denkt — der Passus findet sich in einem Stücke von 1694 — so müssen wir doch in seinen Worten den Ausdruck einer von manchen Zeitgenossen geteilten Empfindung erkennen: man hatte die bei aller Gespreiztheit hohle Rhetorik der klassischen an äusserer Handlung so armen Tragödie satt. Ein Schimmer von Romantik! Anderswo wird von einem Comédien Français gesagt, der *stile Imperial,* die *attitude Romaine* und der *Clinquant héroique de ce Déclamateur* könnte einem auf die Nerven geben (32, IV, II). Bissig in ihrer Ironie ist die *Scène des Comédiens*[1]) im *Arlequin Jason* (6). Unter den verschiedenen Statuen, die Medeia wieder zum Leben erweckt, sind auch zwei Schauspieler, ein französischer und ein italienischer. Diesen letztern hatte die Zauberin in einen Stein verwandelt zur Strafe dafür, *qu'il l'a rendue malade à force de la faire rire,* jenen dafür *qu'il l'a ennuyée avec ses grands rôles.* Als die beiden sich anschicken, ihren Dank in feierlichen Komplimenten auszudrücken, sagt Jason zum Comédien François:

Jason: *Tenez. Pour tout remerciment, donnez-moi cinq ou six de ces Vers pompeux délayez dans le bon sens, et que l'ame savoure comme un précis de raison. Eh . . . là . . . de ces Vers . . . enfin de ces beaux Vers qui vous mettent en reputation.*

L'Italien: *Signore, se Vosignoria vole, ancora io le dirò de' gran versi.*

Jason: *Vous, de grans Vers? Vous êtes de plaisans fallots! C'est bien à vous, ma foy, à débiter de bonnes choses! à moins que ce ne soit pour les estropier, ou les rendre ridicules. Je ne sçay si ma mémoire me trompe; mais je pense avoir lû quelque part dans une Gazette de Hollande, qu'un certain mauvais Plaisant de votre Troupe, nommé Artir . . . Arpir . . . Arquir . . .*

L'Italien: *Arlichino.*

Jason: *Justement, Arlequin. On dit que cet Animal-là s'est mêlé dans je ne sçay quelle farce, de tourner en ridicule un Empereur Romain nommé Titus. C'est bien à luy, ma foy, de berner un homme de cette qualité-là! Voyez, je vous prie, le bel employ, de railler Bérénice, qui a fait pleurer toute la France, et qui fera rire dorénavant les Halles et la Friperie! Voilà de ces sortes de chose qui font saigner le cœur.* (Au Comédien François). *A propos, Monsieur, revenons à ces beaux Vers François, je vous prie.*

---

[1]) Diese Szene möchte uns beinahe zwingen, eine eben gemachte Einschränkung fallen zu lassen, indem hier auf Racine angespielt wird, dessen Verse die „Italiener" im 4. Stücke parodiert hatten.

Und dieser deklamiert nun seine hochtrabenden Verse:

Du grand flambeau des Cieux la clarté vagabonde
De ses rayons dorez perçoit l'émail de l'onde,
Du convexe azuré, lançant . . . etc. etc.[1])

Jason ist dermassen entzückt, dass er jeden Vers mit bewundernden Ausdrücken unterbricht: *Ah, que celà débute bien! — Il n'y a point là de verbiage! — Ah, jernie, voilà ce qu'on appelle de vers! — Cette mollesse de Vers! — Ah morbleu il n'y a pas moyen de tenir là contre!* Zweifellos, fügt er hinzu, ziehen diese Verse alle Welt in die Comédie-Italienne: *Avec ces grands Vers là, on creve de monde chez Vous? — Nous n'avons pas une ame,* antwortet der französische Schauspieler geknickt und fährt dann fort:

Le François: *Nous ne faisons plus rien depuis que les Italiens ont donné Protée, le Banqueroutier, l'Empereur dans la Lune . . .*

Jason: *Et fy! ce ne sont que des Farces et des Enfilades de Quolibets.*

Le François: *Et avec ces Farces et ces Enfilades de Quolibets ils attirent tout le monde chez eux; et ils n'ont point de place pour les Femmes . . .*

Jason: *Quoy les femmes vont voir les Italiens? Oh, il faut que je prie Médée de pétrifier ces canailles-là.*

Le François: *Helas, Seigneur: quand ils seroient de pierre, je crois qu'ils feroient encore rire.*

Solchen Sticheleien begegnen wir fortwährend. Die Spannung zwischen den Schauspielern der beiden Bühnen war besonders gross geworden seit der Zeit, da die „Italiener" französische Stücke zu spielen begannen, wofür die Comédiens Français einzig das Privileg zu besitzen glaubten. Der Streit, der sich darob entspann, wurde zugunsten der „Italiener" entschieden (vergl. w. u. Kap. IV, § 1). In Zukunft wird jeder Anlass ausgebeutet. Als die Français auf die *Opéra de Campagne* (29) hin ihre *Opéra de Village* geben, übertrumpfen sie diese mit ihrer *Union des deux Opéra* (30) und foppen sie wegen des Verbotes, das sie betroffen, Sänger und Tänzer anzustellen, und des Befehls, das Orchester auf wenige Mann zu reduzieren: *On sçait bien que vous feriez de plus belles choses, si vous aviez la liberté de vous servir de l'Opera de Paris!* (30, I), rufen sie ihnen zu. Ein Ähnliches wiederholt sich, als die Truppe des Hôtel Guéne-

[1]) Vergl. auch 32, IV, II.

gaud — nachdem die „Italiener" ihre *Foire de Saint-Germain* (50), ein Zugstück, aufgeführt — ein gleichnamiges Stück giebt, das nur geringen Erfolg erntete: sie fügen zu ihrer Posse einige Couplets hinzu. *Le Parterre se connaît bien en bonne Marchandise* heisst es darob voller Hohn und an das Publikum gewendet, sagt ein Comédien Italien:

Deux troupes de Marchands Forains
Vous vendent du comique:
Mais si pour les Italiens
Votre bon goût s'explique,
Bien-tôt l'un de ces deux voisins
Fermera sa Boutique.

Sie ahnen noch nicht, was für ein böser Schlag sie treffen sollte, kaum zwanzig Monate später; jetzt lachen sie noch mit vollem Gesicht in der Zuversicht einer glänzenden Zukunft, die ihnen der durchschlagende Erfolg einflösst.

Es steht fest, dass die „Italiener" mit einigen ihrer Stücke förmlich Furore machten. Interessante Aufschlüsse darüber geben uns die *Critique* zu der *Cause des Femmes* und zum *Arlequin Homme à bonne fortune.* — Der Zulauf zum Hôtel de Bourgogne ist ein gewaltiger, erfahren wir da: *On est deux heures à entrer et trois heures à sortir* (19, III); das Haus ist überfüllt: *Depuis trois mois on ne sçauroit trouver à se placer dans cet Hôtel de Bourgogne* (33, Augm. I). Die ganze *haute société* stellt sich ein, Grafen, Marquis, Barone, Comtessen, Marquisen, Baronessen: *C'est une maladie qui gagne la Cour* (19, I). *Tout ce qu'il y a de chevaux à Paris, étoient aujourd'huy à la Comédie,* erzählt uns einmal ein Besucher, *les Comédiens y gagnoient furieusement d'argent* (12, III). Man ist zwar empört über die unverschämte Art, in der die „Italiener" alles lächerlich machen, man ist empört über den Erfolg, den sie haben: *Rien ne prouve mieux la dépravation du goût du siécle que l'affluence des Femmes, des Carosses, et des Chevaux qui vont à cette Comédie* (ebenda): ein Vornehmer hat sich ins Bett gelegt und geschworen, nicht eher wieder aufzustehen, als bis man „diese Schuften von Komödianten" verjagt habe, und wenn ein anderer wieder hingeht, eine Komödie zu sehen, so geschieht es, wie er uns aufklärt, *que pour la haïr et pour se confirmer qu'elle ne vaut rien* (12, III); und die Entrüstung über *ces sortes de Bouffons, qui répandent leur fiel sur les Professions les plus réglées . . ., . . . ces Farceurs, qui ont compris tant d'honnêtes gens dans leur rôles* (4, VI) teilen mit den Vornehmen viele aus der Bourgeoisie; — aber all das hindert nicht, dass der Andrang zum Spielhaus in der Rue Mauconseil ein grosser ist, alles strömt in die Comédie-Italienne, *c'est la rage de Paris* (19, V).

Da wir nicht vergessen, dass die „Italiener" *pro domo* reden, so könnten wir versucht sein, solche zu ihren Gunsten gethane Aussprüche nicht als bare Münze hinzunehmen, wenn nicht gelegentliche Äusserungen von unbeteiligten Zeitgenossen völlig damit übereinstimmten und somit deren Glaubbarkeit über allen Zweifel erhöbe (vergl. die Einleitung).

Rätselhaft könnte uns diese grosse Beliebtheit des Théâtre-Italien nicht mehr sein, wenn wir von demselben nichts anderes kennten als die Charakteristik, die es selbst von sich giebt: *Le Théâtre Italien est le centre de la liberté, la source de la joye, l'azile des chagrins domestiques; et quand on voit un homme à l'Hôtel de Bourgogne, on peut dire qu'il a laissé tout son chagrin chez luy, pourvû qu'il y ait laissé sa femme* (32, IV, II).

Einen weiteren Grund, weshalb dieses Theater so sehr zog, müssen wir wohl darin sehen, dass es die satirische Bühne par excellence war, die keinen Stand und Beruf verschonte, der keine Lächerlichkeit des Tages verborgen blieb und alles in den Bereich ihres Spottes hineinzog.

Ein drittes Moment ist wohl ein künstlerisches: in Improvisation und Geberdenspiel excellierten die „Italiener". Ihren eigenen stolzen Worten, die sich darauf beziehen und wohl bekannt sind, möge an dieser Stelle Raum gegeben werden.[1]) Sie lauten:

Pour donner à l'Univers un Comédien Italien, il faut que la nature fasse des efforts extraordinaires. Un bon Arlequin est naturae laborantis opus, *elle fait sur luy un épanchement de tous ses tresors; à peine a-t-elle assez d'esprit pour animer son Ouvrage. Mais pour des Comédiens François, la nature les fait en dormant; elle les forme de la même pâte dont elle fait les Perroquets, qui ne disent que ce qu'on leur apprend par cœur; au lieu qu'un Italien tire tout de son propre fond, n'emprunte l'esprit de personne pour parler; semblable à ces Rossignols éloquens, qui varient leur ramage suivant leurs différens caprices* (32, IV, II).

Zum Schlusse noch einige Curiosités théâtrales!

Curiosités théâtrales betitelt sich ein Buch von V. Fournel (Paris 1878), das von Despois' *Théâtre français sous Louis XIV* (Kapitel 2—6) zum Teil ergänzt, zum Teil überholt worden ist.

[1]) Vergl. w. u. Kap. IV, § 9.

Beide Forscher haben die interessanten Détails, die die Sammlung von Gherardi enthält, nicht übersehen und geben manche derselben wieder. Wir wollen hier zwei Merkwürdigkeiten noch näher beleuchten.

Etwa ein Jahrhundert hat in Frankreich die verhängnisvolle Unsitte bestanden, den vornehmen Herren zu gestatten, auf der Bühne selbst Platz zu nehmen,[1]) wodurch jede grössere Inszenierung verunmöglicht wurde, eine Unsitte, die 1759, nicht zum mindesten dank der Bemühungen Voltaire's und Lekain's, aufgehoben wurde.

Die Unsitte bestand sowohl im Théâtre-Français als auch im Théâtre-Italien und in beschränktem Masse selbst auf der Oper. Ein Marquis sagt zu einer Dame: *Je voudrois que vous vissiez à la comédie le terrain que j'occupe sur le Théâtre . . . il n'y a que le Théâtre de l'Opera, où je me trouve un peu en brassiére, je n'y sçaurois virroueter à ma fantaisie* (19, III, III).[2])

Diese vornehmen Gecken begnügen sich nicht mit ihrem Vorrecht; von ihren Sitzen aus betreten sie die ganze Szene, sich mitten unter die Schauspieler stellend, ohne jegliche Rücksicht auf das Parterre (22, III, III).[3]) Hören wir, was Liselotte darüber verlauten lässt: Das theater ist Immer so voller zuseher, daß sie pesle-mesle mitt den comedianten stehen welches unangenehm ist.[4]) Im Jahre 1689 scheint ein Versuch gemacht worden zu sein, die Schauspieler durch ein Geländer zu isolieren. Das wirft Staub auf. Einer gedenkt dafür den „Italienern" den Prozess zu machen. Er hat allen Grund dazu; lassen wir ihn selbst reden: *Vous sçavez, que trois fois la semaine, je me donne en spectacle au public sur le Théâtre. Mais depuis qu'on a planté une impertinente balustrade, mes grands airs n'ont plus leurs coudées franches, et je suis comme un oiseau en cage. Oh vous sauterez, Madame la Balustrade!* (17, V).

Er hat wohl richtig vorausgesagt, denn in den folgenden Jahren dürfen sich die Herren auf der Bühne wieder breit machen wie zuvor.

---

[1]) Später thaten selbst Damen dasselbe. Nach Despois (p. 118—119) zuerst 1695 bei der Aufführung der Judith des abbé Boyer. Wir finden indessen in der Ausgabe der Werke von Le Noble (Paris 1720) t. I, *Le Libraire (Ribou) au Lecteur*, folgenden Passus, der sich auf den 1691 fürs Théâtre-Italien geschriebenen *Ésope* (23) bezieht: *Ce fut la première fois que les Dames ne trouvant point de place aux Loges, se mirent sur le Théâtre.*

[2]) Die Stelle mag eine kleine Ergänzung sein zu Despois, p. 121.

[3]) Vergl. Despois, p. 120—121.

[4]) Brief von Versailles, den 16. Jan. 1695 (Ranke, *Französ. Geschichte*, IV, 343).

M'avez-vous vû serpenter sur le théâtre? frägt ein Marquis seine Cousine, *ma foy je ne fais pas mal la roue, quand je me donne au Public. — Je ne vous ay point vû,* antwortet diese ihm, *car il y avoit tant de monde. Mais je ne comprends pas quel plaisir prennent certaines personnes à être toujours derrière les Acteurs. — Vous moquez-vous?* fällt ihr der Marquis ins Wort, *c'est le bel air. Hé, avez-vous remarqué quand les tableaux ont paru, comme je me suis tenu ferme au milieu du Théâtre, en dépit des sifflets? Voilà, morbleu, ce qui s'appelle faire bouquer le Parterre* (19, IV). — Ein anderer kokettiert mit den Schauspielerinnen: *Est-ce que je m'amuse à voir une Comédie? Je suis toûjours dans les coulisses à badiner avec les Actrices* (19, V). Aber nicht genug, dass diese Leute das Publikum mit ihrer Geckerei und Protzerei belästigen, mit der grössten Selbstverständlichkeit stellen sie sich, wenn es ihnen einfällt, auch vorn an der Rampe auf, den Zuschauern die Hälfte des Spieles verdeckend. *A vous dire le vray,* sagt ein Theaterbesucher, der im Parterre Platz genommen hatte und über das Stück befragt wird, *a vous dire le vray, les Gens de qualité qui combloient le Théâtre, m'en ont caché deux Actes* (19, V).

Wir stehen hier vor einer jener Thatsachen, die die Nachwelt allemal nicht mehr begreifen kann. Sie mag zugleich von neuem die Arroganz und Lächerlichkeit illustrieren, die einen nicht geringen Bestandteil der damaligen vornehmen Gesellschaft charakterisiert.

Eine Besonderheit im damaligen Theaterleben war das Auspfeifen. Der Usus des Parterres, seine Unzufriedenheit durch Pfeifen auszudrücken — wodurch man das Werfen von gebratenen Äpfeln und andern Projektilen ersetzte —, ist nicht alt, war aber in der Zeit von etwa 1680—1700 zur förmlichen Manie geworden,[1]) was auch von der Sammlung von Gherardi bestätigt wird. Dass man besonders mit Instrumenten pfiff, geht, nebst andern Dingen, aus folgender Erzählung hervor, die ein dahingeschiedener Autor einem andern Pariser in der Unterwelt macht: *Je m'étois, de mon vivant, abbonné avec un Marchand de sifflets, qui étoit dans son métier le premier homme du monde .... Il en faisoit pour la Prose, pour les Vers, pour les François, pour les Italiens. Mais, ma foy, où il triomphoit, c'étoit à l'Opera* (16, III, vom Jahre 1689). — Die letzten Worte machen uns klar, warum man gerade an der Oper

---

[1]) Vergl. DESPOIS, p. 159—163, der keine Belege aus dem Théâtre-Italien anführt, wie auch FOURNEL nicht, weshalb hier einige erwähnt werden mögen.

das Pfeifen anno 1690 polizeilich verbot, welches Verbot 1696 erneut wurde.[1]) Das Pfeifen im Theater ist etwas so Gewöhnliches, dass es jetzt *bourgeois* geworden ist: *on se sert maintenant de sonnettes* (16, III). Der Schah von Persien hat in seinem Lande die Bühnen-Aufführungen verbieten müssen, *pour ménager la poitrine de ses sujets, qui s'alteroient les poulmons à force de siffler les méchantes piéces* (17, VII). Das möchte auch in Paris angebracht sein! Fragen wir da nach Neuigkeiten vom Theater, so erhalten wir vor allem zur Antwort, dass da ausgiebig gepfiffen wird:

Les Siffleurs depuis quelque temps
Y sont devenus fort frequens
Quel épouventable harmonie!
Quel charivary! quelle vie! (40, III, V).

Deshalb hält Arlequin, entgegen der Definition des *homo sapiens* als einem *animal risible,* die Colombine giebt, daran fest, dass das Wesentliche am Menschen sei, dass er pfeife: *l'homme est un animal sifflant!* (29, Prol.).[2])

6. Die Weiber.

La femme est dans la société ce que le poivre est dans les ragoûts. Veut-on rire, chanter, danser, boire, se marier, il faut des femmes (50, III, IV). Wo aber wird mehr gesungen, gelacht, getanzt, geliebt als an den Soiréen des Hôtel Bourgogne? Darum spielt das Weib hier eine grosse Rolle. Und wenn es uns nicht mit seiner eignen Anwesenheit beschert, so bringen es uns tausend Einfälle, tausend witzige Bemerkungen, die man über dasselbe fallen lässt, jederzeit nahe. Hören wir einigen von diesen zu. Die Mädchen! Sie sind von der Art der Aale, heisst es da, *cela fretille toûjours* (20, V); — sie sind wie Feuerwaffen: *ça tire quelquefois sans qu'on y pense* (18, VIII); — *une fille est comme une bouteille d'eau de la Reine d'Hongrie, elle perd sa vertu si elle n'est bien bouchée* (20, V). Reizend ist ein Ausspruch über die Ehe: *Il en est du mariage à peu pres comme de la peinture; ce n'est pas toûjours le grand jour qui en fait la beauté* (26, III). Das begreift sich; bilden doch die eine Hälfte davon die Weiber und mit diesen steht es wie mit Lotterie-

---

[1]) Vergl. DESPOIS, p. 162.

[2]) Vergl. auch 36, Prolog. — Über andere *curiosités théâtrales* vergl. man z. B. 22, III, III; 32, IV, II; etc. — Über die Preise der Plätze TRALAGE, p. 62 (cf. Einleitung p. 16).

Losen: unter tausend kaum ein gutes (10, XII)! — Ein Schatten beschwört die zurückgelassene Gattin, ihm nicht in den Tod nachzufolgen, *perchè in loco di sellevarmi dalle mie pene ch'io soffro nell' Inferno, si vous m'y suiviez, vous me feriez tomber de fièvre en chaud mal* (2, I). — Dafür wird ihm Pluto Dank wissen, denn er hat, wie er gestehen muss, keinen Teufel, der teuflisch genug wäre, *pour tenir tête à une méchante femme* (16, IV). Als einmal Leute aus der Oberwelt in seinem Reiche erscheinen, um ihre Frauen zurückzuverlangen, bricht er erstaunt in die Worte aus: *Voilà du fruit nouveau* (ebenda)! ist es doch mit einem Weibe bestellt wie mit einem Kalender: beide taugen höchstens für die Zeit eines Jahres (13, III, VI). Die Schwierigkeit, die der Mann hat, auf all den Schlichwegen der weiblichen Psyche sich zurecht zu finden, wird also geschildert: *Le cœur d'une femme est un étrange labyrinthe. Il faut marcher à tâtons pour s'y connoître; encore est-on souvent la duppe des ses yeux et des apparences* (26, I). Das muss auch dem Herrn Persillet passiert sein. Halb ohnmächtig findet ihn seine Zofe in seinem Fauteuil liegen.

Persillet: *Ouf!*

Colombine: *Qu'est-ce que c'est, Monsieur? vous trouvez-vous mal?*

Persillet: *Juste Ciel.*

Colombine: *Qu'avez-vous donc? sont ce des vapeurs? est-ce la Goutte?*

Persillet: *Pis que cela.*

Colombine: *Quoy? la Migraine?*

Persillet: *Encore pis.*

Colombine: *La Colique peut-être?*

Persillet: *Pis, vous dis-je.*

Colombine: *La Fiévre?*

Persillet: *Cent fois pis.*

Colombine: *La Pierre donc?*

Persillet: *Pis, million de fois.*

Colombine: *Hé, que diantre pouvez-vous donc tant avoir?*

Persillet: *Ce que j'ay . . . ah!*

Colombine: *Ma foy, Monsieur, je perds patience.*

Persillet: *J'ay . . . .*

Colombine: *Achevez donc.*

Persillet: *J'ay tous les maux ensemble, Colombine, j'ay une femme* (10, II).

Dieser Dialog, der mit seinen kurzen Repliken so drastisch wirkt (ein procedere, das man von Molière gelernt hatte), ist nebenbei bemerkt von Fatouville. — Der Beispiele ähnlicher Auslassungen über das Weib liessen sich hier noch unzähliche anreihen.[1]) Besässen wir einen „Büchmann" der Zeit, so müssten wir viele derselben darin wieder finden, denn, wie Gueulette wiederholt erzählt, waren eine Reihe derselben sprichwörtlich geworden.[2])

Wenn man all das Gute und all das Schlechte, was hier über das Weib gesagt wird — hat Guillemont bemerkt[3]) — gesondert aufschreiben würde, so bekäme man einen dicken Folioband vollgepfropft mit dem Schlechten, während das Gute kaum ein unscheinbares Blatt füllen würde. Gewiss! Aber überall mischt sich mit dem boshaften Ernste versöhnender Scherz, über allem liegt ein Schimmer jener gallischen Erotik, die jeglichem Bilde Reiz verleiht.

Wie Anziehendes wird da z. B. über die Koketterie gesagt: . . . *une petite pincée de coquetterie répanduë dans les manières d'une femme, la rend cent fois plus aimable et plus appetissante* (10, II). Oder: *Une fille n'est picquante qu'autant qu'elle a pris sel dans la coqueterie* (22, I, II). Und wieder: *S'il n'entroit dans la composition d'une femme quelque pincée du sel de la Coquetterie, elle deviendroit le ragoût du monde le plus insipide. C'est ce qui la rend piquante et qui jette dans ces yeux tous ces traits de flammes dont le moindre cartilage de cœur ne peut échapper* (47, III, II).[4])

Indessen soll uns hier nicht das Urteil über das Weib im Allgemeinen, das hier gegeben wird und zu allen Zeiten mit mehr oder minder Übereinstimmung zum Ausdruck gekommen ist, beschäftigen, sondern vielmehr dessen Verhältnis zum Manne, insofern dieses besondere Formen angenommen hatte, die für das Ende des XVII. Jahrhunderts als charakteristische gelten können.

Eine Erscheinung müssen wir hierher bringen, die zwar nie zeitlich begrenzt gewesen, die wir aber wegen der Intensivität, mit der sie uns jetzt entgegentritt, als Kennzeichen der Zeit qualifizieren möchten:

---

[1]) Z. B. 1, IV; 10, XII: 14, I, IX; 15, III, VII; 16, I; etc. etc.

[2]) Ms. de l'Arsénal, fol. 69 etc.

[3]) op. cit. — Wir verweisen besonders auf den Artikel von Guillemont in der Nummer vom 25. Nov. 1693, wo man manche Szenen abgedruckt findet, die uns der Raum nicht gestattet, anzuführen. Im Übrigen haben wir das Augenmerk vornehmlich auf das für die Sittengeschichte der Zeit Merkwürdige gerichtet (Verhöhnung der Ehe, Scheidung von Tisch und Bett, etc.), worüber GUILLEMOT sozusagen nichts berichtet.

[4]) Vergl. auch 10, II; 37, II, IV: etc.

die bewusste und systematisch betriebene materielle Ausbeutung des Mannes von Seiten nichtprostituierter Frauen der bessern Stände.

Besonders instruktiv in dieser Beziehung sind einige Szenen, in denen die durchtriebene Zofe Colombine ihre naive Herrin Isabelle unterweist. Sehen wir uns dieses Beispiel der *Souhaits* (38) an.

Colombine ist empört, dass Isabelle, die nur unbestimmte Einkünfte um zu leben hat, noch gar nicht daran gedacht hat, die Männer zu rupfen: *Il est temps que je vous mette dans la bonne voye. N'est-ce pas une honte, que vous soyez si peu dégourdie? . . . Tendez vos filets seulement, et je vous repons du reste. Vous allez devenir le Creuset fatal des meilleures Bourses de Paris . . . . Oh! que nous allons faire une bonne Maison! que nous allons pressurer des sots!*

Erst wird „affichiert", d. h. man findet sich an bestimmten Tagen in den Tuilerien ein. *C'est sur ce fameux Théâtre des Tuileries, qu'une Beauté naissante fait sa premiére entrée au Monde. Bientôt les Mouchars de la grande Allée sont en campagne au bruit d'un visage nouveau, chacun court en repaître ses yeux. Le jeune Conseiller dégonfle sa Perruque des* Te Deum, *pour voir plus à l'aise; l'Abbé donne la derniére main à sa Robe, et fait armes de ses Tabatiéres; le Petit Maître rapelle ses prunelles égarées et tâche à fixer le tourniquet de sa tête . . . .* Sie macht Aufsehen; man erfährt ihren Namen und ihre Wohnung *et voilà une Maison bloquée par tous les Grisons de Paris. C'est alors qu'une Soubrette habile est en droit de faire valoir tous ses talens. L'Homme de cour lui fait ses libéralitez en complimens et en révérences; l'Homme de Robe luy promet sa voix dans la premiére affaire qu'elle aura; Le Petit Collet luy offre des essences et des pastilles: mais on est sourd pour tous les gens; et selon les bonnes mœurs, c'est toûjours un Financier qui noüe l'intrigue.* Schamlos und raffiniert wird der alte geile Kaufmann *Mr. Friquet* um sein Geld gebracht und ruiniert im *Marchand dupé* (14), einem Stücke, das man ein „bürgerliches Rührstück" nennen könnte.[1])

Die Allgewalt des Geldes hat auch das Reich der Liebe erobert; wo Amor thronte, da brüstet sich jetzt der Mammon. Und die Liebe der Preziösen ist ja eigentlich nur noch eine Antiquität, von einigen Nachzüglern mühsam nachgeschleppt. Ein anderer Geist hat sich der *ruelles* bemächtigt:

Dès que sur la vertu le vice a prévalu
L'or a pris sur le Sexe un empire absolu.
En vain l'esprit dans les ruelles,
Veut pour gagner des Cœurs étaler des appas,

[1]) Einige Szenen bringt GUILLEMOT.

Il ne trouve que des cruelles:
Il a beau s'épuiser, on ne l'écoute pas,
Et ce n'est que l'argent qui brille aux yeux des Belles (40, I. V).

Und an einer andern Stelle heisst es:

A present sans le quart d'écu
Fût-on un Adonis, on n'est que malotru (48, II, IV).

Und in unzweideutiger Prosa wird es uns wieder gesagt: *Presentement* — im Jahre 1691 — *c'est une loi reçuë dans les ruelles qu'une femme peut prendre à toutes mains sans conséquence* (26, III).

Die Leidenschaft des Herzens ist altmodisch geworden, *l'amour tout nud n'est plus de ce siécle* (48, II, I). Beinahe macht man sich darüber lustig:

Personne aujourd'huy ne se pique
D'aimer par ordre méthodique.
Car depuis que les Partisans
Ont amené chez-nous la vilaine méthode
De ne point soupirer qu'à beaux deniers comptans
Les belles passions, ne sont plus à la mode (26, IV).[1])

Die Sprache, die diese Liebe redet, ist eine andere geworden; sie ist weder jene des Herzens, die ewig neu ist, noch die der preziösen Galanterie, die bis anhin als fein galt; zu diesen „modernen Schönheiten" *il faut, sans lanterner, parler d'argent comptant* (55, VII). Konstatieren wir noch die Zeit des Beginns solcher Äusserungen: sie fällt zusammen mit dem Beginn des letzten Dezenniums des Jahrhunderts.

Wir glauben, dass hier die Satire auf realerem Boden stehe als da, wo ihr die Preziosität zur Zielscheibe diente. In der Satire auf die Preziösen war man zu sehr versucht, in den Fussstapfen Molière's zu gehen, hier aber muss das Théâtre-Italien originell sein, denn hier stehen wir vor einer neuen Erscheinung.

Zweifellos hängt dieselbe zusammen mit dem Faktum, dass eine neue Macht ihr Szepter zu schwingen begann: das Kapital. Und in den Folgen müssen wir entschieden einen Zusammenhang erblicken mit dem Libertinage der kommenden Zeit, deren Anfänge hierher zurück datieren.

Wie es mit der Ehe bestellt ist, erraten wir. Die Hahnreihschaft spielt eine grosse Rolle. *Les noms de bonne foy et de fidélité sont de vaines chiméres* (47, III, V). Wenn man alle Kinder, die

---

[1]) Vergl. insb. auch 48. II, IV und 55, VII.

einem ähnlich sehen, adoptieren müsste, meint Arlequin, und alle, die einem nicht gleichen, nicht anerkennen, *on verroit un beau brouillamini dans les familles* (50, III, IV). Jedes zweite Stück der „Italiener" schliesst mit einer Hymne auf das *Cocuage* — mit welchem Masse von Ironie, möge jeder selbst entscheiden. Dreiviertel aller Männer sind *enregistrés dans le grand Catalogue où Vulcain est à la tête,* oder, wie man sich damals eleganter ausdrückte, *coëffés à la mode* (vergl. 50, I, VII). Deshalb, heisst es, sei es nur gerecht, dass den Müttern die Kinder gehören, *autrement les maris disposeroient souvent de ce que ne seroit point à eux. La Loy y est formelle:* Mater certa, Pater verò incertus (29, I, I).[1])

Aber interessanter als die Thatsache selbst ist das Urteil, das man darüber fällt, voran in den vornehmen Kreisen; es ist typisch!

Entre honnêtes gens on ne s'avise guères de se brouiller pour ces sortes de bagatelles-là. Über die eheliche Untreue sich aufhalten, hiesse *prendre la chose bourgeoisement* (37, II, III). — *Il n'y a que les petits gens qui se revoltent contre ces usages. Les gens du grand air y sont faits* (48, III).

Also denkt und spricht man in den Jahren 1693 und 1695, zwanzig Jahre vor der Regentschaft, von der Hettner schreibt: „Was noch von Heiligkeit der Ehe und von friedlichem Familienglück vorhanden war, verschwand bis auf den letzten Rest. Gegenseitige Liebe und Treue galt als spiessbürgerlich und beschränkt."[2]) Man halte diese beiden Schilderungen neben einander!

Noch deutlicher wird uns der Zustand der damaligen Ehe, wenn wir einen Blick in das Interieur einer Familie werfen.

Der Mann spricht: *Est-ce qu'on se marie pour coucher avec sa femme? Fy! Cela est du dernier Bourgeois* (13, VI). Die Frau spricht: *Les hommes doivent-ils avoir sur l'inconstance plus de prérogatives que les femmes?* (47, III, I) und thut es ihm gleich. — Dem Manne können wir nicht folgen auf allen seinen verborgenen Wegen, folgen wir der Frau, sie erzählt uns selbst, wo sie zu treffen ist:

Je vais le Lundy à Vincennes, le Mardy à l'Opera, le Mercredi aux Italiens, le Jeudy je cours le Bal, le Vendredy à la Comédie Françoise, le Samedy je fait des visites, le Dimanche on joüe chez

---

[1]) Vergl. 33, Angm. III; 35, II, V; etc. etc.

[2]) *Geschichte der französischen Litteratur im achtzehnten Jahrhundert,* 5. Auflage, Braunschweig 1894, p. 66.

moy depuis le matin jusqu'au soir (15, I, I). Sie kehrt morgens um fünf nach Hause zurück mit einem Cavalier, weckt das ganze Haus auf und dazu hat der Gatte zu schweigen (22, II, III). *Vive les femmes vertueuses,* ruft Mme Prenelle aus, *elles tiennent la bride courte à un mary, elles vont la tête levée à la Promenade avec leurs amis.* Zwar sind die Gatten dabei, *mais elles les placent sur le Strapontin; et dans les repas qu'elles font à Boulogne, elles mettent leurs maris sur le pied des Clercs de Procureurs: ils sortent de table quand le dessert vient* (29, I, VI).

Man erinnert sich des sittengeschichtlich so merkwürdigen Passus bei La Bruyère: *Mais quelle mauvaise honte fait rougir un homme de sa propre femme, et l'empêche de paraître dans le public avec celle qu'il a choisie pour sa compagne inséparable* etc.? Er würde, sagt er, die *impudence* begehen, sich da mit einer Person, die seine Frau wäre, zu zeigen.[1]) Das erwähnt La Bruyère als etwas Ausnahmsweises!

Der Mann kommt in diesen Ehen entschieden zu kurz. *Une femme mariée est comme une maison dont le propriétaire n'occupe que le plus petit appartement, et où cependant toutes les grosses reparations se fond sur son compte* (44, II, VII), erfahren wir da und ganz übereinstimmend drückt sich La Bruyère über die Stellung des Gatten aus: *Il ne sert dans sa famille qu'à montrer l'exemple d'un silence timide et d'une parfaite soumission ....* Monsieur *paye le rôtisseur et le cuisinier, et c'est toujours chez* Madame *qu'on a soupé* (Chap. III, Des femmes). Die Ehe ist der Frau nur ein Deckmantel für ihr Libertinage: *Pour être presentement femme du bel air, il ne faut prendre un mary que comme un surtout de bienséance, et un paravent de réputation* (16, IV). Wehe dem Manne, der nicht nachsichtig genug ist *pour donner une large carrière aux divertissemens des femmes!* Sie bahnen sich selber den Weg.

Man schläfert ihn anfänglich ein *par de petites singeries; on descend avec luy jusqu'aux dernières bagatelles du ménage: Dieu sçait comme la duppe mort à l'hameçon!* Während er der Gattin alles zu Liebe thun möchte, bemächtigt man sich des Geldschrankes. Kaum hat die Frau diesen in ihrer Macht, so kehrt sie den Spiess um: *Elle ne mange plus avec luy qu'une fois la semaine. Elle ne rentre guéres au logis que la nuit ne soit fort avancée. Petit à petit elle s'émancipe à découcher.* Sie lebt auf hohem Fusse, bis der

---

[1]) Chap. XIV, *De quelques Usages.*

arme Teufel von einem Gatten ruiniert ist. Sie braucht dann bloss ein Rundschreiben an ein Halbdutzend *de ces Abbés du bel air* zu versenden und ihr Haus wird das Stelldichein feiner Leute. Die Fahne des Bassette-Spiels wird aufgepflanzt, *et quand la Bassette s'est une fois ancrée dans un logis, une femme a des ressources de plaisir dont on ne s'aviseroit jamais.* Um den Gatten unschädlich zu machen, besticht man den *Commissaire du quartier; et quand la femme est sous sa protection, un Mary auroit beau jeu à oser souffler seulement, Dieu sçait comme les Informations voleroient* (11, II).

Die Scheidung von Tisch und Bett ist, ohne gesetzliche Regelung, durchgeführt. Bei La Bruyère, wo er über Mann und Weib in der Ehe spricht, begegnen wir dem Satze: *Il n'ont souvent rien de commun, ni le lit, ni la table, pas même le nom* (Chap. III, Des femmes). Das gehört zum guten Ton. *Dans ce siécle-ci la communauté ne subsiste que dans les articles de Contract. Un Mary n'a rien de commun avec sa femme, que le nom et la qualité. Il a sa table seul, son carosse seul, sa chambre seul; il n'y a que son lit, que bien souvent il n'a pas tout seul,* heisst es in einem Stücke der „Italiener" wörtlich (33, II).

Schon mehrere Male haben wir auf die Zeit der Regentschaft angespielt, sei es zum Schlusse noch einmal gethan. Eine Stelle in einem Stücke der Sammlung von Gherardi vom Jahre 1694 drängt uns wieder den Ausblick auf.

Einem reichen Italiener, der nach Paris zur Werbung gekommen, bemerkt sein Diener, was ihm denn eigentlich einfalle, einer Pariser Dame sich so zu präsentieren, ohne Degenschleife, Kölnisch-Wasser, ohne Tabak, ohne Kneifer; aber, was das Schlimmste sei, dass er saubere Wäsche trage! *A quoy pensez-vous d'être habillé de cette propreté, et d'avoir d'aussi beau linge?* sagt er zu ihm. *Ah, vous n'y êtes pas! Les Dames de Paris aiment les airs galopins, et elles s'habillent déja un peu à la galopine ou à la gourgandine,*[1]) *c'est tout un. Elles aiment les airs débraillez et la pauvre négligée. Enfin les hommes de qualité laissent la propreté à leurs valets de chambre, et pour eux, avec un gros sur-tout, ils portent le jour leur linge de nuit. Le linge de nuit dit quelque chose* (41, I, VII).[2])

[1]) Das heisst hier wohl: nach Art leichtfertiger Weiber. Sonst ist *gourgandine* der Mode-Ausdruck für vorn geöffnetes Korsett, wie man es in diesen Jahren wieder trug. (Vergl. QUICHERAT, *Histoire du Costume de France*, Paris 1875, p. 534).

[2]) Vergl. auch 23, I, III; 53, III, I und III; etc.

Müssen wir in dieser saloppen, leichtfertigen Art, in dieser affektierten Nachlässigkeit nicht auch wieder ein Anzeichen der kommenden Zeit erblicken?

7. Paris. Moden und Sitten.

Fluctuat nec mergitur. Stolz ist der Lutetia alte Devise: reizend aber, in ihrer lakonischen Kürze, ist eine andere, die ein Ausländer, der zum erstenmal dahin kommt, ihr zuteilt. Noch nie habe ihn solches Erstaunen erfasst wie beim Eintritt in diese Stadt, erzählt derselbe; überall Fenster und Thüren offen, die Strassen gepflastert mit schmachtenden Verliebten, die Läden überfüllt mit schönen Schmeichlern, wo man hinschaut Tête-à-tête. *Enfin j'en vis tant,* schliesst er, *que je crus que la Devise de Paris étoit:* Unus et una (36, III, XII).

Leichtfertigkeit und Unbeständigkeit sind die ersten Merkmale des Parisers. *Paris est la Boutique de la légerté, le magasin de toute l'inconstance que se débite en Europe* (20, IV). Was beweist das besser als der Wechsel ihrer Moden? *Aujourd'huy il portent des Perruques qui leurs pendent jusqu'aux genoux, demain ils en auront d'autres qui ne leur passeront pas les oreilles. Ils sont quelquefois habillez le plus simplement du monde; deux jours après il les faut chercher dans leurs dentelles et dans leurs rubans; tantôt ils sont serrez dans leurs habits et empaquetez comme des momies, et quelques-fois une piéce de drap ne suffit pas pour leur faire une manche d'été. Enfin tout est girouette dans un François, depuis les pieds jusqu'à la tête* (20, IV).

Was je guter Geschmack und feine Manieren heisst, hat hier seine Heimat. Darum kommen nach der Seine-Stadt, „der ersten Stadt des Königreiches, der ersten der Welt“, alle Nationen *y apprendre le bel air, les maniéres aisées, les exercices, la danse, la musique, et tout ce qui sert à rendre un homme parfait dans la politesse et le bon goût* (4, I).

Wie herrlich sich's in Paris leben lässt, empfand man schon vor zweihundert Jahren. Voll Entzücken und Bewunderung darüber ruft Arlequin einmal aus: *Oh! l'agréable Ville quand on y a de l'argent!* (25, I, VI).

Man beobachtet einen starken Zuzug nach der Hauptstadt. Anno 1698 schätzt ein Zeitgenosse deren Einwohnerzahl auf neunhunderttausend[1]) und fortwährend steigt dieselbe, selbst wenn andere Städte abnehmen, denn *on ne fait plus rien dans les Provinces et Paris est le seul Théâtre où l'on peut paraître un peu à l'avantage* (53, I, V). Die Zentralisierung ist in steter Zunahme begriffen.

Nur Scaramouche ist unglücklich, er wird sein Glück dort nicht machen können, er *qui n'est bon à rien, qui ne fait que la bagatelle, et qui ne sçait que la bagatelle, et qui n'est luy-même qu'une bagatelle.* Arlequin indessen, der seine Klage vernimmt, belehrt ihn eines Besseren: *Ah, mon cher, viens que je t'embrasse, tu es né pour Paris, tu es né pour une grande fortune .... C'est un pays où l'on ne respire que bagatelle, le sérieux est marchandise de contrebande et la bagatelle y est universellement répandue* (53, I, V).

Das klingt freilich possenhaft. Aber es steckt eine Wahrheit dahinter, die auch aus manchem der „Charaktere", die La Bruyère gezeichnet hat, hervorgeht. Eitelkeit, Weichlichkeit, Modehascherei, Ziererei, billige Gefälligkeiten, Reden voller Koketterie und Schmeicheleien, süssliches Mienenspiel und gesuchte Gesten — das sind die „Bagatellen", die den Menschen ausmachen. Und auf „Bagatellen" kommt es an. Vor allem bei den Weibern. Le Noble äussert sich darüber in Worten, die nicht ohne Bitterkeit sind. *Je ne peut concevoir,* sagt er, *comment les femmes bien sensées s'amusent à ces jeunes étourdis, dont l'humeur est si changeante qu'ils ne peuvent porter deux jours de suite le même linge, qui sont si inconstans qu'ils changent d'habits comme l'année de saisons, qui sont des imposteurs par la supposition de leurs perruques, bizares dans les nouveautez de leurs modes, flateurs dans leurs conversations, et de la derniére foiblesse dans leurs complaisances; et avec tous ces vices, ces colifichets à la mode régentent dans les ruelles, tandis qu'un sçavant y est tourné en ridicule* (23, I, III).

Das sehen wir noch deutlicher in den Promenades de Paris (48, III, I). — Die städtischen Promenaden sind der *Cours,*[2]) die *Grande Allée* und die *Tuileries.* Dort findet der Corso statt, hier giebt man sich allabendlich Rendez-vous *pour se regarder au visage et se désapprouver les uns les autres,* wie der Autor der *Caractères* gleich kurz wie sarkastisch sich ausdrückt.[3])

---

[1]) Nach Germain Brice, *Description de la Ville de Paris,* 1685 und 1698. — Ein anderes, das damalige Paris beschreibende Dokument ist der Brief eines Sizilianers aus dem Jahre 1692 (vergl. Lacroix. p. 416 f.).

[2]) So nannte man kurzweg den *Cours-la-Reine.*

[3]) Chap. VII, *De la Ville* (vergl. ebenda die ersten Alineas).

Arlequin erklärt einem Provinzialen, was man da alles sieht. Hören wir ihm zu! Wir sind im *Cours:*

. . . . au Cours près duquel nous sommes,
Là ce sont les chevaux qui font valoir les hommes.

All diese vornehmen Leute, mit ihren schwulstigen, breiten Gesichtern, sagt er, seien eine blödsinnige Gesellschaft, *d'esprit comme de corps épais,* aber äusserst aufgeblasen.

Enfin dans ce grand Cours chacun à qui mieux mieux
Vient jetter de la poudre aux yeux,

denn hinter all diesem Glanze — ein Zeitgenosse zählt seine 800—900 Equipagen[1]) — verberge sich viel Armut und mancher, der hier seine stattlichen Pferde zur Parade führe, sterbe zu Hause vor Hunger.

Lenken wir in die *Grande Allée* ein!

C'est la carrière du beau monde.
C'est là qu'avec grand appareil,
Au petit couché du Soleil,
Viennent se mettre en montre et la Brune et la Blonde.
C'est là qu'on met à l'étalage.
Dentelles, étoffes et rubans;
C'est là que tous les ambulans
Viennent mettre à l'encan leur taille et leur visage.

In ihrem Benehmen gilt als erste Regel *de ne pas hazarder icy une démarche naturelle. Il faut parler toûjours sans rien dire, pour sembler spirituelle; rire sans sujet, pour paroître enjouée; se redresser à tout moment, pour étaler sa gorge; ouvrir les yeux, pour les agrandir; se mordre les levres, pour les rougir; parler de la tête à l'un, de l'éventail à l'autre; donner une loüange à celle-cy, un lardon à celle-là. Enfin, radoucissez-vous, badinez, gesticulez, minaudez et soutenez tout cela d'un air panché, vous voilà à peindre aux thuilleries* (w. o. II, IV).

Und in den Tuilerien, da begegnen wir diesen *Damoiseaux, cette seconde espéce de femme.*

Ils viennent en fard, en mouches, en dentelles,
En Narcisses, en Adonis,
Voltiger de Belles en Belles,
Jetter une œuillade à Philis,
Dire une sottise à Lisette,
En tout lieu sémer la fleurette,
Et faire fléche de tout bois,

---

[1]) Vergl. p. 180, Anmerkung 1 der citierten Schulausgabe von La Bruyère.

Aimer les femmes par douzaine,
Se vanter que pour eux il n'est point d'inhumaine,
Et faire icy tout à la fois
Le Marquis, le Tartuffe, enfin tout personnage,
Hors le leur, et celuy du sage.

Die Tuilerien, als Promenade der eleganten Welt, haben schon völlig die Place Royal, wo man sich unter Ludwig XIII einfand, ersetzt.

Als Merkwürdigkeiten seien hier noch einige ausserhalb der Mauern gelegene Vergnügungsorte genannt, die oft zur Sprache kommen. Da ist zunächst das *Bois de Boulogne.* Mit Vorliebe bummelte man schon damals nach den Bois von *Meudon* und *Saint-Cloud, lieux où l'amour se glisse en tapinois* (38, X). Gerne nimmt man zum Zielpunkt die zwei Cabarets, an die sich Regnard's Andenken knüpft: das *Moulin de Javelle, où bien des Iris, tenant bons dans les ruelles aux soupirs de leurs Favoris capitulent souvent* (48, II, II) und den *Port à l'Anglais, qui est pis que le moulin de Javelle,* wie wir da erfahren (52, II, IV). Zum letztern fährt man die Seine hinauf per Schiff, von der *Porte Saint-Bernard* aus, wo öffentliche Bäder sind, die, wie das Stück 52 zeigt, in schlechtem Rufe stehen, aber nichts desto minder der Ort sind, *où se promenent à présent toutes les femmes du bon goût.* Reihen wir hier noch die Bäder in der Provinz an. Da begegnen wir Namen, die wir heute noch wohl kennen, den Mineralbädern *Vichy, Bourbon, Barèges* (Hautes Pyrénées), die besonders Damen aufsuchen, *sous ombre de vapeurs,* wie einer boshaft bemerkt (38, X). Sie spielen etwa die Rolle der heutigen Meerbäder: nach *Forges-les-Eaux* (Seine Inf.) schickt ein Achtzigjähriger seine junge, kinderlose Frau, die nicht verfehlt, gesegnet zu werden (53, II, VI).

Ausser all den genannten Sammelpunkten von Nah und Fern giebt es für die damalige Pariserwelt noch einen andern, von dem wir schon zu lange geschwiegen. Kaum ein Abend vergeht im Hôtel de Bourgogne, dass seiner nicht Erwähnung gethan würde. Es ist jener Ort, wo die Leute, die sich treffen, *ne connoissent plus ni liaisons, ni alliance, ni naissance, ni distinctions* (La Bruyère): die Spielhöhle.

Was man da spielt, sind zwei Hazard-Kartenspiele: der „Landsknecht" und das Bassette-Spiel.[1]) Die Spielwut war vom Hofe

[1]) *Le Lansquenet,* benannt nach den Söldnern, die ihn zu Ende des XVI. Jahrhunderts nach Frankreich importierten, stand besonders in der Armee und am Hofe

her in die städtischen Kreise eingedrungen. Man spielte äusserst hoch und mit einer Leidenschaftlichkeit, von der wir uns heute kaum mehr einen Begriff machen können. Es ist ein düsteres Gemälde, das uns La Bruyère vorführt.[1]) Die lachenden Bemerkungen, die in der Sammlung von Gherardi dahingestreut sind, sind ein Kommentar dazu. Da ist ein *gros Joueur, qui a fondé sur le débris de vingt pauvres Duppes un équipage magnifique* (38, I). Ein anderer ist dabei bettelarm geworden (52, I, II). Familien, die in Wohlstand leben, werden ruiniert; Lakaien werden reich und kommen obenauf. Die Frauen greifen zum Spiel, um für ihre Verschwendungen die Mittel aufzubringen: *comme la plupart des femmes ne s'en tiennent pas à la dote conjugale on se sert du jeu comme d'un manteau qui couvre bien des dotes étrangéres* (52, I, II). Trotz der strengen Verbote bei hoher Geldstrafe — 1691 wird der Lieutenant de Police La Reynie angehalten, die Spieler zu verfolgen, 1687 und 1691 begegnen wir Anspielungen auf (neue) Verbote (11, I und 24, II, VIII) — wird in allen Schlupfwinkeln der Stadt weiter gespielt. Und diese Schlupfwinkel sind die Salons vornehmer Herren, der Abbés und die *ruelles* der Damen. Wer das Opfer des Spieles geworden, ist mit einem Nimbus umgeben, um den er beneidet wird. *Pensez-vous que ce soit un honneur médiocre, que de se voir couché pompeusement sur le catalogue des Martyrs du Lansquenet et de la Bassette; et ne faut-il pas une intrepidité de Cesar, pour affronter généreusement les deffences qui sont faites de joüer à ces jeux-là?* (11, I). Fünf oder sechs Mal das Jahr tausend Schildthaler Busse bezahlen, das gilt als „galant". *C'est la grand' mode . . . . Pourquoi ce petit Abbé fait-il servir depuis si long-temps sa maison de retraite aux jeux deffendus? — c'est qu'il épie l'occasion de payer une Amende de mille écus, qui le rendra fameux pour toute sa vie, et cependant il plaindroit une épingle à son Pere* (11, I). Und was sagt uns

Ludwig's XIII in hoher Gunst; von Colbert später verboten, hörte er nicht auf, im Geheimen weiter gepflegt zu werden. Ihm ähnlich ist *la Bassette*, von einem Italiener namens Bassetti erfunden und 1674 oder 75 an den französischen Hof gebracht, wo leidenschaftlich gespielt wurde, auch von Seiten Ludwig's XIV, so lange ihn wenigstens die unheimlichen Folgen nicht beunruhigten. *La Bassette pouvait facilement devenir, entre des mains habiles, une Source d'adroits friponneries.* Dieses Spiel lebte dann in vervollkommneter Form im XVIII. Jahrhundert als *Pharaon* weiter (Vergl. *La Grande Encyclopédie;* La Bruyere, p. 173, note 1 in der citierten Ausgabe.

[1]) Chap. VI, *Des Biens de la fortune.*

wieder La Bruyère? *Il n'y a rien qui mette plus subitement un homme à la mode et qui le soulève davantage que le grand jeu.*[1])

Daneben fehlt es nicht an einer ernsten Kritik. Hören wir die folgenden Worte, die zugleich ahnen lassen, mit welchem Gifte das Spiel das gesellschaftliche Leben durchseuchte. *Il ne faut plus regarder le jeu comme un amusement, c'est une liaison apparente de société, mais qui les divise toutes; c'est l'ennemy mortel de la politesse, et le couteau fatal qui coupe les nœuds de l'amitié la plus étroite* (52, I, II).

Fast möchte man glauben, die Verfolgungen, die die Polizei gegen die Spieler anstrengte, seien nicht ohne Resultat gewesen, wenn wir (26, II, VIII, anno 1691) aus dem Munde einer Dame erfahren:

Depuis qu'une exacte police
A défendu bassette et lansquenet,
Le tapis fait mal son office;
Et sans quelque tour de bonnet,
Qui de temps en temps nous arrose,
Je donnerois le gain pour un bouton de rose.

Während die jungen Leute, wie wir genügsam gesehen, verweichlicht sind, ahmen die Frauen umgekehrt die Männer nach: *Les jeunes gens ont pris toutes les maniéres féminines; les femmes affectent les airs cavaliers* (53, II, I). Ein Porträt stellt eine Dame dar mit einer Pfeife im Mund und einem Glas in der Hand, vor einem Tische, auf dem eine Reihe von Flaschen *Ratafia* stehen (53, III, V). An einer andern Stelle heisst es: *Les femmes pour avoir quelque chose de masculin, portent au lieu de cravattes des Steinkerques,*[2]) *elles fouettent des bouteilles de vin comme des Suisses, le ratafia, et l'eau clairette commes nos jeunes Officiers, elles prennent du Tabac en poudre comme des Espagnols, et dans peu elles fumeront comme des Suisses* (52, I, VI). Wie sehr diese Schilderungen übertrieben sein mögen, sie bergen eben doch einen Kern von Wahrheit.

Die Pfeife — seit Ludwig XIII im Gebrauch — gilt noch als etwas Unfeines. (Von 1688 datiert die Gratis-Verabreichung von Tabak an die Soldaten; daneben sind es vor allem die Schweizer, die noch lange als der Inbegriff alles Plumpen gelten werden, die diesem Genusse fröhnen.) Trotzdem wissen wir, dass selbst vornehme

[1]) Chap. XIII, *De la Mode.*

[2]) Mit Nachlässigkeit gebundene Kravatte, deren Gebrauch von der Schlacht von Steenkerken (1692) her datierte, woher der Name (vergl. QUICHERAT, op. cit. p. 534).

Damen gelegentlich rauchten.[1]) Auch das Schnupfen thaten sie den Männern nach, bei denen dieses durchweg Gebrauch war. Während ein hochgestellter Herr mit einer Dame in deren Boudoir kokettiert, steht er nicht an, hin und wieder eine Prise zu nehmen (17, V). Wer tadellos auftreten wollte, trug stets eine Tabaksdose bei sich; sie gehörte zur eleganten Ausrüstung so gut wie etwa heutzutage zum preussischen Leutnant das Monocle. Diese Dosen waren oft kunstreich eingefasst und mit Miniaturen geschmückt, womit man protzen konnte (vergl. die *Scène des Tabatières* im 49. Stück). Wie sehr das Kauen Usus war, ist uns unbekannt, nur einmal begegnen wir einem Vizegrafen, der Kautabak bei sich hat und seiner Angebeteten welchen offeriert — als Mittel gegen den Schnupfen (18, V).

In grösserem Stile werden die Trinksitten nachgeahmt. Das wird uns deutlich gesagt:

Bon! en yvrognerie aujourd'hui les femelles
Dament le pion aux chapeaux.
Le sexe ne boit plus du sirop de grenouille,
Il n'aime que les vins et les Amans nouveaux,
Et l'Empire Bachique enfin tombe en quenouille (48, I, II).

Zwei vornehme Damen werden durch einen Zwischenfall in einer Gasse aufgehalten. *Nous faisions nos visites du quartier,* erzählt die Comtesse einer Freundin, *une charette de foin a fait un embarras, ce qui nous a obligées de nous sauver chez Lamy, où nous avons bû chacune trois bouteilles de vin pour nous desennuyer.* — *Il faut dire la vérité,* fügt die Marquise schmeichelhaft hinzu, *Madame la Comtesse porte le vin comme un charme* (22, II, VI). — In einer Gesellschaft wird bemerkt, dass die Damen von heute alle Champagner trinken; über diese Zumutung ist eine Schöne nicht wenig empört: *Du vin de Champagne! Fy donc! Cela gâte le teint; et je n'en bois qlus depuis que ma Cousine m'appris à boire du Ratafia* (33, Angm. II). — Ratafia ist ein aus Branntwein und andern Substanzen hergestellter Likör. Daneben erfreuen sich noch andere Schnäpse der Gunst des schönen Geschlechtes. Das erfahren wir aus der Erzählung, die Mme de la Fredindaillerie von dem „kleinen Schmaus" giebt, den sie letzthin veranstaltete: *A quatre femmes que nous étions* — sie thut sich nicht wenig zu gute darauf! — *nous bûmes vingt-quatre bouteilles de vin de Champagne, sans le Ratafia, l'eau clairette, la fenouillette, le café, et les autres liqueurs* (52, III, I).

---

[1]) Vergl. Rambaud, op. cit., II, 559; Quicherat, op. cit., p. 531—532.

Was den Kaffee anbetrifft, der erst in den fünfziger Jahren importiert wurde — (1654 wurde in Marseille das erste *Café* Frankreichs eröffnet, dem bald andere in der Hauptstadt folgten) — so spielt er hier noch keine grosse Rolle. Wir hören auch sozusagen nicht von den Lokalitäten sprechen, wo er ausgeschenkt wird, den *Cafés*. Die weniger luxuriösen *Cabarets* sind es noch, die man fast ausschliesslich aufsucht. Man geht *chez Lamy* und *Forelle* (37, III, XII); *chez Rousseau, à la Galère* (18, V), *à l'Alliance* (11, XI) etc.

Äusserst häufig macht man in den Stücken der „Italiener" den grossen Aufwand der Zeit in der Bekleidung lächerlich. Man weiss, welche Wichtigkeit die Gold- und Silber-Tressen, die Spitzen und Bänder und all der kostbare Firlefanz damals hatte. Indessen sei hier nur von zwei charakteristischen Détails der weiblichen Toilette die Rede: von der *fontange* und von den *mouches*.

Die *fontange*, eine Celebrität in der französischen Kostümgeschichte, von Mme de Fontange (gest. 1681) erfunden und nach ihr benannt, ist der allgemein angenommene und typische Damenkopfputz des ausgehenden XVII. und des beginnenden XVIII. Jahrhunderts.[1]) Wie die Ranken der Rebe werden die Locken über dem Haupte in die Höhe gezogen und mit Dutzenden von Bänderchen an den mit Seide überzogenen Metallstäbchen befestigt, die vorn auf dem Kopfe über der glatten Stirne wie ein Gestell bilden. Nun begnügte man sich aber nicht, jene mässige Höhe beizubehalten, die uns die Gravüren der Zeit veranschaulichen, sondern man fieng an, diesen Putz unmässig aufzutürmen, so dass sich über dem Kopfe eine Konstruktion erhob wie von einem mehrstöckigen Gebäude.

Man macht sich im Théâtre-Italien über diese „Pyramiden" lustig (32, I, IV); der Schah von Persien nennt dieselben „Obelisken" und erblickt in ihnen das Werk der Schlosserkunst (17, VII). Saint-Simon erzählt, dass man diesen Kopfputz so sehr himmelwärts streben liess, dass der Kopf des Trägers in der Mitte der ganzen Körperlänge zu stehen schien. Jedes Teilchen dieses Kunstwerkes hatte seinen besondern terminus technicus: *favorite, crève-cœur, souris, firmament, chicorée* etc., darum wird in den öffentlichen Affichen ein

---

[1]) Wir haben hier zugleich ein klassisches Beispiel für die unberechenbare Laune des Modegeistes vor uns. Was der allgewaltige König nicht vermochte — er wollte den Übertreibungen der *fontange* Einhalt thun —, das vermochte eine gewöhnliche Dame. Im Jahre 1714 kam an den Hof eine Engländerin mit einem niedrigen Kopfputz und mit einem Schlag verschwand die herrschende Mode, indem man die Ausländerin nachahmte (vergl. QUICHERAT, op. cit., p. 538).

Dictionnaire in folio empfohlen, *qui contient les principales pièces qui composent la Coëffure d'une Femme* (29, III, IV). In den Jahren 1689—1694 — das sei noch bemerkt — inspiriert diese gigantische Frisur nicht weniger als vier Poeten zu dramatischen Schöpfungen![1])

Beim Anblick von Stichen, die damalige Damen darstellen, fallen uns gleich eine Anzahl grösserer und kleinerer, bald runder, bald ovaler Pünktchen an verschiedenen Stellen des Gesichtes auf: das sind die Mouches, aus schwarzem Taffet geschnittene Schönheitspflästerchen, die den Zweck haben, dem Weiss der Haut durch den Farbenkontrast mehr Effekt zu verleihen.[2])

De bien placer ses mouches (32, I, IV) war keine Kleinigkeit und erforderte oft über eine Stunde; es galt, sich dieselben individuell anzupassen. Die Mode hatte schon früher existiert, war aber jetzt, gegen den Schluss des Jahrhunderts, in verfeinerter Weise wieder aufgekommen. Wenn ein Galan sich der besonderen Intimität einer Dame erfreut, dann amüsiert er sich damit, ihr die Schönheitspflästerchen aufs Gesicht zu setzen (12, I). Wie sehr uns die Mode heute abgeschmackt vorkommt, in dieser Zeit, wird uns gesagt, *les mouches n'offensent pas la bien séance, quand on en use modérement.* Mässigen Gebrauch davon machen heisst man, *quand on en mets seulement sept ou huit* (21, VIII)!

Während wir uns mit *fontange* und *mouches* nicht mehr leicht abfinden können, so tritt uns eine andere Erscheinung schon viel näher: die feinen Taillen.

Eine junge Dame erwartet ihren Freier und ist an der Toilette beschäftigt. Wir wollen verstohlen der kleinen Szene, die sich da in ihrem Boudoir abspielt, zusehen. Ihr Diener Pierrot ist eben daran, sie zu schnüren.

La Fille: *Ah, ah! je n'en puis plus.*

Pierrot: *Voulez-vous que je délasse.*

---

[1]) Worin dieselbe natürlich lächerlich gemacht wird: Baron, Charles Ferrault und zwei Anonyme. Vergl. Petites comédies rares et curieuses du XVII. Siècle, Paris 1884, II, 262—263, die Bemerkungen des Herausgebers. — Man erinnert sich auch der Aufzählung all der bizarren Namen der *Fontange* bei REGNARD, *Attendez-moi sous l'orme* (1694), Scène VI.

[2]) Man sehe z. B. die Reproduktionen bei QUICHERAT, op. cit., p. 535, bei LACROIX, p. 552—561. Jede einzelne *Mouche* hatte ihren besonderen Namen, je nach der Lage: *la passionnée* (beim Auge), *la baiseuse* (beim Munde), *l'effrontée* (auf der Nase), *la majesteuse* (auf der Stirne), *la galante* (auf der Wange), *la coquette* (auf der Lippe), oder nach der Form: *assassins* (runde), etc. (vergl. LACROIX, l. c.).

La Fille: *Non, non, serrez tant que vous pouvez . . . hai! je créve . . . ma taille m'est plus chère que ma santé . . . serrez fort . . . je créve.*

Pierrot: *Est-ce assez?*

La Fille: *Non, serrez. Ah! ah . . . .*

Der arme Pierrot! er hat alle Hände voll zu thun, denn da sind noch die Schwestern der Dame, die verlangt Salben, die die Schminke, und eine dritte — hören wir sie selbst:

La Fille: *Pierrot, Pierrot! ma Couturiére n'a-t-elle point apporté ma gorge?*

Pierrot: *Votre gorge? Est-ce qu'elle n'est pas sous votre Peignoir?*

La Fille: *C'est la gorge à ressorts qui je luy ay donnée pour faire couvrir de satin.*

Pierrot: *Je ne connois point tous ces brimborions des Filles, mais j'ay veu icy deux Vessies de cochon. Est-ce cela?*

La Fille: *Voila ce que c'est; aide moy à les mettre. Cache-moy donc. Si mes sœurs les voyoient, elles en voudroient avoir de même* (35, I, IV).[1])

In einer *ruelle* wird über eine ingeniöse Entdeckung gesprochen, eine Maschine, mittelst welcher *on fait marcher l'amble à une gorge, et monter et descendre une taille selon les besoins, dès qu'on touche le ressort* (47, II, XIII). Durch öffentlichen Anschlag empfiehlt sich *Monsieur Discret, Maître Tailleur, qui fait des Corps-de-jupe à ressorts, fort propres à cacher l'embonpoint des Filles aux Meres les plus clairvoyantes* (29, III, IV). Neben falschen Haaren begegnen wir auch schon falschen Zähnen (35, I, II).

Allgemein im Gebrauch sind die eigentlichen Cosmetica: Schminke, Parfum, Salben. *Mettre du rouge,* sagt man kurzweg für sich rot schminken und wenn Quicherat die rote Schminke im Verein mit den *Mouches* „die obligatorische Gesichtsbekleidung" der Zeit der beginnenden Herrschaft Ludwig's XV nennt (op. cit., p. 538), so zwingen uns die vielen Anspielungen der Sammlung von Gherardi beinahe, diesen Schönheitsmittelchen dieselbe Bedeutung schon für eine frühere Periode beizumessen. Welche Rolle Parfum und Salben spielten, wird am besten an einigen Beispielen gezeigt werden.

Ein Mohr, der sich als Valet de chambre einer Dame vorstellt, wird zuerst gefragt, ob er verstehe *de la pâte pour les mains*

[1]) Unter der Regentschaft ist es dann sogar ein Valet de chambre, nicht die Zofe, der bei der Toilette der Dame das Hemd reicht! Vergl. HETTNER, op. cit., p. 66.

herzustellen. Gewiss kann er das. Er hat sogar eine besondere Mischung erfunden, die der Haut eine Frische verleiht, *qui donneroit envie de patiner à un homme de quatre-vingt-dix ans. Je fais encore,* erzählt er weiter, *un certain syrop qui emporte en un clin d'œil le plus fin reseau que la petite verole la plus endiablée puisse travailler de gayeté de cœur sur un visage; et je compose de certains fards qui sont à l'épreuve de l'ail, du Soleil, de la pluye, et des baisers appliquez par des Flamans . . . .* Und als handgreiflicher Beweis für die ausgezeichnete Wirkung seiner Salben fügt er noch bei: *J'ai en main cinq ou six vieilles de qualité et des plus dégoûtantes, qui feront foy qu'elles ne payent plus que demie pension à de jeunes cadets, depuis qu'elles se frottent de ma pommade* (11, III). — In den *Affiches de Paris* wird angeschlagen:

> *Vernis de Chine pour le teint des Femmes. Ce Vernis est à l'épreuve de l'haleine des hommes.*
>
> *Avis aux Dames curieuses de leur teint. Un Sculpteur en plâtre expert à reblanchir des vieux bâtimens, regratte les visages les plus enfumez, et polit au grais les plus rocailleux* (29, III, IV).

Früher waren es die Ärzte, die sich in den kosmetischen Künsten bethätigten. Jetzt aber haben die Parfumeurs das Klystieren und Purgieren verdrängt. *Ils vont culbuter et les Médecins et les Apothiquaires par une peste de Pommade composée de Coquille d'œufs, de Pieds de mouton, et d'autres ingrediens, qu'ils debitent aux Femmes sous pretexte de les embellir.* Sie geben vor, *qu'un peu de blanc et de rouge étendu sur le visage, dément à coup seur tous les Extraits Batistaires.* Eher giebt ein Weib vier Pistolen aus für einen Topf Pommade, als für ein Purgativ lumpige zwei Sous (5, VII).

Mit welcher komischen Raffiniertheit man zeitweilen vorzuspiegeln sucht, was Mutter Natur vorenthalten, zeigt die Thatsache, dass es Weiber gab, die, um die eingefallenen Wangen rund erscheinen zu lassen, Wachskügelchen *(boules de cire)* in den Mund steckten, was wir von La Bruyère erfahren.[1]) Hier begegnen wir einer Verheirateten, deren Gatte *n'a jamais eu le crédit de luy faire ôter ses gans quand elle se couche.* Es ist eine Frau von ausserordentlicher Sauberkeit. *Elle n'auroit pas souffert pour un Empire, que son Mary, au retour d'un voyage d'un an, l'eût baisé à la jouë, de peur de defleurer son tein* (5, III). Von einer andern Dame werden

---

[1]) Chap. III, *Des femmes.*

uns folgende komische Extravaganzen berichtet: *elle se baigne dans du lait toutes les semaines; — elle change deux foix l'année de peau; — elle se fait même coudre toutes les nuits depuis la tête jusqu'aux pieds dans de parchemins gras; — elle tient en dormant les bras suspendus à des cordons de soye.*

Und ein naives Mädchen, das im Übrigen aller Künstelei abhold ist, findet das ganz in der Ordnung: *Il n'y a rien à dire à cela* (37, II, IV).

Wie viel komisch verzeichnete Linien, wie viel groteske Schnörkel in diese Zeichnungen hinein geworfen sind, so heben sich eben doch hinter ihnen Bilder wahren Inhalts ab, die kostbare, sittengeschichtliche Illustrationen sind zu dieser und jener Seite damaligen Lebens.

Zum Schlusse sei aus einer solchen Skizze noch ein kleiner Ausschnitt gezeigt, den man eine Kuriosität nennen muss. Der Anblick wird uns den Abschied von dem „grossen Jahrhundert" leichter machen und zugleich noch einmal in drastischer Weise bestätigen, was wir aussagten, bevor wir, von den „Italienern" geführt, unsern Rundgang durch die damalige Gesellschaft antraten: wo irgend eine Lächerlichkeit ihr Leben fristet, so entdeckt sie Arlequin's boshafter Blick und keine Diskretion hält ihn zurück, sie an den Pranger zu stellen.

Ein Zimmermädchen bietet einer Frau Doktor seine Dienste an. Um sich zu empfehlen, berichtet es, bei was für feinen Leuten es gedient habe.

La Fille: *Pour le present, Madame, je sors de chez la femme d'un Partisan, qui est la Maîtresse du monde la plus difficile à servir. Je ne pense pas qu'en trois ans que j'ay été avec elle, je l'aye vu aller une seule fois à la Garde-robe.*

La Dame: *Ne pas aller à la Garde-robe! Tu te mocques, ma Mie.*

La Fille: *Il n'est rien de si vrai, Madame. Elle faisoit dans sa chambre. C'est elle qui en a amené la mode* (5, III) . . . .

Castigat ridendo mores!

Drittes Kapitel.

Die Schauspieler und die Typen.

Es ist uns ein wertvoller Stich erhalten, der in einem Gruppenbilde die Mitglieder der Schauspielertruppe des Hôtel de Bourgogne vom Ende des XVII. Jahrhunderts

Nos charmans Acteurs d'Italie
Grands Fleaux de la Mélancolie [1])

in sich vereinigt. Die Heiterkeit, die sonst in diesem Kreise herrscht, ist hier gedämpft durch das Grab, das wir im Hintergrunde erblicken, des eben dahingegangenen „unvergleichlichen Dominique", an dessen Seite die Gattin sich in Thränen auflöst. Man hatte einen Monat lang getrauert. Jetzt wird der Vorhang ihrer Bühne zum erstenmal wieder aufgerollt und diese Eröffnungsszene ist es, die der *Almanach pour l'an de grace M. DC. LXXXIX* im Bilde verewigt hat.[2])

Über der mit Santeuil's *Castigat ridendo mores* umrahmten Maske Harlekin's tragen Engel das Lilienwappen, das die stolze Devise Ludwig's XIV krönt: *Nec pluribus impar;* zu dessen Rechten und Linken halten Putten den Vorhang in die Höhe und zeigen auf die Inschrift, die da lautet: *La Troupe Royale des Comediens Italiens représentant sur le Théâtre de l'Hôtel de Bourgogne toutes sortes de Pieces, tant sur les histoires anciennes que modernes, serieuses ou plaisantes.* Die Ecken zieren Vignetten mit Szenen aus dem Stücke, mit dem man die Neueröffnung inaugurieren wird. Auf der neu und vornehm ausgestatteten Bühne, vom Lichte übergossen, das aus den vielen luxuriösen Leuchtern des Saales ausstrahlt, steht, uns zunächst, die hinterbliebene Truppe in festlichem Anzuge, dicht bei einander.

Es ist ein feierlicher Akt, den sie begeht; denn es gilt, den neuen Arlequin einzukleiden. Schon hat sich einer der Schauspieler zur Hälfte das buntscheckige Kostüm angelegt. Aber noch zaudert

---

1) Ausspruch des *Continuateurs de Loret,* éd. Rothschild, II, 1076.

2) Vergl. dazu w. o., Einleitung p. 16.

er — der Schwierigkeit sich bewusst, nach dem grossen Biancolelli, dem Publikum in dieser Rolle noch zu gefallen —, die Einkleidung zu vollenden, und macht eine fast ablehnende Geberde zu *Colombine,* die als *Arlequin's* stete Vertraute ihm die Insignien dieses Typus zu übergeben hat. Nur das eindringliche Zureden und die aufmunternden Gestikulationen Aller werden ihn schliesslich bewegen, sich der grossen Aufgabe zu unterstellen und *Arlequin* zu spielen.

Welch ein eigenartig ernstes Bild, dieses Dutzend Lustigmacher! An der Seite der stolzen jungen *Amoroso* der gebückte, beinahe siebzigjährige Lolli, der *Docteur* der Truppe; daneben mit ihren zwanzig und einigen Sommern *Isabelle* und *Colombine,* die Töchter Dominique's, voll jugendlicher Schönheit und Lebensfreude, und wiederum *Scaramouche,* ein Greis von achtzig Jahren, jener Fiorilli, dessen grosser Schüler Pocquelin schon längst in die Erde gebettet, aufrecht noch und in kraftvoller Haltung stimmt er als erster die jugendkecken Lieder wieder an, die man, den toten Kollegen zu ehren, nicht mehr hatte erklingen lassen.

Scaramouche tritt dann noch auf bis zu seinem sechsundachtzigsten Jahre, der *Docteur* bis zum siebenzigsten und lebt dann noch bis zum achtzigsten, *Cinthio* bis zum siebenzigsten Jahre, nachdem er als Vierundsechziger zurückgetreten, und die *Eularia* spielt noch siebenzigjährig im Hôtel de Bourgogne, um nach ihrem Rücktritt dann noch voll zwei Dezennien in Ruhe weiterzuleben. Es ist eine gewaltige Lebenskraft, die diesen Leuten innewohnt.

A. DIE SCHAUSPIELER.

Biancolelli! Fiorilli! — das sind Namen, die im Geschichtsbuche der *comici italiani* zu denen gehören, die an erster Stelle stehen.

Ihre Träger sind denn auch, mit den übrigen Schauspielern, die die Sammlung von Gherardi spielen, als *commedianti dell 'arte* gleichsam die Kinder und Kindeskinder jener berühmten Meister komischer Darstellung aus dem Anfang des Jahrhunderts, der Familie des Andreini, des Niccolò Barbieri, des Pier Maria Cecchini, des Tristano Martinelli und Francesco Gabrielli.

Wenn es auch nach dem Unglück des Hauses Gonzaga in Frankreich schlechter bestellt war mit italienischen Schauspielern (s. die Einleitung), so können wir doch annehmen, dass die Tradition hoher Kunst sich fortgepflanzt habe und übergegangen sei auf jene „Italiener“, die noch vor der Fronde, in den vierziger Jahren, in Paris gespielt haben: Tiberio Fiorilli, Brigida Bianchi, Giuseppe Bianchi (gest. ?), N. Romagnesi (gest. 1660) und Domenico Locatelli, bei dessen 1671 erfolgtem Tode man schreibt: *Il est certain que le meilleur predicateur ne seroit pas si regretté que luy qui n'étoit qu'un facétieux, mais fort habile de son métier.*[1]) Zu diesen — von welchen die zwei erstgenannten aushalten werden — gesellen sich gleich nach Beendigung der Unruhen noch der Pantalon Turi (vorübergehend) und Lolli zu dauerndem Aufenthalte und in den Jahren 1660—61 dann noch Zanotti, die Adami, die Cortesi und Dominique, so dass, als mit dem Jahre 1662 das Wanderleben mit dauerndem Aufenthalt in Paris vertauscht wurde, schon die Hälfte unserer Truppe anwesend war. Volle zwei Dezennien sollte sie noch ausschliesslich ihre italienischen Improvisationsstücke spielen, bis man zur Aufführung von französischen Szenen schritt.

Die Schauspieler, die dieses neue Repertoire, das die Sammlung von Gherardi enthält (1682—97) aufführten, sind folgende:

Biancolelli, Domenico, genannt Dominique I *(Arlequin)*, vor 1682—88.
„ Caterina *(Colombine)*, 1683—97.
„ Francesca Maria *(Isabelle)*, 1683—95.
Cey, Geronimo *(Le Capitan Spezzafer)* vor 1682 (?)—85.
Cortesi, Orsola *(Eularia)*, vor 1682 bis ca. 95.
Costantini, Angelo *(Mezzetin)*, ca. 1682—97.
„ Costantino *(Gradelin)*, 1687—(?).
„ Giovanni Battista *(Octave)*, 1688—97.
Daneret, Elisabetta *(Babet-la-Chanteuse)*, 1694—97.
Fiorilli, Tiberio *(Scaramouche)*, vor 1682—94.
Fracanzani, Michelangelo *(Polichinelle)*, 1685—97.
Gherardi, Evaristo *(Arlequin)*, 1689—97.
Giaratoni, Giovanni Battista *(Pierrot)*, vor 1682—97.
Lolli, Giovanni Battista Angelo Agostino *(Le Docteur)*, vor 1682—94.
Ranieri, Bertolomeo *(Aurélio)*, 1685—89.
Romagnesi, Carlo Virgilio di Belmont *(Léandre)*, 1694—97.
„ Gaetano (?), 1694—97.
„ Marco Antonio *(Cinthio)*, vor 1682—97.
Tortoriti, Giuseppe *(Pasquariel)*, 1685—97.
Toscano, Angelica *(Marinette)*, 1685—97.
Zanotti, Giovanni Andrea *(Le vieil Octave)*, vor 1682 bis ca. 90.

Dazu ist noch *Spinette* zu nennen, deren wirklichen Namen man nicht kennt, die im Stücke *Spinette, Lutin amoureux* einen

---

[1]) *Nouvelles de Paris*, 1. Mai 1671, citiert nach TRALAGE, p. 68.

Monat vor der Aufhebung debutierte.[1]) Bis 1683 haben in der Truppe noch drei Schauspieler mitgespielt, die in der Sammlung von Gherardi nicht figurieren: Patrizia Adami, genannt *Diamantine,* Brigida Bianchi, genannt *Aurélia,* und Giovanni Gherardi (Vater), genannt *Flautin.* Über die Daneret, genannt *Babet-la-Chanteuse,* wird im IV. Kap. die Rede sein. Die Gattin von Dominique I, Orsola Cortesi, genannt *Eularia,* gehört zur Truppe bis 1695,[2]) hat indes zweifellos fast ausschliesslich in italienischen improvisierten Szenen gespielt, ihre Rolle in den französischen Stücken ist zu gering,[3]) als dass wir uns ein Bild davon machen könnten.[4])

1. Die Familie der Biancolelli.

An den Namen Biancolelli knüpft sich eine Künstlerfamilie, deren Mittelpunkt Domenico Biancolelli, genannt *Dominique I,* bildet.

Als Sohn von Schauspielern, des Francesco, *comico,* und der Isabella Franchini, *Colombine,* 1640 in Bologna geboren, trat er frühzeitig in die Fussstapfen seiner Eltern; kaum siebzehnjährig, soll er Mitglied der Truppe des Tabarini in Wien gewesen sein, von wo aus er, durch Vermittlung des Herzogs von Parma, 1661 nach Paris bestellt und der neuen Truppe zugeteilt wurde, die der Kardinal Mazarin *par ordre du Roy* zu vervollständigen hatte. Seine Anwesenheit hat wohl nicht wenig beigetragen zur definitiven, dauernden Einstellung der „Italiener“ in den Dienst des Königs, die ein Jahr darauf erfolgte. 27 Jahre spielt er nun die Rolle des *Arlequin,* die er völlig umgestaltete, wie wir noch zeigen werden. Am 2. August 1688 wird er das Opfer seines Könnens. Indem er am Hofe die Tänze Beauchamp's parodierte, erhitzte er sich derart, dass er sich durch eine

---

[1]) Vergl. CAMPARDON, II, 143.

[2]) Nach GUEULETTE. Das Datum ist wohl richtig, denn in einem von CAMPARDON (II, 109) angeführten Dokument ist sie noch am 30. Oktober 1694 als der Truppe angehörig bezeichnet.

[3]) Tritt als alte Matrone auf und spricht italienisch (Stück 2), als Schatten, der nicht spricht (3), oder figuriert bloss im Rollen-Verzeichnis (5 u. 15), ist die Frau des Banqueroutier, mit ganz kleiner Rolle (10), und einmal ist sie bloss im Laufe des Stückes genannt, als die böse Tante der *amorosa* (31).

[4]) Die die Schauspieler betreffenden Daten, die wir im Folgenden geben werden, sind den einschlägigen Artikeln bei JAL und CAMPARDON entnommen und gelegentlich auch Dokumenten, auf die wir selbst zufällig gestossen sind. — Die PARFAICT enthalten manche Unrichtigkeit, und auch RASI, der zuweilen aus diesem seine Angaben herholt.

Erkältung eine Lungenentzündung zuzog, die ihn in wenigen Tagen ins Grab brachte.[1])

Von ihm stammt das sogenannte *Scenario de Dominique* (vergl. Anhang I) und an seinen Namen knüpfen sich die *Arlequiniana*,[2]) als deren Autor Cotolendi gilt, eine Sammlung von ziemlich faden Witzen und Aussprüchen, die Dominique zugeschrieben werden, aber wohl eher erfunden sind (vergl. Gherardi, t. I, Avertiss.).

Als *Arlequin* stellt ihn das originelle Titelkupfer zu *Arlequiniana* dar; es zeigt ihn von untersetzter Gestalt. Sein Porträt, in Oval, ist von Ferdinand gemalt und von N. Hubert gestochen; darunter steht der Vierzeiler:

Bologne est ma patrie et Paris mon Sejour,
J'y regne avec Eclat sur la Scene Comique.
Harlequin sous le masque y cache Dominique
Qui reforme en riant et le peuple et la Cour.[3])

Die Zeit nennt ihn den *inimitable Arlequin*. Man kennt seinen Ruhm![4]) Zu seinem ausserordentlichen Schauspielertalent gesellte sich eine hervorragende Elastizität des Körpers, der nur die Körperfülle seiner letzten Jahre etwas Eintrag that; dazu Witz in Fülle.

1680 wurde er, zugleich mit seiner Frau, naturalisierter Franzose. An Ludwig XIV hatte er einen besondern Bewunderer und Gönner: er stand in hohem Ansehen bei ihm und die Ehren, die man ihm erwies, sind grosse (s. Einleitung p. 9, sowie Jal). Als Mensch war er eine ernste Natur und von lauterem Charakter. Tralage giebt

[1]) *Madame* lässt darauf der Wittwe Biancolelli durch den Abbé Testa ein Kondolenz-Schreiben zukommen, das von grosser Ergebung spricht. Die Kopie desselben bei GUEULETTE, Ms. der Oper, t. I, fol. 121.

[2]) *Arlequiniana ou les bons mots, les histoires plaisantes et agréables, recueillies des conversations d'Arlequin*. Uns sind fünf Ausgaben davon bekannt: 1. Paris, chez Delaulne et Brunet, 1694; 2. idem, seconde édition augmentée; 3. Lyon, chez Jaques Guerrier, 1694 (diese enthält das Titelkupfer, das wir reproduzieren; 4. Paris, chez Florentin et Pierre De Laulne et chez Michel Brunet, 1708; 5. idem, 1735 (die beiden letzten auf dem British Museum).

[3]) Reproduziert bei RASI, I, 431.

[4]) GUEULETTE unterlässt nicht, die Frage zu diskutieren, ob Dominique I, dem hohen Niveau, auf dem er als ausübender Künstler stand, entsprechend, von feiner Geistesbildung gewesen sei (was man gewöhnlich annehme). Verschiedene Überlegungen und besonders die Betrachtung des *Scenario* haben ihm eine verneinende Antwort aufgezwungen. Vor allem steht für ihn fest, dass Dominique keine Studien gemacht habe, *que ce n'étoit pas un homme de belles lettres, ni d'un esprit si sublime*. Auch von Riccoboni sei ihm das bestätigt worden (Ms. der Oper, t. I. fol. 89vo ff.).

einmal zum Beweise, dass es auch unter den Schauspielern ehrenwerte Leute gebe, eine Liste von solchen; darunter lässt er neben Molière, La Grange und anderen auch Dominique figurieren, mit seiner Gattin und seinen zwei Töchtern (p. 14—15).

Im Jahre 1663 hatte sich Dominique mit einer Kollegin verheiratet, die selbst wieder aus Schauspielerkreisen stammte: Orsola Cortesi.[1]) Sie war die Tochter eines Antonio Cortesi und rühmte sich, von Cortez, dem Eroberer Mexiko's, abzustammen und der Barbara Minuti, genannt *Florinda*. Orsola Cortesi spielte als *Eularia* die *amorosa* und gehörte über dreissig Jahre der Truppe an (vergl. w. o., p. 111). Sie überlebte lange ihren Gatten und starb 71jährig in einem Kloster, in das sie sich zurückgezogen hatte.

Aus ihrer Ehe entsprossen sechs Töchter und fünf Söhne.[2]) Als letztes Kind wurde Pietro Francesco (1680—1734) geboren, jener Dominique II des XVIII. Jahrhunderts, der sich auf den Foire-Theatern und darauf auf der Nouvelle Comédie-Italienne in den Rollen eines *Pierrot* und eines *Trivelin* hervorthat und der selbst litterarisch thätig war und der Zeit nebst anderen Arbeiten ein halbes Hundert dramatischer Werke gab, die er allein oder mit Riccoboni, Romagnesi u. a. zusammen dichtete.

Eine seiner Töchter, die man unter dem Namen Mademoiselle Biancolelli kennt und deren Bühnenerziehung die berühmte *Silvia* geleitet hatte, erntete gleichfalls Erfolg auf dem Nouveau Théâtre Italien.

Das dritte Kind Dominique's I und der Cortesi war Louis I (1666—1729), dem wir noch als Autor begegnen werden.[3])

Das Reizendste aber, was der Himmel unserem *Arlequin* in seiner Ehe mit der *Eularia* schenkte, das waren die zwei Mädchen, die ihm von allen Kindern zuerst geboren wurden: Francesca Maria (1664—1747), die *Isabelle* und Caterina (1665—1716), die *Colombine* des Théâtre-Italien. Beide debutierten sie auf der Bühne am selben Tag: am 11. Oktober 1683 im *Arlequin Protée,* die eine 18-, die andere 19-jährig, und die *Isabelle* als *amorosa* wie die

[1]) Campardon schreibt Cortezzi, Rasi Cortesi.

[2]) Sic! Jal, der die einzelnen richtig anführt, begeht einen lapsus bei der Addition, er zählt zu wenig. Einem Franzosen verzeihen wir das gerne.

[3]) Gueulette (Ms. der Oper, t. I, fol. 106vo) behauptet, nach dem Tode des Vaters habe Philippe Biancolelli (geb. 1677 und in der Marine unter dem Namen de Boismorand), das neunte Kind Dominique's, dessen vakante Rolle mit Erfolg gespielt und nur auf das Drängen seiner Schwester *Isabelle* sei er vom Theater zurückgetreten. Aber damals war er ja bloss elf Jahre alt! — Dies nur als Beispiel für die Unzuverlässigkeit der Berichte älterer Historiker.

Colombine als *Soubrette* entzückten die Zuschauer in hohem Masse. *Si Arlequin est inimitable dans les divers rôles qu'on luy voit jouer dans cette Piéce,* schreibt der Mercure Galant, *ses deux Filles ne le sont pas moins. Il n'y a point de caractere dans lequel elles n'entrent, et elles s'en acquitent de si bonne grace, que lors qu'elles paroissent dans quelque Scene, elles semblent uniquement nées pour le Personnage qu'elles représentent. Les differens Personnages qu'elles soûtiennent sont si bien remplis, qu'elles se sont attiré l'applaudissement de tout Paris, qui ne se peut lasser de les admirer. Jamais on n'a veu tant d'intelligence pour la Comedie, avec une si grande jeunesse* (Oktober, II, 332 f).

Die *Isabelle* gieng dann die sehr ehrenvolle Verbindung ein mit M. de Turgis, officier aux Gardes-Françaises (1691). 1706 verwittwet, lebte sie noch vierzig Jahre in Verhältnissen, die keine glänzenden waren.

Die *Colombine,* 1685 mit dem berühmten Schauspieler von der Comédie-Française und dem einstigen Freund Molière's und seiner Truppe, Pierre Lenoir de La Thorillière verheiratet, spielte bei den „Italienern" bis zur Aufhebung des Theaters, worauf ihr vorgeschlagen wurde, sich vom Théâtre-Français engagieren zu lassen, was sie jedoch nicht that (Campardon, I, 65). Diese Caterina Biancolelli beherrschte mit Arlequin zusammen in den französischen Stücken das italienische Theater völlig. Ihr Taleut muss von ausserordentlicher Stärke und Vielseitigkeit gewesen sein.

Das Cabinet des Estampes der Bibliothèque Nationale bewahrt verschiedene Stiche der zwei Töchter Biancolelli's auf, die, obwohl dieselben in Ganzform und in ihren Rollen darstellend, doch viel Porträtähnlichkeit haben: *Isabelle* ist gross, *Colombine* von kleinerer Statur, während uns bei jener vor allem das Schöne und Angenehme des Gesichtes auffällt, fesselt uns bei dieser sogleich der intelligente Ausdruck und die interessanten, feurigen Augen.

So sah man von 1683 an im Hôtel de Bourgogne eine Reihe von Jahren vier der Biancolelli zugleich nebeneinander spielen: Vater, Mutter und zwei Töchter!

2. Tiberio Fiorilli.

Il più forte, il più completo, il più celebre artista italiano del secolo XVII![1]) Ein volles halbes Jahrhundert hat dieser Tiberio

[1]) Worte Rasi's, der ihm einen 24 Seiten fassenden Artikel widmet (I, 888 ff.), auf den wir verweisen.

Fiorilli[1]) auf der Comédie-Italienne in Paris als *Scaramouche* eine erste Rolle gespielt. Den „unvergleichlichen Scaramouche", die „Zierde des Theaters" nennt ihn Gherardi, der einmal in eine begeisterte Lobrede auf ihn ausbricht, das „Vorbild der berühmtesten Schauspieler seiner Zeit", *qui avoient appris de lùy cet Art si difficile, et si nécessaire aux personnes de leur caractére, de remuer les passions, et de les sçavoir peindre sur le visage.*[2]) Wer der Grösste ist, der von ihm lernte, weiss man. Unter einem Stich von Bonnart, der Scaramouche mit der Guitarre darstellt, steht das bekannte Wort:

Cet Illustre Comedien
Atteignit de son art l'agréable maniére.
Il fut le Maître de Moliére
Et la nature fut le sien.

In den *Menagiana* (Paris 1693, p. 211) heisst es von Fiorilli: *C'étoit le plus parfait Pantomime que nous avons vu de nos jours. Molière, original François, n'a jamais perdu une représentation de cet original Italien.* Wenn schon der *Elomire hypocondre* von einer gehässigen und schmähenden Feder geschrieben ist, so sind doch einige Verse derselben, sie sich auf Molière's Verhältnis zu Fiorilli beziehen, lehrreich:

. . . . *Elomire* (Molière)
Veut se rendre parfait dans cet art de faire rire;
Que fait-il, le matois, dans ce hardi dessin?
Chez le grand Scaramouche il va soir et matin.
Là, le miroir en main et ce grand homme en face,
Il n'est contorsion, posture ni grimace
Que ce grand écolier du plus grand des bouffons
Ne fasse et ne refasse en cent façons.
Tantôt, etc. etc.[3])

Und ein anderer, — befreundeter Zeitgenosse sagt uns: *Molière estimoit fort Scaramouche pour ses manieres naturelles; il le voyoit jouer fort souvent et il lui a servi à former les meilleurs acteurs de sa troupe.*[4]) Wie einfach diese Worte klingen, sie charakterisieren doch die Beziehungen der beiden Männer wohl (vergl. w. o., Einleitung p. 6). — Es giebt Leute, die es nicht zu fassen vermögen,

---

[1]) In dieser Form steht der Name in allen Urkunden und so (und nicht *Fiorelli*) unterzeichnen sich die Träger desselben (Beispiele bei CAMPARDON).

[2]) Anmerkung zu II, VII des *Avocat pour et contre.* (8)

[3]) Der ganze Passus ist abgedruckt in der Vorrede von MOLAND, von der gleich die Rede sein wird.

[4]) Tralage, p. 8.

dass der grosse Poquelin auf den italienischen „Farceur" so grosse Stücke hielt. Der Grund ist einfach und pover genug: weil sie jenes Genre künstlerischen Schaffens, in dem sich ein *commediante dell' arte* bethätigt, noch nicht in den Lehrbüchern der Ästhetik verzeichnet finden, so verweigern sie demselben ihre Anerkennung und behandeln es als *quantité négligeable.*

Angelo Costantini, genannt *Mezzetin,* hat eine *Vie de Scaramouche* (Paris 1695)[1]) verfasst, die von Moland mit trefflicher Einleitung neu herausgegeben worden ist,[2]) eine Vita, die Gherardi in scharfen Worten aburteilt[3]) und die jedenfalls als unzuverlässig gelten muss.

Darnach wäre Tiberio der Sohn des Silvio Fiorilli, des *Capitan Matamoros,* aber fest steht nur, dass er 1608 aus vornehmer Familie in Neapel geboren wurde. Wahrscheinlich zum erstenmal 1640 in Frankreich (s. Einleitung p. 5), nimmt er an den von 1644 an folgenden vorübergehenden Aufenthalten der „Italiener" teil und bleibt von 1662 an mit kleinen Unterbrechungen stets in Paris und Mitglied der Truppe bis zu seinem Tode, der am 7. Dezember 1694 erfolgte, worauf er in St.-Eustache begraben wurde, derselben Kirche, die verweigert hatte, Molière's letzte Reste aufzunehmen.

Eine mit der genannten fast identische, aber viel feiner ausgeführte Gravüre (A Paris chez le Blond) begleiten die Verse:

Voicy l'Ornement du Theatre,
Celuy que vous voyez a charmé les François,
Il a fait le plaisir de plusieurs de nos Rois,
Par ce que des Louis il estoit Idolatre.

Scaramouche genoss am Hofe ein gewisses Ansehen und der Kardinal Mazarin, Anna von Österreich, die Königin-Mutter und Ludwig XIV waren seine ausgesprochenen Protektoren. Man erwies ihm hohe Ehren[4]) und der König beschenkte ihn mit seiner besonderen Sympathie und mischte sich selbst in seine privaten Angelegenheiten. Als Fiorilli's erste Frau in Italien gestorben, heiratete er, der 80-jährige, die um 52 Jahre jüngere Marie Duval, mit der er bereits in wilder Ehe gelebt hatte. *Ce fut en quelque sorte le roi Louis XIV*

---

[1]) Andere Ausgaben: Paris 1698; Bruxelles 1699; Bruxelles 1708; Troyes 1729 (die erste auf der Bibliothèque historique de la Ville de Paris, die übrigen auf dem British Museum).

[2]) Paris 1876 (in 300 numerierten Exemplaren).

[3]) Er nennt sie ein Sammelsurium *„de fades quolibets et de mauvaises plaisanteries* (Anmerkung zu 8, II, VII).

[4]) Beispiele s. bei Jal.

qui força Tiberio à conclure ce second mariage.[1]) Das war übrigens sein Unglück. Wie einst Molière, sollte dieser *Scaramouche* den bittern Kelch, den die Gemeinheit eines bösen Weibes gefüllt, bis zum Grunde leeren müssen. Seine Frau bestiehlt ihn, protzt vor seinem Antlitz mit ihrer Untreue, schlägt ihn blutig, den greisen Künstler, bis er ohnmächtig hinsinkt. Die Klage, die er darauf einreicht, ist ein Dokument von tiefster ehelicher Tragik.[2]) Zwar stirbt die Duval 1693 in einer Besserungsanstalt, wohin man sie gebracht, aber zu spät, denn er selbst hatte nur noch Monate zu leben, um die Befreiung zu kosten.

Manche sind der Schriften aus alter und neuer Zeit, zu denen der Ruhm Tiberio Fiorilli's die Inspiration gegeben,[3]) und manchem hat derselbe den Grabstichel in die Hand gedrückt: zu den erwähnten Stichen nennen wir noch die weitern von Herisset und von Gillot; ein Porträt (à Paris chez Masson) mit der Angabe Hubert sculp. 1700 und dasselbe *Scaramuzza. Sò. Memeo Squaquera* betitelt, in üppig eingefasstem Oval, mit einer darunter stehenden ellenlangen farcenhaften Dedikation.

Während Biancolelli seine wichtige Rolle in französischer Sprache spielte, als man begann, französische Stücke aufzuführen, so dass er in der Sammlung von Gherardi einen bedeutenden Platz einnimmt, figuriert Scaramouche in dieser wenig: die Kunst, die er ausübte, war eben von einer Art, die sich nicht schriftlich fixieren lässt. Davon werden wir noch reden.

3. Lolli.

Giovanni Battista Angelo Agostino Lolli, gewöhnlich M. Ange oder M. Lange oder le sieur Angelo genannt, spielte die Rolle des *Docteur*. „Er war zugleich ein vortrefflicher Mensch in seinem Privatleben und ein sehr guter Schauspieler“ (Campardon). Um 1622 herum in Bologna geboren,[4]) kam er 1653 nach Paris, trat in die italienische Truppe ein und liess sich, wie Biancolelli (1680) und Fiorilli (1685) naturalisieren (1683) und zog sich wegen Krankheit

---

[1]) Vergl. CAMPARDON et LOGNON, *La Vieillesse de Scaramouche. 1690—1694. Documents inédits.* Paris 1875 (Extrait des mémoires de la société de l'histoire de Paris) p. 6.

[2]) Abgedruckt bei CAMPARDON et LOGNON, op. cit., p. 22.

[3]) Näheres bei RASI, I, 909.

[4]) Rasi gibt als Datum ca. 1628; in dem Bestattungsakte von 1702 ist er jedoch als ungefähr achtzigjährig bezeichnet (vergl. JAL).

im 72. Altersjahr von der Bühne zurück (1694). Nach seinem 1702 erfolgten Tode wurde er in der gleichen Kirche begraben wie Fiorilli.

Lolli hatte zur Frau die Patrizia Adami (1635—1693), die *Diamantine* des Théâtre-Italien, eine Römerin von Geburt und Witwe eines *comico.* Sie war von grosser Anmut und hatte schon in Rom ihren Namen als Schauspielerin erlangt, als sie 1660 nach Paris kam, wo sie bis 1683, dem Jahre des Début der Caterina Biancolelli *(Colombine),* bei den „Italienern" spielte.[1])

Der *Docteur* verfasste wahrscheinlich verschiedene Stücke für die Truppe,[2]) die Analyse von einem derselben *Le Gentilhomme Campagnard ou les débauches d'Arlequin (Il Gentilommo Campagnardo),* von 1670, geben die Parfaict. Mit Molière wohl befreundet, hätte dieser Lolli, nach seinen eigenen Aussagen, ihm das Sujet des *Misanthrope* gegeben.[3])

4. Die Romagnesi.

Vier Generationen hindurch thun sich die Romagnesi als Schauspieler hervor. Geistesbildung scheint in der Familie Tradition gewesen zu sein und zwei ihrer Sprossen sind als Autoren bekannt.

Gleichzeitig mit Locatelli und Fiorilli war in den vierziger Jahren der tüchtige *Capitan Spezzafer* mit Namen Giuseppe Bianchi nach Paris gekommen und hatte seine Tochter, die nicht mehr jung, aber von grosser Schönheit war, mitgenommen: Brigida Bianchi, genannt *Aurélia,* die sich später mit einem Romagnesi verbunden. Sie wurde 1613 in Neapel geboren und starb 1703 in Paris, nachdem sie sich schon 1683 von der Bühne, wo sie die *amorosa* spielte, zurückgezogen hatte. Sie war als Schauspielerin hoch geschätzt und auch litterarisch thätig; sie schrieb die Komödie *d'Inganno fortunato* und eine Reihe lyrischer Gedichte (vergl. Rasi, I, 422).

Diese *Aurélia* wurde die Frau des N. Romagnesi, der bis 1660 als *Orazio* den *amoroso* spielt, und aus dieser Verbindung gieng hervor Marc Antonio Romagnesi (geb. 1633 in Verona; gest. 1706 in Paris), der unter dem Namen *Cinthio* bekannt ist.

Gleich Mezzetin und Colombine gehörte er der italienischen

---

[1]) Schon 1653—1660 war eine *Diamantine* in Paris, die SAND irrtümlicherweise mit dieser identificiert; vergl. RASI.

[2]) Vergl. TRALAGE, p. 9.

[3]) Vergl. TRALAGE, p. 7—8.

Truppe während der ganzen Zeit, da man französische Stücke gab, an. Er debutierte 1667, den Giacinto Bendinelli, genannt *Valerio* ersetzend, der seinerseits Cinthio's Vater gefolgt war, als *amoroso* und spielte von den achtziger Jahren ab zugleich die Rolle des Alten *(Pantalone* und *Dottore)*. Riccobini nennt ihn *le dernier des Amoureux qui eut de l'esprit et du sçavoir* (I, 73). Im *Livre sans nom* liest man: *Cinthio étoit homme d'esprit, et a composé en vers et en prose . . . . Il étoit bon philosophe, sçavant dans les belles lettres, d'une conversation douce, les manières polies, et les sentimens pleins d'honnêtetés. Sa famille étoit noble et distinguée.*[1]) 1673 gab er in Italien einen Band Gedichte heraus, *qui furent très-estimées par les plus fameux poëtes d'Italie,* wie es an gleicher Stelle heisst. Ausserdem verfasste er eine Anzahl Canevas, für die Truppe, von denen im *Scenario de Dominique* zehn enthalten sind.

Von den aus der Ehe Cinthio's mit einer gewissen Giulia Elisabetta della Chiesa hervorgegangenen Söhnen kamen wieder zwei zum Théâtre-Italien: Gaetano und Carlo Virgilio.

Nachdem er in Rom, wohin ihn sein Vater studienhalber geschickt, ein Triennium verbummelt hatte, gieng Carlo Virgilio Romagnesi di Belmont zum Theater über und debutierte 1694 bei den „Italienern" in Paris als zweiter *amoroso,* mit dem Namen *Léandre,* um gleich Erfolg zu ernten. *Sa tournure élégante et son physique agréable convenaient à merveille à l'emploi des „amoureux" qu'il remplissait* (Campardon). Nach der Aufhebung trat er in die Truppe ein, die Tortoriti in der Provinz gebildet hatte. 1708 zurückgekehrt, verschwägert er sich mit der Familie Costantini, indem er die Anna Elisabetta Costantini, Octave's Tochter und Mezzetin's Nichte, die auf dem Nouveau Théâtre-Italien wohl bekannt ist, heiratete. Er starb 1731.

Gleichzeitig mit ihm war sein Bruder Gaetano Romagnesi in die Truppe aufgenommen worden. Wir wissen nicht, welche Rolle dieser spielte, wir wissen nur, dass er nach 1697 nach Flandern und den Niederlanden spielen gieng und dass er 1700 in Brüssel starb. Sein grösstes Verdienst ist indessen, der Vater zu sein des Giovanni Antonio Romagnesi (1690—1742), jenes Romagnesi, der, Schauspieler wie sein Vater, Grossvater und Urgrossvater, bekanntlich in der Theater-Geschichte des XVIII. Jahrhunderts einen nicht unwichtigen Platz einnimmt, als Autor einer Menge fürs Théâtre-

---

[1]) Wir citieren nach PARFAICT, p. 21.

Italien geschriebenen Komödien und Parodien, die er allein oder mit Dominique II, Riccoboni u. a. zusammen verfasste.

5. Die Costantini.

Auch aus der Familie der Costantini sind eine Reihe von Schauspielern hervorgegangen; weniger berühmt zwar als die Romagnesi ist indessen einer unter ihnen, der sich grosse Popularität erworben und der in der Sammlung von Gherardi einen wichtigen Platz einnimmt: *Mezzetin.* Alle sind sie musikalisch begabt gewesen.

Der Vater, Costantino Costantini, ein reicher und vornehmer Industrieller aus Verona, war aus Neigung zum Theater übergegangen und kam, nachdem er in Italien als *Gradelin* herumgezogen war, mit seiner Frau nach Paris, wo er 1687 debutierte. Als guter Musiker, der er war, war er wohl vornehmlich mit dem musikalischen Teil der Stücke betraut. Ein satirisches, die Franzosen beleidigendes Lied soll die Veranlassung gegeben haben zu seinem Rücktritt. Ein unehelicher Sohn, Antonio, spielte als Arlequin auf dem Nouveau Théâtre-Italien ohne Erfolg; erfolgreicher traten seine beiden legitimen Söhne, auf der Ancienne Comédie-Italienne, auf: Angelo und Giovanni Battista.

Giovanni Battista Costantini, genannt *Octave.* Sein erster Auftritt fand am 2. November 1688 in dem uns nicht erhaltenen Stücke *Les Folies d'Octave* statt. Er spielte den *amoroso. Bien fait de sa personne, danseür habile et bon musicien . . . . il fut favorablement accueilli du public à Paris et à la Cour* (Campardon).[1]) Nach der Aufhebung kehrte er in seine Vaterstadt Verona zurück, um jedoch bald wieder Paris aufzusuchen und in den Foire-Theatern und darauf in der Nouvelle Troupe Italienne mitzuspielen. Er starb 1720, jene Tochter hinterlassend, die die Frau eines Romagnesi (Léandre) geworden.

Angelo Costantini, genannt *Mezzetin,* hat seine besondere Berühmtheit erlangt durch den Pinsel Watteau's. *Mezzetin* hat Watteau unzählige Mal zum Vorwurf gedient. Das Schönste ist der „Mezzetin" (den Benoît II Audran nach Watteau's Gemälde gestochen hat), der sich in der Eremitage zu St. Petersburg befindet. In üppiges Laubwerk geborgen, auf einer steinernen Bank sitzend, mit übergeschlagenen Beinen, stellt es ihn dar, ein Lied singend, zu dem er sich selbst mit der Guitarre begleitet. Auch Gillot zeich-

---

[1]) Vergl. Tralage, p. 64—65.

nete ihn mehrmals. Ein sehr schönes Porträt malte sodann F. de Troy (gestochen 1694 von C. Vermenlen), unter welchem folgende Verse von La Fontaine stehen, die von sich reden machten:

Icy de Mezetin rare et nouveau Protée
La figure est representée
La Nature l'ayant pourveu
Des dons de la Metamorphose
Qui ne le void n'a rien veu,
Qui le void a veu toute Chose.

Dieses schmeichelhafte Urteil ist übertrieben; die Zeitgenossen unterlassen es denn auch nicht, mit Epigrammen demselben entgegen zu treten.[1]) Nach allem, was über ihn berichtet ist, zu schliessen, war er als Schauspieler nicht hervorragend. Aber von angenehmem Äussern, musikalisch begabt, ein leichtsinniger, fideler Kumpan — *Mezetin* ist ein artig bürschen, allezeit lustig, erzählt die Liselotte[2]) — muss er doch sehr gefallen und sich grosser Beliebtheit erfreut haben. Übrigens hatte er etwas Charlatanhaftes an sich und zeichnete sich durch Unzuverlässigkeit aus, weshalb Gueulette, der ihn kannte, auf seine Erzählung über den Grund der Aufhebung des Théâtre-Italien so geringen Wert legt (s. w. o., Einleitung p. 14) und weshalb schon Gherardi seine *Vie de Scaramouche* so kurz abgethan hatte (vergl. w. o., p. 115).

Für den Historiker der *commedia dell' arte* hat Angelo Costantini seine Wichtigkeit durch die Schöpfung des Typen *Mezzetin,* die sein Werk ist.

Wann dieser Costantini geboren wurde, ist unbekannt.[3]) Er trat schon 1677 (sic!) als Mezzetin in Paris auf.[4]) Von 1683 ab

---

[1])
Pour le portrait de Mezetin,
La Fontaine a fait un sixain,
Où l'on voit cet acteur traité d'incomparable;
Si La Fontaine a crû la chose véritable
Je n'oserois le garantir:
Mais je sçai bien qu'étant porté pour la fable
Il n'enrage pas pour mentir. (Parfaict, p. 93.)

[2]) Brief von Saint Cloud, 20. Juli 1698 (Ausgabe von Bodemann).

[3]) Sicherlich früher als 1670, was die gewöhnliche Annahme ist; vergl. Rasi, I, 714.

[4]) Nicht erst 1682, wie Campardon und Rasi behaupten. In einem Stück des *Scenario de Dominique,* welches nach dem Mercure Galant 1677 gespielt wurde: *La Propreté ridicule ou Arlequin Roi de Tripoly* (das die Parfaict nicht wiedergeben; vergl. Anhang I), kommt der Name *Mezzetin* schon vor und Gueulette knüpft daran die zweifellos richtige Bemerkung: *voicy seurement la date du début de Mezzetin* (Ms. der Oper, fol. 432; vergl. auch t. II. fol. 79vo und 82).

spielte er dann diesen Typen bis zur Aufhebung mit kurzer Unterbrechung, indem er nach Dominique's Tod bis zum Eintritt Gherardi's die fehlende Arlequin-Rolle gab. Nach 1697 begab er sich als Schauspieler an den Hof des Königs von Polen, August's II, des Starken,[1] Kurfürsten von Sachsen, der ihn äusserst begünstigte und zu seinem Schatzmeister machte. Eine Unklugheit, die er einer der Maitressen des Fürsten gegenüber begann, brachte ihm zwanzig Jahre Gefängnis ein. 1729 kam er wieder nach Paris und trat im Nouveau Théâtre-Italien auf, jedoch nur kurze Zeit, worauf er, die Schulden allein zurücklassend, sich nach Verona begab, wo er noch im selben Jahre starb.

Aus seiner Ehe mit der italienischen Schauspielerin Dorsi, genannt *Auretta,* gieng Gabriele Costantini hervor, der in Italien als *Arlequin* spielte und ein berühmter Künstler und Zeitgenosse Goldoni's war.

6. Gherardi.

Ein Gherardi ist es, der das französische Repertoire der „Italiener", das uns beschäftigt, herausgegeben hat, und zwei dieses Namens waren Schauspieler am Ancien Théâtre-Italien.

Giovanni Gherardi, der Vater, aus Spoleto (sic!), hatte 1674 oder 1675[2]) als *Flautin* in dem Stücke *Arlequin Berger de Lemnos* debutiert. Er spielte in der Truppe bis zu seinem 1683 erfolgten Tode[3]) und wurde bewundert und applaudiert. Der blosse Anblick seines Bildes, das Bonnart gestochen, macht uns lachen. Sein besonderes Talent war, allerhand Musik-Instrumente mit dem Munde nachzuahmen, besonders die Flöte, woher er seinen Namen hatte.

Sein Sohn, Evaristo Gherardi, genannt *Arlequin,* wurde um 1666 zu Prato in der Toskana geboren. Ca. 1683 kam er nach Paris,[4]) studierte im Collège de la Marche Philosophie;[5]) 1689 nennt ihn eine Akte *professeur ès langues étrangères;* er lehrte offenbar

---

[1]) Und nicht August's I., wie — seit den Parfaict — überall zu lesen ist.

[2]) Rasi (I, 1006) gibt als Datum 1675; wenn wir keine Verwechslung begehen mit *Le Voyage de Scaramouche et d'Arlequin aux Indes* (5. Januar 1675), bespricht jedoch Robinet das Stück schon am 10. November des vorhergehenden Jahres.

[3]) Rasi (I, 1008) behauptet, er hätte noch länger in der Truppe zu Paris spielen können, wenn er sich wegen seiner verdorbenen Sitten nicht die Landesverweisung zugezogen hätte. Vielmehr ist nur die Bestattungs-Urkunde erhalten, wonach *Flautin* in seiner Wohnung in Paris in Gegenwart Biancolelli's und Lolli's gestorben und am 23. März 1683 beerdigt worden. Das hat Jal nachgewiesen, dessen *Dictionnaire critique* bekanntlich schon 1872 erschienen ist.

[4]) Nach einer Aussage Fiorilli's (vergl. Campardon et Lognon, op. cit., p. 15).

[5]) S. Gherardi's eigene Mitteilung am Schluss des Stückes 13.

die italienische Sprache (Jal) und er — *qui de sa vie n'avoit monté sur le Théâtre et qui sortoit du Collège,* wie er selbst berichtet — debutierte am 1. Oktober 1688 als *Arlequin* in Regnard's *Divorce,* einer Komödie, die nicht gezogen haben soll, als noch Dominique die Harlekin-Rolle spielte, die jetzt aber, dank seines Talentes, riesigen Zulaufs sich erfreute, nach Gherardi's eigener Versicherung,[1]) die in Worte gekleidet ist, die keine Bescheidenheit ziert.

Nach der Inschrift zu seinem von G. Edelinck nach einer Zeichnung von J. Vivien gestochenen Porträt zu schliessen, das am Kopf der Sammlung von Gherardi steht — *Evaristus Gherardi Regiae Italorum Comœdiae Princeps* — wäre er der Vorsteher der Truppe gewesen. Indessen kennen wir keine zeitgenössischen Urkunden, die darauf hinwiesen, dass die „Italiener" ihren *capocomico* gehabt hätten.[2]) Diesen Titel zu usurpieren, hatte ihn wohl seine Eitelkeit bewogen. Wie gross diese war, zeigt auch der Umstand, dass er eine Reihe lateinischer Carmina, die auf ihn gedichtet wurden (die jedoch nur mit Initialen gezeichnet sind), an den Anfang seiner Publikation stellte. Ja unter dem eben genannten Porträt lesen wir sogar die (etwas barbarischen) Hexameter:

Hic ille est Italam (Dominici morte) Cadentem
Scenam, cui soli sustinuisse Decus.
Hic ille est Italam (Fato cogente) jacentem
Scenam, cui soli restituisse Decus.

Wenn das auch Übertreibungen sind, so steht immerhin fest, dass Gherardi ein tüchtiger Schauspieler war und grossen Erfolg erntete. Wäre es anders gewesen, er hätte niemals in der langen Zeit von 1689—97 die Hauptrolle in den französischen Stücken, den *Arlequin,* spielen können.

Nach einer ersten illegitimen Ehe hatte er sich definitiv mit einer Kollegin verheiratet, mit Elisabetta Daneret (Jal, p. 640, schreibt Launeret), die *Babet-la-Chanteuse* genannt wurde und von 1694—97, d. h. in der Zeit, da der musikalische Bestandteil der Stücke sich breiter gemacht, als Sängerin auftrat (vergl. w. u., IV. Kap. § 4) und nach der Aufhebung von der grossen Oper engagiert wurde.[3])

---

[1]) Siehe Anmerkung 5 auf Seite 121.

[2]) Es scheint vielmehr, es habe in der Truppe eine demokratische Verfassung bestanden. Auch die Pensionsgelder zu Handen derselben wurden bald diesem, bald jenem ausbezahlt, wie aus dem *Registre des Menus* hervorgeht.

[3]) Nach GUEULETTE wäre der Sohn, den sie ihm geboren und der hinkend gewesen, auf den Foire-Theatern aufgetreten und dieser wäre der Vater eines andern

Evaristo Gherardi starb am 31. August 1700,[1]) einen Monat nachdem sein sechsbändiges *Théâtre italien,* das er schon im Jahre 1694 in embryonaler Gestalt herausgegeben hatte, druckfertig geworden war (vergl. Anhang I), infolge eines Sturzes, im noch jungen Alter von vierunddreissig Jahren.

Ob dem Geschenke, das er uns mit dieser sitten- und theatergeschichtlich so interessanten Sammlung gemacht, vergessen wir gerne die Schwächen, derer wir eben Erwähnung gethan.[2])

7. Tortoriti.

Im März 1685 schreibt der Mercure Galant: *La Troupe est augmentée d'un Acteur Nouveau, qui attire les applaudissemens de tout Paris, et qui n'a pas moins plû à la Cour qu'à la Ville. Il a une agilité de corps surprenante, et seconde admirablement l'incomparable Arlequin* (p. 228).

Es ist Giuseppe Tortoriti, genannt *Pasquariel,* über den sich auch Dangeau (15. und 21. März) lobend ausdrückt. Er war aus Messina gebürtig, spielte in der Truppe zu Paris von 1685—97, erst in der Pasquariello-Rolle, von 1694 ab (und schon früher), als Fiorilli starb, ersetzte er diesen unter dem Namen *Scaramouche le jeune.*[3]) Bei der Aufhebung des Théâtre-Italien war den „Italienern" gestattet worden, wieder zu spielen, vorausgesetzt, dass es in einer Entfernung von dreissig Meilen von der Hauptstadt geschehe. So bildete Tortoriti eine neue Truppe in der Provinz, über deren Schicksal wir nicht informiert sind. Man nimmt an, sein Versuch sei misslungen, und er sei in Elend gestorben (Campardon).

Seine Frau Angelica Toscano, genannt *Marinette,*[4]) war in derselben Zeit wie er im Hôtel de Bourgogne aufgetreten. Sie spielte die Rolle der zweiten Soubrette, *grande et bien faite de corps, assez jolie de figure, elle ne fut, paraît-il, qu'assez médiocre actrice* (Campardon).

Gherardi geworden, der, nachdem er an der Oper als Tänzer gewesen, 1749 auf dem Théâtre-Italien debutierte (Ms. der Oper, t. I, fol. 124).

[1]) Ein *La Pompe funèbre* betiteltes Gedicht, das darauf erschienen, giebt p. 1—2 eine ziemlich fade Charakteristik des Äussern des Evaristo Gherardi.

[2]) Evaristo Gherardi als Autor eines Stückes, s. w. u. Kap. V, § 9.

[3]) Hübscher Stich: *Joseph Tortoriti faisant le personnage de Scaramouche,* chez Mariette.

[4]) Nicht zu verwechseln mit Lorenza Elisabetta del Campo, Fiorilli's erster Frau, die ebenfalls *Marinette* genannt wurde, aber in Italien geblieben war, wo sie wahrscheinlich in den 80er Jahren starb (vergl. CAMPARDON et LOGNON, op. cit.).

8. Giaratoni.

Der Schöpfer des Typen *Pierrot!* Sein Name ist Giuseppe Giaratoni.[1]) Um 1640 herum zu Ferrara geboren, muss er jung nach Paris gekommen sein, in einer Urkunde von 1662 (sic!) wird er schon als *comédien italien* und als ungefähr 22jährig bezeichnet.[2]) Die Rolle des *Pierrot* spielte er zum erstenmal am 4. Februar 1673 in der *Suite du Festin de Pierre.* Er war blosser Gagist in der Truppe und wurde nach gewöhnlicher Annahme erst 1684 als Mitglied aufgenommen; indessen hatte er noch 1691 keinen vollen Anteil am Gewinn, wie aus einer Bittschrift, die er damals an den Dauphin richtete, hervorgeht.[3]) Er trat auf bis zur Aufhebung und starb zu Anfang des XVIII. Jahrhunderts auf seinem kleinen Besitztum in der Umgebung von Paris, wohin er sich mit seiner Frau zurückgezogen hatte.[4])

9. Zanotti. Ranieri. Fracanzani. Cey.

Der Bolognese Giovanni Andrea Zanotti, genannt *Octave,* hatte 1660 als zweiter *amoroso* debutiert und spielte seit 1667 (nach

---

[1]) So zeichnet er selbst anno 1662, als er offenbar noch wenig französisiert war (vergl. CAMPARDON, *Nouvelles pièces sur Molière,* III). In späteren Dokumenten figuriert sein Name in der Schreibweise *Jaraton* (vergl. Campardon, I, 245) und *Gératon* (idem, II, 109).

[2]) Vergl. CAMPARDON, *Nouvelles pièces sur Molière.* Paris 1876, III: *Assassinat d'un comédien italien devant la maison de Molière* (Arch. Nat. Y, 13858, p. 20—30). Dieser Giaratoni war damals der erste auf dem Platze, in welchem Zusammenhange er hier — als Zeuge — genannt wird.

[3]) TRALAGE, Ms. der Bibl. de l'Arsénal, t. I, fol. 256: *Placet a Monseigneur le Dauphin, en février 1691, pour Pierrot Comedien de la Comedie Italienne pour demander une part dans la troupe.*

[4]) Der Artikel Giaratoni bei RASI veranlasst uns zu einer Richtigstellung. Da heisst es (I, 1021): *La poca importanza che si dà alle scarsissime notizie di lui (Giaratoni), parmi in aperta contraddizione colle tante incisioni, specialemente del Watteau . . . . . nelle quali Pierrot occupa sempre un de'primi posti, quando non sia il primo addirittura.* Nun ist aber jener Typus mit dem weissen, schlampigen Gewande, den WATTEAU so oft gemalt hat (das berühmteste Exempel ist das grosse Bild der Sammlung La Caze im Louvre) keineswegs der *Pierrot* Giaratoni des Ancien Théâtre-Italien, sondern der *Gilles* der Foire-Bühnen vom Beginn des XVIII. Jahrhunderts; und auch ist es dieser Gilles nur in Bezug auf das Kostüm, hinter dem sich im Übrigen Portraits von beliebigen Personen verbergen (vergl. Einleitung p. 11, Anm. 1). Das hindert RASI nicht, daraus Schlüsse für Giaratoni zu ziehen! — Dasselbe gilt von zwei andern Gemälden, in denen *Gilles* figuriert: LANCRET, *Les Acteurs de la Comédie-Italienne* (Louvre, Salle La Caze) und WATTEAU, *L'Amour au Théâtre-Italien* (Berlin, Kgl. Museum).

dem Rücktritt des Bendinelli, genannt *Valerio*) den ersten Liebhaber. Nach den Parfaict (p. 56) war er ein sehr guter Schauspieler. Er verliess in den achtziger Jahren das Theater, nach Campardon (I, 214) wahrscheinlich erst nach 1688, als der *Octave* Costantini zur Truppe stiess, worauf Zanotti sich zum Unterschiede von diesem *le vieil Octave* nannte.

Bartolomeo Ranieri, genannt *Aurélio,* spielte seit 1685, da er vom König beim Herzog von Mantua bestellt worden, den zweiten *amoroso.* Nach den Parfaict (p. 110) wäre er aus Frankreich ausgewiesen worden und in seine piemontesische Heimat zurückgekehrt, um Theologie zu studieren und Priester zu werden. Fest steht, dass er wegen seiner unbequemen Äusserungen über den Gallikanismus gewarnt und von 1688 ab auf Befehl des Königs überwacht wurde, *afinque, s'il se trouve qu'il parle mal, comme on le dit, sur les affaires de Rome, on le fasse arrêter.* Daraufhin wurde Ranieri wohl klüger; denn ein Haftbefehl liegt nicht vor (vergl. Jal, p. 1041). 1688 debutierte *Octave* (Costantini), in welcher Zeit Ranieri wahrscheinlich zurückgetreten ist.

Gleichzeitig mit Ranieri war Michelangelo Fracanzani, genannt *Polichinelle,* um 1638 in Neapel, als Sohn eines Salvator Rosa verwandten Malers geboren, zur Truppe des Hôtel de Bourgogne gekommen, um bis 1697 ihr anzugehören, ohne je zu gefallen. Grösser als sein schauspielerisches Können soll seine Bibliothek und seine Kupferstichsammlung gewesen sein. Er hatte sich, wie die meisten „Italiener“, das französische Heimatrecht erworben. Sein Sohn Antonio spielte später als Arlequin in den Wandertruppen, die auf den Jahrmärkten von Saint-Germain und Saint-Laurent Vorstellungen gaben.

Geronimo Cey. Kein Historiker des Théâtre-Italien weiss von der Existenz dieses Menschen, weshalb wir ihn erst vorstellen wollen. La Grange berichtet im April 1685 in seinem Register: *Gieronimo Cey, dit Spezzafer, Comedien Italien, et bon acteur, est mort au commencement d'Avril 1685* (p. 348). Im *Registre des Menus* sind wir demselben zweimal begegnet als *un des comédiens italiens,* der für seine Truppe den vierteljährlichen Pensionsbetrag in Empfang nimmt; er heisst bald Guillaume Sey, bald Gerosme Cey.[1]) Jetzt klärt sich auf, weshalb wir vor Tortoriti's Début (1685) in den Stücken 2 und 3 einem *Pasquariel* begegnen (was schon Gueulette

---

[1]) Archives Nationales, O^1 2819, fol. 95vo und fol. 107.

stutzig gemacht hatte, t. I, fol. 112 vo): ein bisher unbekannter Schauspieler spielt diese Rolle. Im Titelkupfer zum 3. Stück (mit interessantem Capitano-Kostüm) ist er *Le Capitan Spezzafer* genannt, im Laufe des Stückes selbst *Pasquariel.* Er spielt den Cid in der Parodie von Corneille's Stück. Im Übrigen wissen wir nichts von diesem Cey[1]) und seine Rolle ist zu gering, um unter den Typen besonders angeführt zu werden (vergl. indessen den Artikel *Pasquariel*).

B. DIE TYPEN.

Nachdem vor schon beinahe zweihundert Jahren Riccoboni die Herleitung der stehenden Typen der *commedia dell' arte* von den komischen Figuren der Atellanen bewiesen zu haben glaubte und es Tradition geworden war, die oskischen *Maccus, Bucco, Pappus, Dossennus* als die Stammväter der Pulcinella, Brighella, Pantalone, Dottore zu bezeichnen und in einem Arlichino den weiterlebenden *Mimus centunculus* zu erblicken — eine Theorie, die gelegentlich noch in unserer Zeit für unumstösslich richtig ausgegeben wird[2]) —, hat die neuere Forschung, der es auf Wissenschaftlichkeit ankommt, in der Frage dieser Zusammengehörigkeit ein bescheidenes *non liquet* sprechen müssen, indem sie zu dem negativen Resultate gekommen ist, dass es wohl kaum je möglich sein wird, darüber Aufschluss zu bekommen. *Si potrebbe . . . ammettere,* sagt D'Ancona, *che un filo, il quale per certo modo rannodi l'antico col nuovo, ci sia: così tenue però, che ci riesce impossibile farne argumento storico.*[3]) Und eine recente Spezial-Untersuchung über den Typus, der wohl am ehesten ins alte Italien zurück zu deuten scheint, *Pulcinella,* hat gezeigt, dass wir die Verbindungslinien zwischen den modernen und antiken stehenden Possen-Figuren Unteritaliens nicht durchziehen können. Hören wir Dieterich, den Verfasser des interessanten und anregenden Buches selbst: „Es kann nicht im mindesten versucht werden, für die Zwischenzeit durch irgend welche Zeugnisse das Fortleben der Figur beweisen zu wollen. Dieser Weg eines Beweises ist uns nun einmal versperrt.“[4]) Der andere Weg, den nun Dieterich einschlägt,

---

[1]) Wann debutierte er und wann zog sich Giuseppe Bianchi, der ebenfalls den *Capitan Spezzafer* spielte, zurück?

[2]) So VINCENZO de AMICIS, in seinem nicht sehr zuverlässigen Buche *La Commedia popolare latina et la Commedia dell'Arte.* Napoli 1882.

[3]) *Origini del Teatro italiano,* zweite Aufl., Turin 1891, I, 60, Anmerkung 1.

[4]) Albrecht DIETERICH, *Pulcinella, Pompejanische Wanderbilder und römische Satyrspiele.* Leipzig 1897, p. 248. Zu der p. 236 f. gegebenen, pho-

ist der der vergleichenden Gegenüberstellung, wodurch ein zwingender Beweis natürlich nicht zu erreichen ist. Des Eindruckes freilich kann man sich nicht verwehren, dass es auffällig ist, eine Reihe gerade charakteristischer Détails in alter und neuer Zeit übereinstimmen zu sehen. Anderseits aber liegt uns die — der polygenetischen Entstehungstheorie der Contes analoge — Annahme nahe, dass die Volksseele aus sich heraus auch sich ähnelnde komische Volksfiguren zu verschiedenen Malen habe schaffen können; in welchem Falle ja dann die Beeinflussung durch allfällig bestehende Überlieferungen nicht ausgeschlossen zu sein brauchte.

Wir haben die Antwort, die man heute in der Frage des Ursprungs unserer neuzeitlichen Typen geben kann, hier vorangestellt, um im Folgenden die betreffenden Einzelheiten völlig unerwähnt zu lassen.

Wir werden uns auch einschränken in den Mitteilungen über die Wandlungen, die die Träger der Stegreifkomödie seit der Zeit, da wir zuerst schriftliche Kunde von ihnen haben, durchgemacht haben und worüber schon des Öfteren in mehr oder minder zuverlässiger Art berichtet worden ist,[1]) und uns begnügen, die Typen zu schildern, wie sie uns aus den Stücken der Sammlung von Gherardi entgegentreten.

Die Typen, die die direkten Nachkommen derjenigen des Ancien Théâtre-Italien sind, d. h. die Typen des Foire-Theaters, welche — wenigstens für die Lesage'schen Stücke — in Barberet ihren Monographen gefunden,[2]) sind von diesem in drei Gruppen eingeteilt worden:

1. *Personnages à masque ou traditionnels:* Arlequin, Pierrot, Scaramouche etc.;

---

netisch völlig unmöglichen, aber immer wieder neu aufgetischten Etymologie: ital. *zanni* aus lat. *sannio* ist zu bemerken, dass es eine ausgemachte Sache ist, dass wir für das Wort die Erklärung haben, die wir schon im *Etymologicum Linguae Anglicanae* . . . . autore Stephano SKINNER, Londini 1671 finden, wo es heisst: *Zane* (sic!) sei *dialecto Longobardica et Veneta Diminutivum nominis Italici* Giovanni, *Joannis, quo stultos etiam nos Angli appellitamus.* — Bei Gherardi findet sich die Bezeichnung *Zanni* kein einziges Mal, dafür steht stets das französische *Valet.*

[1]) Eine Serie von Unrichtigkeiten, die sich seit den Parfaict, Riccoboni u. a. fortgepflanzt haben, werden mit einer Selbstverständlichkeit immer neu wiederholt, die geradezu komisch wirkt.

[2]) Vergl. w. o., Bibliographie.

2. *Personnages de convention:* die Amorosa,[1]) der Amoroso,[2]) Väter, Könige etc.;

3. *Personnages épisodiques:* Marquis, Abbés, Juristen, Ärzte etc., welche Einteilung wir nicht billigen können.

Was die subtile Scheidung zwischen „traditionellen“ und „konventionellen“ Typen anbetrifft, so ist sie nicht durchführbar: ein *Pierrot* z. B., der den Typus des einfältigen Bauern repräsentiert, hat ebensoviel Konventionelles an sich, als der Alte *(Pantalone, Dottore)*, der von Barberet in die zweite Gruppe eingereiht wird, Traditionelles. Ausserdem ist es unhistorisch, eine solche Trennung vorzunehmen: sind sie doch alle Kinder derselben Mutter, der *commedia dell' arte.* Wenn die einen nun mehr Althergebrachtes, Originelles, Markantes an sich haben als die andern, so hat das seinen Grund entweder in äussern Verhältnissen oder in der grössern Rolle, die sie spielen, dank welcher sie gegen die Influenzierung der neuen Umgebung, der niedergeschriebenen Komödie *(commedia letteraria)* widerstandsfähiger waren. So ist beispielsweise das traditionelle Kostüm des venezianischen Alten samt dem berühmten Namen dieses Typen *(Pantalone)* offenbar bloss deshalb verschwunden, weil die Truppe lange Zeit ohne einen bestimmten Träger desselben war, und wenn der stets passive Amoroso sich in die fashionable Kleidung der andern Stutzer der Zeit kleidet, so wundern wir uns nicht darüber.[3]) Zu Barberet's dritter Gruppe, den „episodischen“ Rollen, sei sodann bemerkt, dass es sich hier darum handelt, die Typen, diese sonderbaren Gebilde eines alten volkstümlichen Theaters, vorzuführen und zu zeigen, was vom Alten an ihnen haften geblieben und was sie an Neuem angenommen, wobei bloss zu konstatieren ist, was für „Rollen“ die einzelnen gelegentlich spielen, während die Schilderung des Inhaltes dieser Rollen in ein besonderes Kapitel gehört (Kap. II).

Überschauen wir diese Typen, bevor wir sie einzeln besprechen, in ihrem gegenseitigen Verhältnisse.

---

[1]) Isabelle, Angélique.

[2]) Léandre, Octave.

[3]) Wohl aber mag man sich fragen, weshalb eine *Colombine,* die neben Arlequin die Szene förmlich beherrscht, kein individuelles Kostüm geschaffen. Weshalb hat die ganze *commedia dell' arte* überhaupt kein weibliches Kostüm derb eigentümlicher Art aufzuweisen? Selbst die *Arlequine,* die *Pierette,* ausser dass sie blosse Imitationen sind, sind nach der Mode des Tages geformt. — Man errät den Grund!

Gueulette macht zu einem Stücke der Sammlung von Gherardi folgende Bemerkung: *C'est là le grand champ des Italiens: un père entêté de donner sa fille à un prétendant qu'elle n'aime point, un amant aimé qui à un valet joliment fourbe et qui se travestit pour dégouter du rival et l'exclure.*[1]) Gewiss, das ist das *intreccio,* das den meisten Stücken zu Grunde liegt, und daraus ergeben sich die Typen, mit denen wir es zu thun haben. Es sind folgende:

1. Ein Alter, Vater einer umworbenen Tochter, der gewöhnlich düpiert wird (d. h. ein *Pantalone,* der freilich hier verschiedene und zwar französische Namen trägt).

2. Des Alten Diener, der wohl naseweis, aber dumm und unfähig ist, zu verhindern, dass sein Herr getäuscht werde (gewöhnlich *Pierrot*).

3. Ein begehrenswertes Mädchen, Tochter des Alten, das die abgeschmackten Freier, die ihm der Vater vorstellt, verschmäht, indem es einem schönen Jüngling das Herz geschenkt hat *(Isabelle).*

4. Eine Zofe oder Dienerin der vorigen, die der jungen Dame ganz ergeben und listig genug ist, die Mittel zu finden, die Erfüllung der schönen Herrin Wünsche, gegen den Willen des Alten, zu erwirken *(Colombine).* Sie wird gelegentlich sekundiert von einer zweiten Zofe *(Marinette).*

5. Oftmals ist ein gebrechlicher, ekliger Gelehrter, Jurist oder Mediziner der vom Vater des Mädchens erkorene zukünftige Schwiegersohn, der aber stets abgeführt wird *(Le Docteur).*

6. Ein galantes, junges Herrchen, das die Schöne liebt und von ihr wieder geliebt wird (der *Amoroso*).

7. Ein Diener des vorigen, ein durchtriebener Intriguant, der es immer fertig bringt, die Rivalen seines Herrn aus dem Felde zu schlagen und die beiden jungen Liebenden zusammen zu bringen, was ihm um so leichter gelingt, als er gemeinsam mit der Dienerin der Geliebten seines Herrn ans Werk gehen kann, indem sich diese beiden, wie ihre Gebieter, zugethan sind *(Arlequin).* Häufig sekundiert ihn ein Kumpan *(Mezzetin)* und zuweilen noch zwei andere Diener oder Intriguanten *(Scaramouche* und *Pasquariel).*

Also ein Pantalone, ein Doktor, eine Amorosa, ein Amoroso und zwei bis sechs Zanni und Soubretten.

Die Handlung, die diese Leute — ein jeder in der ihm eigenen angedeuteten Funktion — ausführen, bildet indessen bloss den Rahmen

[1]) Ms. der Bibl. de l'Arsénal, zu Stück 32.

der Stücke, den Stramin gleichsam, in den nun aber eine ganze Welt von Buntheit in den Farben, Verschiedenartigkeit im Inhalt, eingestickt wird, jene Welt von Marquis, Offizieren, von Abbés, Advokaten, Ärzten, Finanzleuten, Preziosen, Koketten, Dichterlingen, Komödianten etc. etc., kurz, der damaligen hauptstädtischen Bevölkerung, die wir besonders geschildert haben (II. Kapitel). Damit haben wir das erste und hauptsächlichste Charakteristikum der Typen der Sammlung von Gherardi schon erraten lassen: sie spielen verschiedene Rollen. Das thaten sie gelegentlich schon früher; aber neu ist und kennzeichnend, dass diese episodischen Rollen für sie von französischen Schriftstellern geschrieben werden und Rollen sind, die Personen satirisieren mit Lokalkolorit, welches Lokalkolorit gar oft die traditionelle Färbung des Typen, der sie spielt, für einen Augenblick beinahe völlig übertüncht. Vielmals jedoch haben wir daneben den Typen in seiner unverfälschten, überkommenen Eigenart. Andere Male wieder ist das eine und das andere zu komischer Wirkung kontaminiert.

Wir werden nun so vorgehen, dass wir erst die zwei wichtigsten Diener *(Arlequin* und *Mezzetin)* und den *Amoroso,* dem sie dienen, behandeln, sodann die zwei stets düpierten Alten *(Pantalone* und *Dottore)* mit ihrem gleichfalls überlisteten Diener *(Pierrot)*, darauf die *Amorosa* mit ihren Zofen *(Colombine* und *Marinette)* und schliesslich die zwei Typen, die eine etwas gesonderte Stellung einnehmen *(Scaramouche* und *Pasquariel).*

1. Arlequin.

Arlequin ist nicht nur der wichtigste Typus auf der Pariser Bühne der „Italiener“, er ist zugleich der in seinem Äussern originellste, sonderbarste und rätselhafteste, denn aus manchen seiner Eigentümlichkeiten hat man noch nicht klug werden können. Sehen wir uns den Kauz etwas näher an!

Avec son habit de folastre
Il fait le plaisir du Theatre.[1])

Sein bizarres, buntscheckiges Kostüm ist dasjenige, was einem zuerst in die Augen fällt. Es hat seine kleine Geschichte.

An der Grenzscheide des XVI. und XVII. Jahrhunderts[2]) ist das

---

[1]) Worte unter einem Stich (Bonnart ex.).

[2]) SAND (I, 67) giebt die Abbildung eines *Harlequin* um 1670; wir beziehen uns nicht darauf, da wir nicht wissen, ob dieser nach einem zeitgenössischen Stiche gegeben, oder bloss Phantasie sei.

Charakteristische daran, dass auf den Grund seines Kleides verschieden geformte und gefärbte Fetzen in völliger Unregelmässigkeit aufgenäht sind.[1]) Das ersehen wir aus verschiedenen Holzschnitten, die den *Arlequin* Tristano Martinelli darstellen.[2]) Dasselbe zeigt uns ein Stich, der den *Trivelin* Locatelli, welcher die Rolle des *Arlequin* spielte, wiedergiebt, welcher Stich wenige Jahre vor oder nach rund 1650 entstanden sein muss.[3]) Darin, dass hier die Fetzen kleiner und dichter aufgetragen sind, ist schon eine Tendenz zur Regelmässigkeit zu erkennen. Kurze Zeit darauf muss plötzlich eine Neuerung eingetreten sein, die dem Harlekin-Kostüm den Stempel aufprägte, der ihm für alle Zeiten geblieben ist: nicht mehr einzelne Tuchlappen sind es, die auf einen Grund da und dort in bunter Willkür aufgenäht werden, sondern das ganze Kleid besteht nur noch aus lauter aneinander gesetzten gleichgeformten Stoffstückchen. Einen solchen Arlequin weist bereits eine anonyme Zeichnung aus der Zeit Mazarin's[4]) und das *Tableau des Farceurs* von 1670 auf. Im XVIII. und XIX. Jahrhundert bilden die Teilstücke dann gewöhnlich langgestreckte, auf der Spitze stehende mandelförmige Flächen grösseren Umfangs, während für die Zeit Ludwigs XIV kleinere, von geraden Linien gebildete Flächen (Dreiecke, Rhomben, Quadrate) charakteristisch sind. Hübsch nimmt sich das Harlekin-Kostüm mit dem stilisierten Dessin aus, das uns Watteau's *Départ des Comédiens italiens* und vier prächtige Zeichnungen Gillot's — *Arlequin faisant la Révérence, Arlequin pleurant, Arlequin soupirant, Arlequin Glouton*[5]) — vorführen; hier ist Arlequin ganz *style Louis XIV*. Was die Farben seiner buntscheckigen Bekleidung anbetrifft, so gelten nach einem Berichte des Mercure Galant Blau, Goldgelb, Braun und Rot als traditionell.[6])

---

[1]) Lässt sich daraus schliessen, dass *Arlequin* ursprünglich ein armer Lump gewesen? oder steckte darin etwa die buffoneske Veranschaulichung der Wappen-Farben der Herren, denen er diente? — Paulin Paris und Génin, entsprechend der Herleitung des Wortes *Arlequin* von *Hennequin* (vergl. w. u.), erblickten darin die phantastische Versinnbildlichung des Todes und der Höllenflammen (s. Jal).

[2]) *Compositions de Rhétorique de Mre. Don Arlequin etc.* (vergl. BASCHET, op. cit., p. 116 f. und RASI, II, 97 ff., wo vier Reproduktionen gegeben sind).

[3]) Es ist jener Stich, den später das *Tableau des Farceurs* (vergl. w. o. p. 6) kopierte. Reproduktion bei RASI, I, 577.

[4]) Vergl. LACROIX, p. 505, wo eine Reproduktion davon gegeben ist.

[5]) Vergl. Anhang II, Ältere Sammlungen no. 6. Alle von RASI, I, 1011, reproduziert.

[6]) So wenigstens um 1681. Der Merc. Galant berichtet von einem Divertissement in Fontainebleau, es sei eine Pastorale aufgeführt worden, mit einem Prolog,

Entgegen den meisten andern Typen, die im Laufe der Zeit die vererbte Maske abgelegt, behält sie *Arlequin* bei. Es ist eine schwarze Halbmaske, die bis zur Oberlippe reicht. Und eine zweite, die schwarz ist wie jene, umhüllt ihm das Kinn und die Backenknochen (Kinnbinde), sofern nicht schon ein Bart diesen Teil des Gesichtes verdeckt. So bleibt nur der Mund frei und zu dessen Seiten häufig ein Streifen der Wangen, so dass man glauben könnte, zwischen den schwarzen Larventeilen ein Maul zu erblicken, das bis zu den Ohren reicht. Charakteristisch an dieser Maske sind die winzigen, runden Augenlöcher und ein bis zwei Auswüchse auf der Stirne, wie sie z. B. die genannten Zeichnungen Gillot's zeigen, und eine wirkliche Harlekin-Larve aus dem XVIII. Jahrhundert, welche die Bibliothek der Grossen Oper aufbewahrt.

Auf dem glatten Kopfe *Arlequin*'s sitzt ein kleiner runder Filz, dessen Krämpe über der Stirne nach aufwärts gebogen ist; stets ziert ihn ein Kaninchen-Schwänzchen, das das Emblem der Feigheit sein soll.[1])

Unzertrennlich von *Arlequin* ist die Pritsche *(batte)*. Während eine Reihe Callot'scher Typen diese Pritsche haben,[2]) ist von den *commedianti dell'arte,* die in Paris spielen, *Arlequin* der einzige, der sie trägt. Sie gehört zu seinen Insignien. Gewöhnlich ist die Spitze der *batte,* die im Gürtel steckt, nach oben gerichtet, indem *Arlequin* die eine Hand auf den Kopf stützt. Häufig steht er auf den Fussspitzen da, mit geknickten Beinen und nach rückwärts gerecktem Hintern.[3])

Diese Stellung des Körpers, die Haltung des Kopfes, dazu das buntscheckige Kostüm und die schwarze Larve, verleihen dem Ganzen einen Ausdruck von unbeschreiblicher Eigenart. Wir erkennen in diesem *Arlequin,* wie er zu Ende des XVII. Jahrhunderts auf der Pariser Bühne der „Italiener“ dasteht, das Originellste, was die *commedia dell' arte* an Typen geschaffen hat.

Gleich wie wir die *raison d'être* des buntscheckigen Kostüms *Arlequin*'s, seiner *batte,* der schwarzen Larve, der Auswüchse auf der

---

den Poisson, Rosimont, Scaramouche und Arlequin spielten, *tous bizarrement vêtus. Vous en jugerez parceque je vay vous dire de l'habit d'Arlequin. Le fonds estoit de Satin blanc, et à l'égard des pièces, des quatre couleurs qui le composent toujours, sçavoir, le bleu, l'aurore, le feuille-morte, et le rouge* (September 1681).

[1]) Vergl. SAND, I, 73.

[2]) Z. B. *Fricasso, Bernovalla, Guatsetto* etc.

[3]) In letzterem möchten wir eine Reminiscenz erkennen aus der Zeit, da CALLOT seine *Balli di Sfessania* zeichnete.

Stirne nicht kennen, so können wir auch den Namen, den er trägt, nicht deuten.[1])

Einen ernsten Versuch der Erklärung hat Raynaud gemacht.[2]) Darnach wäre der italienische *Arlecchino* nichts anderes als der Dante'sche Teufel *Alichino* (Inferno, XXI, 118), der seinerseits aus Frankreich stammt[3]) und welcher mit seinesgleichen in den *Sacre Rappresentazioni* sich wieder findet, wo die Teufel bekanntlich eine wichtige Rolle spielen. Von diesen wäre *Alichino* in eine Anzahl Farcen und Monologe des XV. und XVI. Jahrhunderts hinübergenommen worden, in denen er als Vermittler zwischen Erde und Hölle aufgetreten, also etwas von der Rolle eines *servidore* an sich gehabt, in welcher Funktion dieser Dämon so volkstümlich geworden, dass eines Tages ein Schauspieler der *commedia dell' arte,* der nach einem *nom de guerre* für seine Zanni-Rolle suchte, ihm den Namen entlehnte und sich *Arlecchino* nannte. So Raynaud.

Wie *Alichino* plötzlich zu *Arlecchino* werden soll, sagt er uns nicht.[4])

---

[1]) Die buffoneske Erklärung, die *Arlequin* selbst giebt, s. bei Parfaict, p. 450 im Canevas *à fourbe, fourbe et demi.* Von den vielen anderen, jeder Begründung entbehrenden Herleitungen seien genannt: *Arlequin* = Diminutiv von *Harlay;* = *Harlayquint;* = *Charles-Quint;* = deutsch *Erlenkönig;* = deutsch *Höllenkind;* = *arlotto* + *cocchino, arl(otto) e cocchino, arlecchino;* = *il lecchino* (Schlecker, Gourmand), *al(ar) lecchino.* Was die letztgenannte Herleitung anbetrifft, von der wir uns nicht mehr entsinnen, wo sie gegeben ist, so möchten wir sie nicht ohne weiteres verwerfen.

Der Umstand, dass *Arlequin* nur im Norden Italiens heimisch ist, könnte die Vermutung aufkommen lassen, er sei mit genuesischen oder venezianischen Schiffen als exotisches Gewächs importiert worden. — Oder steckt in seinem Namen vielleicht dasselbe Grundwort *(lekkôn)* wie in *laquais?* Oder ist *Arlequin* etwa ein lokal begrenztes, durch sporadischen Lautwandel entstandenes Diminutiv von *Giovanni,* mit vorgesetztem dialektischem Artikel, also eine Doublette zu *Zanni?* — Über Vermutungen sind wir heute noch nicht hinausgekommen.

[2]) *La Mesnie Hellequin* in *Études romanes dédiées à Gaston Paris.* Paris 1891, p. 51—68.

[3]) An die *Mesnie* des Grafen *Hoillequin, Hellequin, Hernequin* (wahrscheinlich vom mnd. *hellekint,* Bewohner der Hölle, des Teufels, vergl. Gröber's *Zeitschrift für romanische Philologie* XX, 369) von Boulogne, einer historischen Persönlichkeit aus dem IX. Jahrhundert, über die eine verloren gegangene *chanson de geste* existiert hatte, knüpfte sich allmälig die in ganz Europa verbreitete Sage von der „wilden Jagd", die sich modifizierte zur Bedeutung von *famille diabolique* und weiter, bis dass *Hellequin* schliesslich identisch wurde mit „böser Geist", „Teufel", — in welchem Sinne Dante daraus seinen *Alichino* machte.

[4]) Den beiden setzt Raynaud *Anichino,* den Diener der Farce *Romanesca* von Cecchi (1585) gleich, während letzterer sicherlich eine Kurzform ist von *Giovanni, Giannicco.*

Das ist ein phonetisches Bedenken, das erst beseitigt werden müsste. Sodann halten wir es mit Horning[1]) für unwahrscheinlich, dass der Dante'sche *Alichino* als Personenname Verbreitung gefunden habe. Raynaud, um die Identität desselben mit unserm *Arlecchino* darzuthun, holt indessen als weitere Beweismittel äussere Eigentümlichkeiten des Typen hinzu: schwarze Maske und besonders Hornauswuchs auf der Stirne, die auf diabolische Abkunft deuten sollten. Die schwarze Maske konnte jedoch einfach seinen Stand als Diener, den er mit Mohren teilte, bezeichnen[2]) und was die Hörner anbetrifft, so mochten sie zum Zwecke komischer Wirkung als krüppelhafte Auswüchse angebracht sein, oder dann *in effigie* das ausdrücken, was er mit tausend anderen geteilt haben mag.[3])

Somit bleibt es beim Alten: die Herkunft des Wortes *Arlecchino, Arlequin* ist uns unbekannt.

Um so besser kennen wir die Abstammung des Mannes, der diesen Namen trägt. Mit stolzem Selbstbewusstsein erzählt er uns selbst davon. Seine Vorfahren waren „Helden“, *de ces Héros qui ne sont pas morts à rêts de chaussées* (37, II, II). Sein Vater hat tausend Kämpfe durchgemacht, worin er seinen Mann stets getroffen hat; 32 Jahre hat er dem König gedient und nicht in der gewöhnlichen billigen Weise, nicht zu Wasser oder zu Land, sondern, wie es bei den Sbrufadelli, so nennt sich sein Geschlecht, Tradition ist — *en l'air* (16, II). Alle haben sie sich auf den Galeeren hervorgethan. Sein einziger Bruder ist nun auch tot. Hören wir, auf welch sonderbare Art er gestorben ist; *Arlequin* sagt es uns (24, II, IV):

Mon frère aîné, l'honneur du Sang des Sbroufadels,
A depuis quelques mois en public pris la peine
D'essuyer au bord de la Seine
Certaines chatouillemens mortels,
Dont en moins d'un quart d'heure on le vit sans haleine.

So ist *Arlequin* der letzte Sprosse der *Sbruffadelli.* Seine Jugend hat er würdig verbracht; er hat das Métier betrieben, das alle seine Vorfahren *avec quelque sorte d'honneur et de distinction*

---

[1]) In Gröber's *Zeitschrift für romanische Philologie,* XXII, 481.

[2]) Marmontel hält es deshalb geradezu für wahrscheinlich, dass das erste Vorbild *Arlequin's* ein afrikanischer Neger gewesen sei (vergl. Sand, I, 70).

[3]) Der Ausdruck „einem Hörner aufsetzen“ (*faire cocu)* ist ja sehr alt, auch wohl älter als die kitzlige Geschichte, die angeblich dessen Entstehung beschreibt, in einer Novelle Sercambi's *(Novelle inedite di Giov. Serambi etc. per cura di Rodolfo Renier,* Torino 1889, p. 319—322).

ausgeübt haben: er ist Strassenräuber gewesen (37, I, III). Einbrechen, Töten, das waren seine *petites miévretez de jeunesse* (37, III, III). Als Falschmünzer zum Tode verurteilt, ist er nur mit Mühe und Not dem Galgen entronnen (13, I, II)[1]) und ist nach Paris gekommen, wo ihm manche Strassen sehr lang vorkommen, *aussi longues que Carême* (28, III, V). Wenn es gilt, eine Verheiratete, die er liebt, Witwe zu machen, so ist das eine Bagatelle: *cinq sols de mort-aux-rats en font l'affaire* (16, II). Noch betreibt er gelegentlich Beutelschneiderei (2, II). Aber im Grund ist *Arlequin* ein anderer geworden; er hat gewissermassen eine geregelte Lebensweise angenommen, indem er sich in den Dienst eines vornehmen jungen Herrn gestellt.

Freilich hat er alte Gewohnheiten nicht abgelegt und sich mancher ererbten Eigenschaften nicht völlig entschlagen. Vor allem ist er feige. Aber dazu hat er seinen guten Grund. *J'avois peur de me mettre en colére,* denn, klärt er uns auf, *je ne serois plus le maître de moi* (25, I, VIII). — *Tais-toi, ou je te tuë,* brüllt er einmal einen an, den Degen ziehend; aber statt diesen zu gebrauchen, heimst er die Schläge des andern ein und ändert seine Sprache: *Il me prend par mon foible, et à cause de cela je ne sçaurois lui vouloir de mal,* sagt er und als er trotz der friedfertigen Stimmung noch Fusstritte bekommt: *Il a une certaine franchise dans ces discours et dans ces actions qui m'a toujours gagné le cour. Il sait comment il me faut prendre* (25, I, X). Von seiner einstigen Unfläterei haftet ihm noch ein gutes Stück an. Ein Kompliment, das er einer Dame macht, hebt also an: *Le fumet de vos appas m'ayant pris au nez ....* Als einmal ein junges Weib, die Gattin eines Alten, ihre Untreue entschuldigt, indem sie die Ehe vergleicht mit dem heiligen Feuer der Vestalinnen, das man mit religiösem Eifer nähren musste, bei Todesstrafe, da fällt ihr *Arlequin* ins Wort: *Il est vray, et le moyen qu'un vieillard entretienne le feu, puis qu'il ne peut souffler que du derriére?* (11, XI). *Arlequin* ist auch Gourmand, er gesteht es selbst mit unzweideutigen Worten ein: *le ventre est le meilleur plaisir que j'aïe au monde* (25, I, X). An den Koch seines Herrn, der ihm, statt einen guten Bissen vorzusetzen, eine lange Rede hält, lässt er die unwiderstehliche Mahnung ergehen: *Abrégez, car nos dents s'allongent?* (54, I, II). Man kann *Arlequin* nicht nachsagen, dass er allzu sehr interessiert sei, was indessen nicht hindert, dass das Geld eine starke Triebfeder zu seinen Handlungen bildet. *Je ne suis point interessé,* sagt er, *l'argent ne*

[1]) Die Erzählung, die er selbst davon giebt, ist äusserst drollig!

m'a jamais dominé, mais je n'ay jamais rien refusé pour cinquante pistoles (50, I, VII), und ein andermal:

Refuser de l'argent, en affectant le prude,
N'est point dans Arlequin un péché d'habitude (24, III, IX).

Wie er seinen Herrn in einen Felsen verwandelt sieht, da ist er freilich geknickt: *Ah, Madame,* wendet er sich an die Fee, die jenen versteinert hat, *vous m'avez ruiné. Il sera sourd à ma voix, quand je luy demanderay mes gages* (55, III). Wäre doch sein Ideal, es dem einstigen Kollegen La Fleur gleich thun zu können, der jetzt sechsspännig auf die Promenade fährt! Wie er diesen erblickt, ruft er in Entzücken aus: *Jamais les Muses ont-elles fait un plus beau quadrain que celuy-lá?* (48, II, III). — Dabei ist Arlequin stets verliebt; er liebt die *Colombine* und ist ihr auch treu ergeben, die Zofe der Geliebten seines Herrn, „Oh diese Colombine!"

.... après les plaisir de boire
Elle est l'objet de tous mes soins.
Oüy, c'est en vain que Marinette,
Que Toinon, Margot et Lisette
Veulent pousser mon cœur à bout;
En vain de s'y glisser elles cherchent la route,
De Colombine Arlequin est le tout,
Et d'Arlequin Colombine est la toute (24, I, II).

Fünfzig Pistolen und die Colombine verspricht ihm eines Tages Octave, wenn er seinen Auftrag bei der Angélique gut ausführe. Da ist seines Glückes kein Mass: *Oh felice, felice, e tre volte felice Arlicchino!* (31, I, I).

Aber nicht die Liebe zu Colombine, die Liebe zur klingenden Münze allein ist es, die ihn antreibt, all die gewagten Intriguen-Stückchen auszuführen. Er thut es noch aus einem andern Grunde, er thut es, man gestatte den Ausdruck, *pour la beauté du geste.* Das fühlt man so heraus. Die Wollust einer innern künstlerischen Befriedigung ist's, die ihn dazu antreibt. Denn dieser *Arlequin* ist nicht mehr der vulgäre Lakai von einst, er ist, seit Dominique, geistig geadelt durch seinen *esprit.* Hier müssen wir einen kleinen Exkurs machen.

Die Dienerfiguren sollen aus Bergamo stammen. Nun hat diese Stadt zwei völlig diverse Stadtteile: einen untern, ebenen und einen oberen, am Berge angelehnten, wo die Leute, gemäss dem italienischen Sprichwort *scarpe grosse cervello fine,* verschmitzt und pfiffig waren. Nun liess man *Arlequin* nicht etwa aus diesem letztern herstammen, sondern vielmehr aus jenem andern Quartier, dessen Bewohner als durch Dummheit ausgezeichnet galten, d. h. *Arlequin*

war ein Einfaltspinsel. So blieb er bis 1671, dem Jahre des Todes des ersten Zanni, des *Trivelin* Locatelli. Jetzt übernimmt Biancolelli, der bisher zweiter Zanni gewesen, die Hauptrolle und gestaltet die Figur des *Arlequin* um. *Mr. Dominique,* sagt Riccoboni, *qui étoit homme d'esprit et de savoir, connoissant le génie de la nation française, qui aime l'esprit partout où elle le trouve, s'avisa de faire usage des pointes et des saillies convenables à l'Arlequin.*[1]) Kurz, Dominique hat den Harlekin französisiert, er hat ihm eine gallische Seele eingehaucht. So finden ihn die französischen Autoren vor, als sie 1682 beginnen, für das Théâtre-Italien zu schreiben! Alles, was diese nun an Witz, an Ironie, an Cynismus, an Erotik, an *esprit gaulois* nur haben, dem verschaffen sie Ausdruck durch *Arlequin.* Dabei behält *Arlequin* manche charakteristische Eigenschaften, die er überkommen, bei, was seine Komik nur verdoppelt.

Wir brauchen nicht mit Beispielen diesen neuen *Arlequin* zu beleuchten; von den vielen da und dort in die Diskussion eingestreuten Proben aus der Sammlung von Gherardi sind die besten stets von ihm und haben schon längst dargethan, was wir jetzt, in anderm Zusammenhange, ausgesprochen haben.

Wenn schon das traditionelle Schema es verlangte, dass der Diener des Amoroso in Verkleidung eine Reihe von Rollen spielte, so wurde jetzt dieser Schubladenstück-Charakter noch absichtlich vermehrt, und immer ist es *Arlequin,* dem die meisten der episodischen Rollen zufallen. Eine Gravüre der Zeit begleitet die Inschrift:

Arlequin est charmant en toute sa maniére.
Il devient en un jour Seigneur, marchand et voleur,
Commissaire, filou, Comédien, Empereur,
Amoureux, maître d'Arme, enfin se fait Laictiere.

Et pour finir ce jour par un jeu délicat,
De la cour Bazochique devient Avocat.
Et l'Auditeur charmé sans plaindre, sans monnoye,
S'en retourne remply de plaisirs et de joye.[2])

Im *Bel Esprit* (40) tritt *Arlequin* nach einander auf als Philosoph, Kutscher, Dichter, Schöngeist, Advokat, Diener, Apollo und als Normanne. In einer Ausgabe der Stücke heisst es in der Vorrede: *Sur le pied qu'est aujourd'hui le Théâtre Italien, Arlequin n'a point de caractére marqué, il est tout ce qu'on veut qu'il soit.*[3]) Das ist 1698 geschrieben. Einmal spielt *Arlequin* sogar den Misan-

---

[1]) Citiert nach MOLAND, p. 279.

[2]) Bezieht sich auf das 4. Stück. Die Gravüre findet sich in Ältere Sammlungen no. 7 (vergl. Anhang II).

[3]) Ausgabe XI, t. III (vergl. Anhang I).

thropen (53), wozu er sich freilich nicht ohne Mühe entschliessen kann. *Varium et mutabile semper!*

Ein Beispiel dafür, wie manchmal der traditionelle Charakter *Arlequin*'s hinter dem Charakter, den er gerade spielt, bis zur Unsichtbarkeit verschwindet, ist eine Szene der *Fille savante,* wo er den *Professeur d'amour* giebt und zwar, wie die Bühnenanweisung ausdrücklich bemerkt: *à visage découvert et habillé proprement à la Françoise* (21, VIII). Als Gherardi einmal den vom Théâtre-Français zurückgetretenen Schauspieler Baron parodiert, tritt er ebenfalls ohne Maske auf und in städtischem Gesellschaftsanzuge (24, II, X).

Aber gewöhnlich schimmert seine Eigenart doch durch und oft bricht seine eminent spasshaft spöttische Natur in ihrer ganzen Kraft plötzlich wieder hervor — *Un âne chargé d'or ne laisse pas de braire* —, so z. B. wenn er als Arzt einem leidenden Mädchen das Rezept verschreibt: *Recipe Matrimoniorum multorum tantorum* und hinzufügt *autrement, ma foy, la Casse et le Sené ne la tireront point d'intrigue. Il ne faut pas vous flater. Le vray Sené de la Femme c'est l'Homme* (9, IV). Auch sein Kostüm giebt uns den *Arlequin railleur,* der hinter der Verkleidung steckt, fast immer wieder zu erkennen. Sei er ein Notar (10), ein Marquis (8), ein Proteus (4) oder selbst der Kaiser des Mondes (5), die schwarze Maske verrät die Täuschung. Als Kokette trägt er wohl den Mode-Rock der Zeit und die Fontange, aber dazwischen ist *Arlequin*'s buntscheckige Jacke (22) und wenn er, ein Apollo, mit dem Lorbeer auf dem Haupte und der Lyra in der Hand, ein Göttergewand umgethan, so lässt er wenigstens noch die Waden hervor, die uns den *centunculus vestitus* genügsam entpuppen.

Wenn in Stücken mythologischen oder epischen Inhalts die Diener keine oder nur eine geringe Rolle spielen, dann überlässt sie *Arlequin* andern und spielt selbst die Hauptrolle, sei diese Phaeton (27), Rüdiger (33) oder eine andre. Da die *Colombine* ihrerseits die weibliche Hauptrolle in Pacht genommen, das Sujet des Stückes es aber verlangt, dass der Held des Stückes nach diesem oder jenem Weibe trachte, so kommt es, dass *Arlequin* gelegentlich der *Isabelle* (z. B. 23), gelegentlich der *Marinette* (z. B. 27) ergeben ist.

Immer ist er das *agens,* nach ihm richtet sich alles. Justus Möser in seiner „Verteidigung des Groteskkomischen" legt Harlekin folgende Selbstcharakteristik in den Mund:

„Ich, als die Hauptperson, zeige mich immer mit einem mir eigenen Anstand in der besten Stelle und sättige das begierige Auge mit lachenden Freuden. Alle meine Mitspieler folgen stufenweise mir nach . . . Durch mich erhält das ganze Gemälde Leben, und man sieht, dass das Dasein der andern von mir, als dem Hauptwesen, abhängt." [1])

Und der *Arlequin* des Théâtre-Italien, einst befragt, welche Rolle er spiele, sagt mit unzweideutigen Worten: *Fò il personaggio principale. Je suis celuy qui finit toûjours les Actes* (4, IV). So ist es denn auch in That und Wahrheit!

Der Beweglichkeit seines Geistes entspricht *Arlequin*'s Körper-Gewandtheit. 1679 schreibt der Mercure Galant: *Il fait tout ce qu'il veut de son corps, et quelque figure qu'il prenne, il est toûjours égalément agréable* (Juni 1679). Aus dem *Scenario de Dominique* ersehen wir, welch weiter Raum den Sprüngen, Purzelbäumen, allerhand körperlichen Künsten, Akrobaten- und Gauklerstücken gegeben ist, und dass sie fast alle von *Arlequin* ausgeführt werden. Noch um die Mitte des XVIII. Jahrhunderts lesen wir darüber: *La premiére chose surtout que le Peuple demande, c'est de scavoir si l'Arlequin est agile, s'il saute, s'il danse, s'il fait des culbutes.* [2]) Aber das bezieht sich wohl vornehmlich auf den *Arlequin* der Jahrmarktsbühnen. In den französischen Stücken der Comédie-Italienne — das zeigt die Sammlung von Gherardi — treten diese Künste gänzlich zurück, nur noch die kurzen *Lazzi* (vergl. Kap. IV, § 10) sind es, die *Arlequin* macht, die als letztes Rudiment seiner früheren Bethätigung gelten können, die er jetzt andern abgetreten hat. Ein Autor, der dem Hôtel de Bourgogne ein neues Stück gegeben, stützt seine Hoffnung auf Gelingen ausser auf *le bouffon de Mezzetin, le naïf de Pierrot, le tendre du seigneur Octave,* wohl auf *l'agilité de Pasquariel,* aber auf *les bons mots et la souplesse d'esprit d'Arlequin* (36, Prol.). Es geschieht mit der Kraft seines Witzes, womit er jetzt all die Kunststückchen ausübt, die ihm den Ruhm verliehen haben *d'être le plus agréable assassin de la tristesse* (25, I, X).

2. Mezzetin.

In dem Stücke, welches das Menächmen-Thema behandelt (24), sind die beiden Zwillinge *Arlequin aîné* und *Arlequin cadet,* welch

[1]) *Harlekin, oder die Verteidigung des Groteske-Komischen.* Zuerst gedruckt 1761 (Justus MÖSER's *Sämtliche Werke,* Berlin 1843, 9. Teil, p. 94).

[2]) *Calendrier historique des Théâtres etc.* Paris, Cailleau, 1751 (Bibliothèque historique de la Ville de Paris, 3397, in. 8).

letztern *Mezzetin* spielt. Das ist charakteristisch und zeigt uns sogleich seine Rolle: *Mezzetin* ist der Sekundant *Arlequin*'s.

Meistens Diener, spielt er indes verschiedene episodische Rollen wie jener und ist nach ihm die wichtigste männliche Figur in der Sammlung von Gherardi. Wenn einmal der *Docteur, Pierrot, Pasquariel, Mezzetin, Arlequin* die Gefährten des Odysseus sind, so ist *Mezzetin* derjenige unter ihnen, den nach *Arlequin* der schlaue König von Ithaka vor allen andern bevorzugt (25), und wenn *Arlequin* Pasquino geworden, so begleitet ihn *Mezzetin* als Marforio (54).

Bei all dem ist er nicht etwa ein Abklatsch des Typen, den er unterstützt, vielmehr ist er von ganz ausgeprägter Eigenart, die unzertrennlich ist vom Schöpfer desselben, von Angelo Costantini.

Wahrscheinlich ist dieser Costantini schon Ende der siebziger Jahre in Paris aufgetreten (vergl. w. o., Kap. III, A, § 5), der Name *Mezzetin* figuriert schon im *Scenario de Dominique. Il étoit venu en France,* berichtet Gueulette, *pour doubler Dominique et joua d'abord assez bien le rôle d'Arlequin; mais comme il n'étoit pas souvent employé, il se fit pour ainsi dire le rôle de Mezetin dans lequel il plut infiniment.*[1]) In dieser Rolle trat er in den französischen Stücken zum erstenmal 1683 im *Arlequin Protée* (4) auf.

Sand reiht ihn in die Gruppe der *Brighella, Beltrame, Scapino, Flautino, Gradelino* etc. ein (II, 211). Sicherlich hat sein Kostüm mit dem dieser Leute etwelche Analogie: das Typische daran sind auf einen weissen Grund aufgenähte andersfarbige Streifen. Während indessen bei jenen die Nähte mit Tressen besetzt sind, welche aus schmalen wagrechten, bald grünen *(Brighelle),* bald roten *(Flautin),* bald blauen *(Scapin),* Stoffblättchen bestehen, so ist bei *Mezzetin* das ganze seidene Kleid, wie auch die traditionelle Faltenmütze *(toque)* gestreift und zwar der Länge nach und in roter Farbe. Die aufgebauschten Hosen reichen bloss bis zu den Knien; über den Wams ist ein gleichgezeichneter Mantel geworfen; die Waden sind in weisse Strümpfe gekleidet; den Hals umgiebt ein faltiger weisser Kragen und über die Hände fallen die gekrausten Enden der kostbaren Leibwäsche herab. Kurz, es ist jenes Kostüm, mit dem uns Watteau's Pinsel wohl bekannt gemacht hat. Nur die Farben hat Watteau nach seiner Phantasie gewechselt.

Dieser neue Typus ist, wie schon bemerkt, die Inkarnation des Schauspielers, der ihn spielt, von dem Liselotte gesagt hat, er sei

---

[1]) Ms. der Oper, t. II. fol. 79vo und 82.

„ein artig Bürschchen und allzeit lustig“ (vergl. w. o., Kap. III, A, § 5). Diese kurze Charakteristik Angelo Costantini's kennzeichnet zugleich den Typen *Mezzetin*.

Von angenehmem Äussern, hübschem, vollem Gesicht, das stark gebräunt war (*du caffé tout pur*, wie sich Arlequin ausdrückt, 12, IV), spielte er ohne Maske. Er ist stets ein fideler Geselle. *Ma mère m'a fait en riant*, erzählt er selbst einmal (44, II, I). Darum gehört er zu jenen glücklichen Menschen, die ein leichter Sinn über alles hinweghebt. *Ma foy, je n'ay point l'esprit relié en chagrin; je n'ay pas le sol, mais je ris à merveille*, sagt er und begründet uns seine Genügsamkeit mit folgender philosophischer Überlegung: *La fortune n'a qu'un petit toupet de cheveux, et tant de monde y est attelé, que je n'ay que faire de me fourer dans la presse pour n'avoir rien, et faire déchirer mes habits qui ne sont pas déja trop bons* (47, II, I). Auch wenn ihn die Sprödigkeit seiner Angebeteten, die etwa *Marinette* ist, zu einer Liebesklage bewegt, so glaubt man ein Lachen hindurch zu hören. Lauschen wir seinem Gesang!

Un épais rideau
Cache ton museau.
L'Amour dans tes yeux, ma Brunette
Jouë à cligne-musette,
Tu fait dodo, dodo,
Tu fait dodo, dodo.
Ton Amant dans la ruë
Fait le pied de gruë
Ah! qu'il souffre de bobo, bobo (47, I, I).

Semper ridet! — Nach seinem ureigenen Geständnisse träumt er von nichts anderem als von Trinken, Lachen, Singen (25, I, X). Sein Bauch ist unersättlich wie sein Humor:

Al Diavol vadi chi non magna,
Il mio piacere è di magnar,
Possi morir ch'il vin spargna,
Per me magnando voglio crepar (25, II, V.)

Als Marinette ihm einmal verspricht, besonders exquisite Bissen vorzusetzen — *bon vin de Champagne, boni caponi e pernici* —, da bricht er überglücklich in die Worte aus: *Voici un joli prélude pour faire danser mes dents* (25, II, V). Vor allem ist er ein tüchtiger Zecher. Deutet doch schon sein Name darauf hin! *Mezzetin*,[1])

[1]) Das ist die gebräuchlichste Schreibweise und zugleich die der Sammlung von Gherardi. Daneben steht *Metzetin* (Baschet), *Mezzétin* (Barberet), *Mezetin*

italienisch *Mezzettino* (schon bei Callot) — kommt vom ital. *mezzetta*, heisst also zu deutsch etwa „das Masserl" oder „der Schöpperich". Wenn er nur sieben bis acht Krüge geleert hat und ihm die nötige Inspiration fehlt, um eine Kommission seines Herrn geschickt auszuführen, so holt er Rat beim Weine, *après cela il ne manquera pas d'inventions* (31, I, VII). Als Flamänder verkleidet, lässt er einst folgendes feuchte Lied erschallen, das man sein Leiblied nennen könnte:

Pata pata pata pon,
Amis je m'en vais à la guerre,
J'ay pour épée un flacon,
Et pour mousquet un grand verre.
La santé du Roy,
Porte la moy,
Depêche toy,
Car je suis mort si je ne boy.

Au son de cet instrument,
Je sens que mon cœur se réveille,
Il faut pour être content,
Toûjours la pipe et la bouteille.
La santé etc. (18, IX).

Wenn der Olymp auf der Bühne erscheint, so ist es stets *Mezzetin*, den wir im Bacchus wieder erkennen (z. B. 34, VIII). Und wenn wo Musik ertönt, so ist es wieder *Mezzetin*, der sie erklingen lässt. So spielt er den Musiker *Mr. de la Gamme* (36), den *Chantre du Pont-Neuf* (31), den *Maître à chanter* (13), den *Musicien de l'Opéra* (16) und wieder den Radaumacher von einem Tambour (34), oder er ist in einen Papagei verwandelt (18, IX), äfft Hunde, Katzen, Esel, Schweine (44, I, III) oder ahmt mit dem Munde allerhand für Instrumente nach (12, IV).

Mezzetin hat grossen Anteil an den Gesangseinlagen der Stücke und der musikalische Charakter (vergl. Kap. IV, § 4) würde sich vielleicht nicht in diesem Masse haben ausbilden können, hätte die Truppe nicht diesen guten Sänger in ihrer Mitte gehabt.

In dem Intervall zwischen Dominique's Tod und Gherardi's Debut, als man ohne *Arlequin* war, übernahm *Mezzetin* diese Rolle (Stücke 14—17).[1] So kommt es, dass wir ihn gelegentlich die

---

(Parfaict), *Mézetin* (Campardon) — je nach der italianisierenden oder französisierenden Aussprache (vergl. nfz. mezzotinto und mezzanine). Die Accentuierung *Mezzétin* gehört wohl einzig der affektischen Redeweise an.

[1]) Teils im Kostüm des *Arlequin*, teils in seinem eigenen, wie die Titelkupfer zu den verschiedenen Ausgaben der Sammlung von Gherardi zeigen.

Person eines düpierten Ehemannes spielen sehen (z. B. 15), weil es im Stücke liegt, dass um diesen sich die ganze Handlung dreht. Daneben begegnet er uns als bretonischer Edelmann (10, III), als italienischer Graf (12), als Krieger, der aus Flandern gekommen (20, II) etc. etc. Die Regel ist aber, dass er neben *Arlequin* der Valet des Amoroso ist und als solcher, wie jener, zu Nutzen seines Herrn verschiedene Verkleidungen ausführt.

Wir verstehen die Definition dieses Typen, als einem *personnage moïtié aventurier, moïtié valet,* die die Parfaict (p. 83) geben nicht, wir begreifen nicht, wie man hat behaupten können, *Mezzetin*'s Charakter bestehe darin, keinen bestimmten Charakter zu haben. Wir sehen in ihm vielmehr einen „ganzen Kerl", der dazu noch einfach genug ist, um qualifiziert werden zu können. *Mezzetin* ist ein liederreicher, leichtsinniger Zechbruder, dem Wein und Gesang über alles geht und womit er sich selbst über das Weib hinweg tröstet.

Qu'un verre plein
Toûjours en main,
Vous tienne lieu de Catin
Dont le cœur est mutin.
Pour jouïr d'un heureux destin
Ainsi fait Mezzetin (10, XII).

3. Der Amoroso.

Ottavio, Orazio, Flavio, Leandro, Cinzio del Sole (κύνθιος), *Aurelio, Lelio* — das sind die typischen Namen des Amoroso der *Commedia dell' arte.* Fünf derselben spielen im Gherardi'schen Repertoire.

Le vieil Octave (Zanotti) figuriert bloss im 9. Stück; das Datum seines Rücktrittes ist nicht genau festzustellen; er mag nach 1685 der Truppe noch angehört, jedoch bloss an den Aufführungen von Stegreif-Komödien teilgenommen haben. *Cinthio* (M. A. Romagnesi) giebt den ersten Liebhaber bis 1687, von da an jedoch (bis 1694 öfter und von 1694 an bis zur Aufhebung stets) den Typen des Pantalone und des Dottore. *Aurélio* (Ranieri) ist der erste Amoroso der Stücke 10—16 (1687—1689), *Léandre* (C. v. Romagnesi) der zweite (gelegentlich auch der erste) der Stücke 43—55. Der Hauptdarsteller dieser Rolle ist indessen der junge *Octave* (Costantini), der in den weitaus meisten Komödien (17—55) der *primo innamorato,* der *Amoureux de Profession et acteur sérieux de la Troupe risible des Comédiens Italiens* (32, IV, II) ist.

Der Amoroso tritt uns im eleganten Mode-Kostüm der Zeit entgegen, mit Spitzen und Bändern überladen und mit der obligatorischen Perrücke. Worin seine Rolle besteht, ist schon angedeutet worden. Meistens verhält er sich höchst passiv und lässt Diener und Intriguanten handeln. Charakteristisch in dieser Beziehung ist die Komödie *Ulysse et Cirée* (25). Obwohl er hier der Held des Stückes ist, um den sich alles dreht, der Odyssus, so sind es jedoch seine Gefährten, welche die ganze Handlung führen. Häufig tritt er in der Sammlung von Gherardi nur am Schlusse der Stücke auf, ein *deus ex machina,* sei es als Prinz von Tonking (18), als Chimären-Prinz (10), oder als ein italienischer Nobile (9), als welcher er italienisch spricht (z. B. 18), was bei ihm überhaupt das Gewöhnliche ist.

Jugend, Vornehmheit, Schönheit, Reichtum, Ritterlichkeit zeichnen ihn stets aus. Er ist tadellos bis zur Puppenhaftigkeit. *En lui tout plaît, tout rit, tout émeut, tout enchante* (23, II, I). Einen Fehler an ihm sehen nur seine Diener, das ist sein Geiz. Darum sind sie nicht immer zufrieden mit diesem *Octave,*

, ... ce taquin,
Cet avare fieffé, quoique jeune et blondin,
Qui pour cinq sols se feroit pendre,
Et qui vient tout les jours le soir et le matin,
Pousser des soupirs secs qu'on lasse d'entendre (24, I, IV).

Einer seiner Valets mokiert sich einmal darüber und sagt zu ihm:

Quoi! pour vous faire aimer n'avez-vous que des pleurs?
Eh, morbleu! faites mieux, ouvrez, ouvrez la bourse,
C'est-là la Clef des cœurs;
Vous poussez des soupirs, la plaisante ressource! (24, I, VIII).

Stets schmachtet und seufzt er und seufzt sich niemals zu Ende.

Dieser stereotype Amoroso gleicht einer Marmor-Statue, an der man nichts aussetzen kann, die aber einen trotzdem kalt lässt.

Manchmal nimmt nun aber diese traditionelle Figur Allüren an, die Erdgeschmack verraten; dann ist der Amoroso lebensvoller, satirisch und hat zugleich mehr Initiative.[1]) Da begegnen uns z. B. zwei Offiziere, der eine ein Laffe, *un de ces Damoiseaux, qui a cen intrigues amoureuses sur le bras, un de ces sots qui s'imaginent que toutes les femmes sont amoureuses d'eux* (31, I, III und II, IX), ein Geck, der sich Mouches aufsetzt (31, I, VI) und der sein ganzes

[1]) Besonders von 1694 an, nach den angedeuteten Veränderungen in der Truppe, tritt der Amoroso viel mehr sprechend und handelnd auf als vor dieser Zeit.

Vermögen in Galanterie-, Mode- und Toiletten-Artikeln vergeudet (31, II, IX); der andere, ein toller Eisenfresser, *qui s'est ruiné à la Guerre, en Equipages, en Armes et en Chevaux,* der nur an den Ruhm denkt, tausend Pläne im Kopfe, aber keinen Heller in der Tasche hat (31, II, IX). Für beide ist das Geld der *nervus rerum,* weshalb sie von Flandern hergereist sind, ein reiches Mädchen zu heiraten, dessen Geld sie sich versprechen, unter sich zu teilen, welcher von ihnen sie auch bekomme. Aber die reiche Schöne, *fille de bon sens,* giebt sich weder dem einen noch dem andern hin (31).

Es kommt öfter vor, dass zwei junge Liebhaber nebeneinander auftreten (z. B. 20, 44, 54) und besonders nach 1694, nach welchem Jahre die Rolle des Amoroso überhaupt mehr hervortritt.

In mythologischen Stücken spielt der Amoroso natürlich den Mars, der mit der Frau Venus kokettiert. Wie die andern Typen wird auch er mit welchen seiner Eigenart entsprechenden episodischen Rollen betraut; in diesen tritt er etwa auf als *Comédien Italien* (36), als Poet (27), als *Garçon cabaretier* (45) oder als Schäfer (55), wobei er sich nicht selten als des Gesanges kundig erweist.

4. Der Pantalone.

Bis 1670 hatte Turi den *Pantalone* gespielt. Da sein Nachfolger ein schlechter Schauspieler war, liess Ludwig XIV den Herzog von Modena ersuchen, ihm Antonio Riccoboni, den Vater des Louis Riccoboni *(Lélio),* der sich in dieser Rolle auszeichnete, zu schicken. Dieser aber, von der Verbindlichkeit seines Protektors gerührt, erbat sich von diesem die Gunst, in Modena bleiben zu dürfen. 1684 sehen wir noch einmal den König sich in Italien nach einem *Pantalone* umsehen, diesmal am Hofe von Mantua,[1]) jedoch

[1]) *Negociations de Mantoue,* 1682—1684, Lettre autographe de Colbert de Croisy demandant au nom de Louis XIV des comédiens italiens au Duc de Mantone:

*À Versailles, le 29 Mars 1684 . . . . Le Roy desirant augmenter la troupe de comediens italiens et la rendre parfaitte, Sa Majesté m'ordonne de vous escrire que vous tesmoignez à M. le Duc de Mantoue qu'il fera une chose tres agreable a Sa Majesté s'il veut bien permettre et mesme ordonner qu'*Aurèlio Moroso *qui est dans la premiere troupe de ce prince et* Pantalon il Turi *qui est dans la seconde viennent jcy augmenter la troupe italienne et ils auront autant moins de peine a prendre ce party que le gain qu'ils feront en ce pays cy est comme vous sçavez plus grand que ce qu'ils peuvent avoir en Italie* (Bibliothèque de l'Arsénal, Ms. frç. 4723, fol. 604).

Dieser Aurelio Moroso ist Ranieri, der *Amoroso.* Ob dieser *Pantalon* Turi derselbe sei, der früher schon in Paris spielte, wissen wir nicht; gewöhnlich heisst es, er sei 1670 gestorben (vergl. Parfaict, p. 30 und Jal, p. 1057 f.).

wieder erfolglos; denn die Rolle bleibt auch fortan unbesetzt. Indessen ist es Marc Antonio Romagnesi, genannt *Cinthio,* der nun den *Pantalone* giebt,[1]) ohne daneben vorläufig seine andere Rolle (Amoroso) völlig aufzugeben. Das hatte seine Folgen.

Vor allem ist nun das traditionelle Kostüm *Pantalone*'s, das ein anliegendes, aus einem Stück gefertigtes, rotes (später schwarzes) Kleid, ein langer übergeworfener Mantel und die Maske charakterisierte, aufgegeben. Statt dessen tritt er uns in dem einfachen Anzuge eines damaligen Pariser Bürgers entgegen, mit kurzen Hosen, einer Jaquette mit dem Gurt um den Leib, einem weissen Kragen *(rabat),* dem Kopftuch *(serre-tête)* auf dem Kopfe, mit Kinn- und Schnurrbart und ohne Larve. So zeigt ihn z. B. das Titelkupfer zum 24. und 28. Stück. Schon eleganter macht er sich, sobald er auf Freiersfüssen geht; dann trägt er eine Perrücke und einen offenen Wamms ohne Gürtel, der fast bis zu den Knien reicht, mit Spitzen um Hals und Handgelenke. So stellt ihn die Gravüre zum 14. Stück und das *Almanach pour l'an de grace M. DC. LXXXIX.* dar.

Der Name *Pantalone* findet sich kein einziges Mal in der Sammlung von Gherardi. Dafür trägt „der Alte“ französische Namen, oft von der wunderlichsten Art. Er heisst *Monsieur Bassemine* (11), *M. Sotinet* (13), *M. Friquet* (14), *M. Grognard* (17), *M. Brocantin* (18), *M. Tortillon* (21), *M. Trafiquet* (22), *Géronte* (24), *M. Gaufichon* (28), *Jeannot* (29), *M. Roquillard* (32), *M. Goguet* (36), *M. Cléanthus* (40), *M. Persillet* (41), *Oronte* (42), *M. Prudent* (44), *M. Calmar* (48), *M. Jacquemard* (51), *Bonbeningnet* und *Croquignolet* (55).

Im Übrigen ist er die traditionelle Figur des geizigen, verspotteten und düpierten Alten. Sei es, dass er sich versteift habe, seine Tochter einem befreundeten Doktor, der schon mit dem einen Fusse im Grabe steht (z. B. 11) oder irgend welchem nie gesehnen Freier (z. B. 32), oder einem exotischen Prinzen (z. B. 17) zu geben, sei es, dass er, ein geiler Greis, selbst sich noch einmal verheiraten wolle oder koketten jungen Weibern nachstelle (14, 18) — stets endet die Geschichte zu seinen Ungunsten.

Aber aus diesem überkommenen Gerippe ist oft ein recht lebensvolles Gebilde gemacht, indem er mit Komik ausgestattet wird, die aus dem realen Leben hergeholt ist. In diesem Falle ist dann der

[1]) Nach dem Rollenverzeichnis zu schliessen, von 1687 an; vorher sind die Stücke ohne *Pantalone* und der *Docteur* ist es dann, der der Vater der *Isabelle* ist. Von hier ab bis 1694 (Lolli's Tod) treten beide Alten nebeneinander auf.

Einfluss Molière's unverkennbar. Einmal werden wir da an den *M. Jourdain* des *Bourgeois Gentilhomme* (17), ein andermal an den *Sganarelle* der *École des maris* erinnert (28), oder wir haben einen *Georges Dandin redivivus* vor uns (29).

Es kommt auch vor, dass in diesem *Pantalone* ein liberaler und vernünftiger Mensch steckt; dann trägt er auch den Sieg über die andern Freier davon (31), selbst über den jungen, aber geizigen Octave (24).

Die Regel ist jedoch das Gegenteil. Und als Beispiel dafür, welch roher Ulk mit diesem albernen Alten getrieben wird, sei die Schlussszene des *Bel Esprit* (40) hier genannt. *Pantalone* nennt sich *Cléanthus,* er ist *entêté de bel esprit.* Das wird nun ausgebeutet. Arlequin stellt sich ihm als Apollo vor, der unter der Bedingung, dass er seine Tochter Angélique dem Octave zugestehe, ihm wird *inflare venam poeticam.* Nun spielt sich folgende farcenhafte Ceremonie ab. *Cléanthus* wird auf einen hölzernen Pegasus gesetzt, man macht ihn eine Unmenge Wasser trinken — *pour en remplir la veine poëtique,* man giebt ihm Ohrfeigen, Nasenstüber, Fusstritte, Stockhiebe, spuckt ihm ins Gesicht — um ihm die verschiedenen Fakultäten eines Dichters einzuimpfen; schliesslich zündet man den Pegasus, der mit Feuerwerk gefüllt ist, an, und als er Feuer speit und knallt, wird er samt *Cléanthus,* der ihn bestiegen, in schwindelnder Schnelle um sich selbst gedreht, so dass *Cléanthus* glaubt, die letzte Stunde habe für ihn geschlagen, und verzweifelt ausruft: *Je suis perdu, je brûle, je suis enflammé, le feu me dévore, je suis mort!*

5. Le Docteur Balouard.

Die Typen, sagt einmal Justus Möser, leisten auf der Bühne das, was der Löwe, der Fuchs in der Fabel, oder Jupiter, Venus und Minerva in der Heldengeschichte leisten, nämlich, dass sie sogleich den ganzen Charakter des Handelnden auf dem kürzesten Wege zur Intuition bringen.[1])

Bei keinem trifft das mehr zu als beim *Dottore.*

Der *Docteur,* der sich jetzt *Docteur Gratian Balouard* oder gewöhnlich kurzweg *Docteur Balouard* nennt, zu deutsch *Doctor Schlampanio,*[2]) bildet das würdige Gegenstück zum *Pantalone.* Aber er bewahrt den traditionellen Charakter viel mehr als dieser. Nebst

---

[1]) Op. cit., p. 105.

[2]) So übersetzt STRANITZKY, op. cit., z. B. Seite 71, Zeile 28.

dem Arlequin ist er der einzige von allen Typen, der die Maske beibehalten hat. Diese Maske bedeckt jedoch bloss die Stirne und zieht sich zwischen den freien Augen hinunter über die gekrümmte lange Nase,[1]) die manches zu erdulden hat:

Du fameux Docteur Balouarde (sic!)
Le nez souffre mainte nazarde.[2])

Von der schwarzen Maske stechen die hochrot gefärbten Wangen stark ab. Schwarz ist auch sein ganzes Kleid, der Wamms, die kurzen Hosen, die Strümpfe und der Talar, den er sich stets umgeworfen hat. Den Kopf umhüllt ein schwarzes Kopftuch *(serre-tête),* während er den breitkrämpigen Hut, der freilich noch nicht jene extravagante Grösse erreicht wie im XVIII. Jahrhundert und wie ihn Watteau darstellt, in der Hand trägt. Nur die Halskrause ist weiss und das Taschentuch, das ihm vom Leibgürtel herabhängt. So stellen ihn die Gravüren der Sammlung von Gherardi dar (vergl. z. B. 52, 5 etc.) und der häufige *Marc-Antoine Romagnesi dit le Docteur Balouard* betitelte Stich (chez Mariette, u. a. m.).

Auch seine Körperhaltung hat etwas Typisches an sich. Während *Arlequin* einen Ausdruck von Obszönität und Verschmitztheit zugleich an sich trägt, *Mezzetin* in heiterer Nonchalance, *Pierrot* in naiver Unbeholfenheit dasteht und *Scaramouche* in jugendlicher Energie eine stramm aufrechte Stellung einnimmt, sehen wir den *Docteur Balouard* in wichtig thuender Pose, mit gespreizten Beinen, den Körper nach vorn geneigt, den Kopf mit der langen Nase in die Höhe gereckt, dass wir nicht leicht unterscheiden können, was grösser an ihm ist, seine Gelahrten-Aufgeblasenheit oder seine sonstige Stupidität.

Diese seine Dummheit grenzt ans Fabelhafte. Einmal kommt

---

[1]) Vielleicht steht die hahnenförmige Nase des *Dottore* in Beziehung zu derjenigen *Pulcinella's* und denen der Figuren Callot's. Es ist uns aufgefallen, dass Dieterich, op. cit., p. 238—248, wo eine interessante, vergleichende Untersuchung angestellt ist, nicht davon spricht. Der Hahnentypus (Nase und überdies Federn auf dem Kopfe) spielt bei den volkstümlichen komischen Figuren, insbesondere im Altertum, eine grosse Rolle. Dietrich bringt den Namen *Pulcinella* damit in Zusammenhang und frägt sich, ob nicht auch das deutsche *Hahnreih* von hier aus zu erklären sei (p. 247, Anmerk. 3). Zu der von Dietrich an gleicher Stelle (p. 244 f.) gegebenen Deutung des Wortes *Pulcinella* als neapolitanischen maskulinen Diminutiv zu ital. *pulcino* sei hier beiläufig bemerkt, dass dieselbe völlig irrig ist, da im Neapolitanischen die Diminutive *-iel* (für das Maskulinum) und *-el* für das Femininum) lauten, niemals aber *-ella.*

[2]) Verse zu einem Stich der Zeit (chez Bonnart).

zu ihm der Antiquitätenhändler Scaramouche, der einen Globus mit sich bringt, in dem Octave und Arlequin verborgen sind, um sich zu des *Docteur*'s Tochter einzuschleichen. Plötzlich sieht der *Docteur* den Kopf, den Arlequin daraus hervorstreckt,

Le Docteur: *Qu'est-ce que cela?*

Scaramouche: *C'est le pays des Négres.*

Dann erblickt er Octave's Arm.

Le Docteur: *Qu'est-ce que ce bras-là?*

Scaramouche: *C'est un bras de la Mer Méditerannée.*

Octave zieht den Arm zurück und dies bemerkend, sagt der *Docteur: Mais il n'y est plus* und Scaramouche antwortet ihm: *Le flux l'avoit apporté, et le reflux l'a fait retirer* (52, II, V).

Von unerreichter Leichtgläubigkeit, wie er ist, kann man ihm die grössten Bären aufbinden (5, VI); seine eigene Weisheit ist nur Afterweisheit, die sich in hochtrabendem, sinnlosem, scholastischem Wortgeklingel Ausdruck verschafft (5, I), in Form endloser Tiraden.[1])

Gewöhnlich wird er bloss als Arzt qualifiziert; er selbst thut uns jedoch kund, dass er nicht allein *Doctor medicinæ* und *laureatus in utroque* ist, sondern *le pot-pourry de la Doctrine, le Pâté en pot de belles Lettres, et le Salmigondis de toutes les sciences,* Philosoph, Astrolog, Orator, Geograph, Logiker etc. etc., kurz ein Universalgenie, *omnis homo* (32, II, IV). Anders urteilen freilich andere. *Audiatur et altera pars!*

Arlequin, der als Astrologe aus den Zeichen des Tierkreises allerhand menschliche Dinge herauslesen kann, offenbart dem neugierigen *Docteur* folgendes: *Par les Jumeaux,* sagt er, *je connois que si vous avez deux enfans, aucun ne sera de vous. Par la Pucelle, que vous ne tâterez jamais de ce gibier-là. Par la Balance, que votre doctrine n'est pas de poids. Par les Poissons, que vous avez tout l'air d'un poisson d'Avril. Par le Verseau qu'il n'y a plus chez vous d'humide radical. Par le Bouc, que vous avez la physionomie d'un Becco cornuto* etc. (50, III, II). — Die dicksten Ausdrücke werden ihm an den Kopf geschmissen; man nennt ihn den *Syndic des Godenots, Pécore, Bûtor, grosse buse, vieux Roquentin, Clabaud par excellence*, ein Exkrement der Natur (38, X). Arlequin bezweifelt

---

[1]) Wobei der Improvisation grosser Spielraum überlassen wurde. An solcher Stelle steht bei Gherardi etwa die Bühnenanweisung: *Il fait en cet endroit une Tirade ad libitum* (z. B. 29, I, X).

seine Vaterschaft, denn eine Tochter, die ihm gehörte, müsste die Sprache der Tiere reden:

Car enfin, tout enfin qui vous ressembleroit,

Hanniroit, meugleroit,
Rugiroit, hurleroit,
Japperoit, grogneroit,
Bêlleroit, glapiroit,
Sifleroit, miauleroit;

denn er sei nichts anderes als der ausgepresste Saft aller dieser Bestien zusammen (38, X), er sei ein Monstrum, *une figure faite en dépit de la Nature* (23, I, I). — Wenn wir unter den Göttern sind, so ist er der hustende und spuckende Okeanus (34), und verwandelt Kirke die Gefährten in Tiere, so erkennen wir den *Docteur* wieder in der Gestalt des Esels (25).

Stets ein entkräfteter Alter, hässlich von Gestalt, täuschbar, unpraktisch, eingebildet auf seine Gelahrtheit, aber bei all dem von höchster Ignoranz und Dummheit, ist denn auch das Schicksal dieses Menschen, dass ihm im Leben übel mitgespielt wird. Er spielt eine ähnliche Rolle wie *Pantalone,* ist wie dieser manchmal der Vater eines umschwärmten Mädchens (z. B. 15), oder, was häufiger der Fall ist, er, *dêes gyle Kaalbol* (wie ihn ein Höllander unter seinem Bilde qualifiziert),[1]) will selbst noch eine zwanzigjährige Schöne heimführen (18, 23, 28, 31, 36, 50), wird aber ausnahmslos düpiert, ob er nun *M. Tuetont* (11), *M. Bassinet* (18), *M. de Senécasse* (36), *Docteur Babillard* (23) oder einfach *Docteur Balouard* (28 etc.) heisse. Wenn die ihm bestimmte Braut, wenn sie den *Docteur* zum erstenmal erblickt, ein Entsetzen erfasst, so beunruhigt ihn das keineswegs; im Gegenteil, denn das erklärt sich psycho-physiologisch ja ganz einfach. Wir wollen die charakteristische Stelle (11, VIII) hier noch anführen und zwar, abwechslungshalber, in der Form des deutschen Plagiates von Stranitzky (vergl. Einleitung p. 17). An Stelle der Colombine figuriert in der *Olla potrida* der Fuchsmundi; der *Docteur* spricht von seiner Geliebten als von „seiner Tochter“.

Doctor: Aber wenn ich euch die Wahrheit gestehen solle, so ist es mir recht lieb, daß sich meine Tochter so widerwärtig bezeiget. Es ist die wahre Schamhafftigkeit, welche jetzo alle ihre Kräfften anwendet, sich zu widersetzen, ehe sie ausgejaget wird. Denn Hippocrates saget, daß eine Jungfer, wenn ihre Hochzeit nahe ist, in ihrem Leibe eine gewisse Art von Rebellion, wider ihren Bräutigam, und was von ihme dependiret, empfindet. Diese Dependentien fürchtet die Natur der Braut, und die Natur wird aufrühriſch, wenn sie daran denckt, was sie durch den Ehestand ausstehen muß. Aber es saget Hippocrates dabey, daß ein solcher Widerwillen nicht lang währe, und solcher zu grossem Vortheil des Bräutigams ausschlage.

Colombine: Sagt aber Hippocrates nicht auch, daß eine solche kleine Rebellion öffters so weit gehet, daß dem Bräutigam das Gesicht brav zerkratzet wird. Denn ihr möget mir glauben, wenn ihr vorhin nicht die Thür getroffen hättet, eure Tochter würde euch zum wenigsten

[1]) Ältere Sammlungen, no. 2 (vergl. Anhang II).

ein Auge ausgekratzet und den Rest von euren dritthalben Zähnen eingeschlagen haben.

Doctor: Daß geschehe deßwegen, weil ich ihr meine Gewogenheit noch nicht deutlich genug erkläret, und ihr Hertz damit gewonnen hätte ... Es ist mir gar nicht leyd darum, daß ich nicht noch Meister von ihren Hertzen seyn werde, wenn sie nur meine Bibliothec wird gesehen haben, nebst meinen raren Sceletis und anatomirten Toden-Gerippen, deren ich über zwantzig in meinem Saal stehen habe. Item, die kleine aus Mutterleib-geschnittene Kinder, welche ich in meinem curieusen Liquore vor der Verwesung erhalten. Item, so viel schöne Antiquitäten, ich weiß ...

Colombine: Ja, ja, ich weiß, sie wird darauf speyen.[1])

Wenn nun alles fehl schlägt, kommt er doch zuweilen zu einer weisen Erkenntnis. *Tout bien considéré, je ne suis plus d'âge à couleur de feu,* sagt er einmal (28, III, IX) und erträgt mit philosophischer Ruhe, dass ein Ebenbürtigerer das begehrte schöne Weib heirate.

Wenn wir in der Darstellung des kulturhistorischen Inhaltes der Sammlung von Gherardi manches von den Ärzten zu berichten hatten, so muss man nicht etwa glauben, dass wir das aus dem Munde des *Docteur Balouard* erfahren hätten. Nein, es sind gelegentlich eingestreute satirische Bemerkungen und episodische Rollen, die von Arlequin und andern gespielt werden, die uns mit diesen Lokalfarben bekannt machen, während der *Docteur* eine traditionelle farcenhafte Figur geblieben ist, ohne Allüren, die den Stempel einer bestimmten Zeit und einer bestimmten Örtlichkeit tragen. Er hat denn auch noch ein gut Stück seiner Sprache bewahrt, des italienischen (bolognesischen) Dialekts, den er noch häufig in seine Reden mischt (z. B. 8, I, VIII). Unter einem andern Stich von Bonnart, der den *Docteur* darstellt, steht der Vierzeiler:

Quand le Docteur parle l'on doute
Si c'est latin ou bas breton,
Et souvent celuy qui l'escoute,
L'interromps à coups de baston.[2])

6. Pierrot.

Pierrot ist eine Schöpfung der Comédie-Italienne in Paris vom Ende des XVII. Jahrhunderts. Seinem Namen begegnen wir zum

---

[1]) Op., cit., p. 340 ff.

[2]) Ältere Sammlungen, no. 9 (vergl. Anhang II).

erstenmal in der *Suite du Festin de Pierre,* einem Dominique'schen Canevas, welches nach einem Berichte von Robinet am 4. Februar 1673 gegeben wurde, in einer Szene, die charakteristischer Weise auf dem Lande spielt. Die Stelle heisst wörtlich: *Cette scéne se passe à la campagne. je (Arlequin) fais tomber aux pieds de Spezzafer le cor de chasse dont il sonne, en suite en courant je culbute* Pierrot; *puis je trouve un aveugle* etc.[1]) Da der Träger der Rolle, der kein anderer sein kann als der Gagist Giaratoni, noch 1662 als „Capitan" bezeichnet wird, so ist wohl dieser neue Typus zu Anfang der siebziger Jahre entstanden und hängt aller Wahrscheinlichkeit nach zusammen mit der (durch den 1671 erfolgten Tod Locatelli's hervorgerufenen) Umgestaltung des alten einfältigen Harlekin zu einem gewitzigten durch Dominique. Die Truppe war jetzt ohne die Figur des ignoranten Dieners und diese Lücke füllte man aus mit Pierrot. Nach den einen ist es Dominique, der diesen Typen „ersonnen" (D'Origny, I, 22), nach den andern Giaratoni selbst (Riccoboni, II, 320). Das Kostüm soll dem Polichinelle entlehnt worden sein. Es ist völlig weiss, vom Kopf bis zur Zehe, *Pierrot* ist der *homme blanc* (36, I, V). Dem *Pierrot* des Ancien Théâtre-Italien haftet noch nicht jene duftige Naivität des *Gilles* des XVIII. Jahrhunderts, den Watteau gemalt hat, an, noch trägt er jene schlampige, über die Schuhe fallenden Hosen und den Wamms, den jene grossen Knöpfe zuknöpfen, die wir noch heute gewohnt sind, an ihm zu sehen. Er sieht hier vielmehr aus wie ein einfacher dummer Junge, dem man gleich ansieht, dass er nicht in der Stadt geboren, ein Bube vom Lande, mit geknickten Beinen dastehend, mit Hosen, die ihm nicht bis zu den Knöcheln reichen, einem simplen Kittel, der wie eine Bluse aussieht und von einem Gurt zusammen gehalten wird, einer einfachen Halskrause und einem runden Hut, in dem der halbe Kopf versinkt. So zeigen ihn die Gravüren der Sammlung von Gherardi (vergl. insbes. 52, sodann 46, 47, 15 etc.).

Dieser Mensch repräsentiert ein drolliges Gemisch von bäurischer Dummheit und Mutterwitzigkeit. Er ist meistens der Diener des Pantalone (z. B. 12, 22, 29, 32, 36, 40, 41, 44, 47) oder des Dottore (z. B. 31, 52, 54). Aber die Streiche, mit denen diese Alten düpiert werden, kann er niemals verhindern, trotz all seiner getreuen Ergebenheit. Seine Dienste, die freilich nichts fruchten, bestehen

---

[1]) *Scenario de Dominique* (vergl. Anhang I), Ms. der Bibliothèque Nationale, fol. 169 f.; idem, Ms. der Oper, t. II, fol. 177.

vor allem darin, seinem Herrn väterliche Räte zu erteilen, *de lui remontre si bonnement ses sottises* (28, III, III). Mit der grössten Naivität sagt er demselben gelegentlich die grössten Unverschämtheiten. Den geilen Alten redet er einmal also an: *Monsieur, je vous plains d'avoir attendu si tard à jetter votre gourme. Voila-t'il pas un homme bien recreatif pour un tendron de dix-huit ans! Comme je vous affectionne, je vous parle moy à cœur ouvert. Cette fille-là est trop fringante pour vous* (28, III, III). Er vergleicht dessen Gesicht mit dem einer ausgedienten Schindmähre: *On voit bien que vous avez été engendré de deux vieilles rosses, vous avez des salières sur les yeux, à y fourer le poing* (32, I, I). Mr. Tortillon, ein nüchterner Bürger, hat zwei Töchter, die völlig aus der Art geschlagen haben; er kann es nicht fassen, dass seine eignen Kinder ihm so wenig gleichen.

Pierrot: *Tout franc, Monsieur, vous êtes à plaindre. Il n'y a pas jusqu'au crapaud qui ne fasse de son semblant.*

Tortillon (en pleurant): *Malheureux pere que je suis!*

Pierrot: *Helas, Monsieur! là .... ne vous affligez point. Vous ne l'êtes peut-être pas tant que vous croyez* (21, I).

Solche naturwüchsige, unschuldig ausgesprochene Cynismen hören wir oft von Pierrot.

Im Übrigen zeichnet er sich durch Dummheit aus. *Dans notre famille nous sommes tous des sots. Mon Pere étoit le premier Butor de son temps; et j'en ay la survivance,* erzählt er selbst (38, VIII). Seine Ignoranz ist komplett; er kann weder schreiben noch lesen und weiss dafür seinen Eltern ewig Dank: *Ah, mon pere et ma mere, que je vous sçais bon gré de ne m'avoir jamais fait apprendre à lire!* sagt er. *Hé, morbleu, la Science et les Livres ne font que des sots. Je n'ay sceü jamais que les Proverbes des vieilles gens, et si, je crois être un chat qu'on ne prendroit pas sans mitaines* (31, I, II).

Äusserst komische Kontraste entstehen, wenn dieser ungeschulte Junge mit dem gelehrten Doktor disputiert. Man merkt ihm aber oft schon etwas an, dass er bei diesem gedient hat. Als vor Troja Odysseus seine Gefährten um Rat frägt, was zu thun sei, da hält auch *Pierrot* seine Rede und äussert sich folgendermassen: *Ecoutez-moi* philosoficalement *et sans* prenbaranbule, *j'ai médité une petite harangue en stile* haquenique, *qui est le stile à la mode presentement et où le sel* L'artique *n'est point épargné. La voicy. Partons vîte, partons, partons vîte, partons,* multa paucis, *c'est en deux mots trente-six paroles* (25, I, X). Manchmal redet er jedoch in reizenden Metaphern, so wenn er z. B. einmal statt von einem Galeerensträfling von einem Manne spricht, der *avec un éventail de vingt pieds chasse les mouches de dessus le dos de la Mer* (24, I, IV). Das Gewöhnliche aber ist, dass seine Sprache bäurisch unbeholfen ist; er findet nie den rechten Ausdruck für eine Sache, er kreist nur so um das Ding herum. Hören wir ihn in der Szene, wo ein kleines Mädchen, das noch nicht weiss, was die Ehe ist, es gerne von *Pierrot* erfahren möchte.

Die Kleine: *Ne pourroit-tu pas me le dire?*

Pierrot: *Assurement, il n'y a rien de si aisé. C'est comme qui diroit une chose .... Oh vous pouviez jamais mieux vous adresser qu'à moy.*

Die Kleine: *Hé bien donc?*

Pierrot: *C'est comme, par exemple, une chose où l'on est ensemble .... Votre Pere .... avoit épousé .... votre Mere; ça faisoit qu'ils étoient deux. Et comme ça, votre Grand pere ... d'un côté .... la nature .... on ne sçauroit bien expliquer ce brouillamini-là* (18, V).

Er kann einem nervös machen mit seiner umständlichen Ausdrucksweise. Der eifersüchtige Alte informiert sich bei ihm über seine Gattin, frägt den *Pierrot,* was diese von ihm halte.

Pierrot: *Hé, cousi, cousi.*

Der Alte: *Je ne t'entends pas.*

Pierrot: *Mais cousi, cousi veut dire: là, là.*

Der Alte: *Je t'entends un peu moins que je ne faisois.*

Pierrot: *Quoy? à votre âge vous n'entendez pas que cousi, cousi, et là, là, veulent dire: Hem, hem?* (44, II, II).

Wenn je Amor's Pfeile das Herz des guten *Pierrot* getroffen, dann teilt er das Schicksal des Alten, dem er dient. Überzeugt, zwar, dass das Weib, das er liebt, *luy ira comme un bas de soye* (47, II, VII), kommt er jedoch niemals dazu, das zu erproben; denn *Marinette,* so heisst gewöhnlich die Angebetete, will von ihm so wenig wissen als die junge Isabelle vom ekligen Dottore (z. B. 32, 36).

Häufig ist *Pierrot* nicht Valet, sondern ein selbständiger Bauer der Umgebung der Hauptstadt (z. B. 23, 24, 25, 48, 49), der eine Frau hat. Als ihm, dem Vierzigjährigen, seine *Garbine* noch keine Kinder geschenkt, da beschuldet er seine Eltern: sie werden ihn vor dem Alter verheiratet haben (33, V). Stets werden ihm Hörner aufgesetzt, einmal schon vor der Hochzeit. Sein Freund Jaquet hat seine Braut *Glodine* verführt und geschwängert, das entdeckt *Pierrot* erst in der Hochzeitnacht, weshalb er vor Gericht geht und verlangt, dass Jaquet *reprenit la vache et le viau.* Hören wir zum Schlusse die Klage, die er da vorbringt, sie bietet zugleich ein ausgezeichnetes Beispiel einer Patois-Szene.

Pierrot.

Monsieu, Je ne sis poin de ces diseux de rian;
Et tout du fin abord, c'est au fait que je vian.
Je prétan que Jaquet aveu sa froide mine,
Qui m'a joüé d'un tour qui n'est ni bian ni biau,
En me coqueluchant de la jeune Glodine,
Reprendra la vache et le viau.
Vezi le fait. Jaquet et moi j'étions Comperes,
Je nous aimions comme deux freres,
Toûjou ensemble au cabaret;
Et tous disien, voyan un si bon Comperage,
En Prouvarbe dans le vilage,
Jaquet Piarrot, Piarrot Jaquet.
J'avion une jeune voisine
Qui se lommoit Glodine,
Gente, druë, et qui bondilloit
Comme un pitit cabri qui n'est pu sous la chévre,
Alle avoit du rouge à la lévre,
Un yeu d'émerillon, et la piau comme un lait.
Jaquet ne bougeoit de cheus elle,
Toûjou batifollant, et par foi m'y meny;
Et puis à la parfin le finaut me disy:
N'est-il pas vrai, sditi, que Glodine est mou belle?
Si tu sçavois combian alle t'aime Piarrot,
Tu l'aimerois pu que tai même.
Moi qui tout aussi-tôt le croyit comme un sot,
Je donni dans leus estragême,
Et n'eus pas plutôt dit à Glodine je t'aime,
Qu'alle me prit au mot.
Alle m'attendi dans la grange
Par un soir qui pleuvoit, et là je la trouvi.
Mais dès que j'arrivi,
J'y fu prins, et l'an fit un tintamarre étrange,
Et le tout par Jaquet que venit en tremblant
Me faire un biau semblant.
Tant y a je l'épouzi par le conseil du drôle,
Qui me juri su sa parole
Qu'alle étoit comme un varre net.

Mais si tôt que j'eus fait un si sot Mariage,
Je m'appercevi que Jaquet
Avoit écramé le fromage.
Le soir je la trouvi ronde comme un tambour.
Quand je li demandi d'où vian qu'alle étoit grosse:
C'est sditelle, que j'ai mangé trop à la nôce (23, III, III).

7. Isabelle.

J'ay du tein, de l'eujouëment. Pour de l'embonpoint, et de la gorge, il n'y a guéres de personne à qui je le céde, darauf stützt die *Isabelle,* als sie einmal als Schauspielerin auftreten soll, ihre Hoffnung auf Gelingen (32, III, I). Francesca Maria Biancolelli, die Tochter Dominique's — diese ist die *Isabelle* — hat damit sich selbst gezeichnet. In der That war sie von grosser Schönheit, eine schöne Statur, voll Grazie in ihren Bewegungen und mit reizendem Gesicht. Und damit war ihre Rolle (deren Inhalt man aus dem Schema, das wir gegeben, erkennt) schon zur Hälfte erfüllt, ihre Rolle als *amorosa.*

Gewöhnlich heisst die Amorosa *Isabelle,* zuweilen aber auch anders, z. B. *Olivette* (15), *Angélique* (47), *Lucile* (42), *Élise* (48) etc. und sie ist die Tochter eines reichen Pariser Bürgers, eines Doktors, oder sie ist eine vornehme selbständige italienische Dame, die allein mit ihrer Zofe nach der französischen Hauptstadt gekommen, wo sie nun umschwärmt wird, aber alle Freier zurückweist ausser dem schönen *Octave* oder *Aurélio.*

Was ihr vor allem anhaftet, ist Weichherzigkeit und Verliebtheit *(le tendre)* und ein gewisser Ernst *(le sérieux).* Gekleidet geht sie nach der Mode der vornehmen Welt der Zeit, gleichwie der Amoroso, zu welchem sie das Pendant bildet, von dem sie aber immerhin stark absticht, dadurch, dass sie weniger gleichförmig puppenhaft aussieht, sondern verschiedenartig mit Zügen ausgestattet ist, die aus dem realen damaligen Leben genommen sind. Selbst wenn sie die traditionelle Naive, die *ingenua* spielt, so entbehrt sie des Lokalkolorites nicht. Als Gattin sagt sie einmal: *je ne suis pas du goût d'aujourd'huy; mais j'aime mieux n'être point tout à fait à la mode, et être un peu plus dans la route de mon devoir* (16, IV). In solchen Worten liegen schon Anspielungen auf zeitgenössische Verhältnisse. Sehr häufig ist sie nun eine Preziöse (z. B. 17), oder geradezu ein Blaustrumpf (z. B. 17), oder wieder eine Kokette (z. B. 32), oder eine Spielerin (z. B. 11) und wird dann zur Trägerin lokaler Sittenschilderung, so dass wir viele der Dinge, die wir in einem andern Kapitel über die Preziosität und die Weiber berichten konnten, ihrer Rolle verdanken müssen.

Fast immer zeichnet sie eine gewisse Vornehmheit und Zartheit aus, so dass sie z. B. in einem Stücke, in dem nur unfeine Rollen

vorkommen, fehlt (46), was charakteristisch ist. Gelegentlich intriguiert sie auch. So verkleidet sie sich in einen Offizier, der alle Tage, wie sie sagt, bei der *Isabelle* schlafe, die sie selbst ist, um den ekligen Arzt, der sie heiraten will, zu degoutieren. Einmal sogar führt sie die ganze Intrigue (*Isabelle Médecin*, 9) und spielt die Hauptrolle. Aber das sind Ausnahmen. In der Regel nimmt sie eine mehr passive Stellung ein und lässt — gleichwie der Amoroso seinen Diener Arlequin — ihre Zofe *Colombine* handeln.

8. Colombine.

Die berühmtesten Trägerinnen dieser Rolle sind drei Damen, die den Namen Biancolelli tragen: Isabelle, die Mutter Dominique's I, Caterina, deren Enkelin und Teresa, die Nichte der letzteren und Tochter Dominique's II. *La più celebre per versatilità, per istruzione, per vis comica* (Rasi, I, 430), war die Caterina, Schwester der Francesca, Maria, genannt Isabella, die *Colombine* der Gherardi'schen Stücke.

Colombine ist die Dienerin der Amorosa. Wie das Kleid, das sie trägt (und das sich von dem ihrer Herrin nur durch das hinzugefügte, der Zofe eigene, weisse Schürzchen unterscheidet), so ist auch ihr Charakter eminent französisch. Ihre Rolle bot, wie keine andere, Gelegenheit, nationalen Geist hineinzulegen. Es musste die französischen Autoren, die für das Théâtre-Italien schrieben, förmlich kitzeln, die Ungebundenheit dieser „Freien Bühne" zu benutzen, um in diese weibliche Figur alles das hineinzulegen, was ein Franzose an *esprit gaulois,* an Erotik, an Ironie, an Frivolität, an Cynismus im Verhältnis vom Mann zum Weibe empfinden kann. Dabei kamen ihnen die grossen Talente der Darstellerin zu Hülfe. *Ho un gran genio per la Comedia,* sagt sie selbst bei ihrem Debüt (4, IV). Ihr ausgezeichnetes Gedächtnis gestattete ihr, die witzigen Elaborate eines Regnard, eines Dufresny in unverfälschter Form wiederzugeben, die sie zugleich mit ihrem eigenen Witz und dem feinen, lebendigen Spiel unterstützte.

Comme un singe elle a de l'adresse
Et plus d'un renar de Finesse

heisst es zu einem ihrer Porträts.[1])

Die Schilderungen über die Weiber, die wir in anderm Zusammenhang gegeben haben, mögen illustrieren, was wir hier bloss angedeutet.

Colombine ist stets kokett, oft bis zu einer vulgären Durchtriebenheit, die beleidigen würde, versöhnte einen nicht der überall hervorbrechende Witz. Sie ist nicht mehr unerfahren in der Liebe. *C'est une agréable chose que l'amour!* ruft sie einmal aus, *il méne*

---

[1]) Ältere Sammlungen, no. 7 (vergl. Anhang II).

partout sans chandelle; les expressions en sont bréves; on s'entend sans parler; on se parle sans s'entendre, et cependant on s'entend quelquefois trop bien (47, II, IV). Sie entpuppt sich selbst als *une fille avec tâches.* Ihre Herrin, die sich von ihrem Geliebten entführen lässt, frägt sie in naiver Angst: *Je tremble comme la petite feuille. Dis-moy, un homme n'est-il pas bien fort, quand il est seul avec une personne dont il est aimé?* worauf *Colombine* antwortet: *Mais, c'est selon. Quelquefois c'est l'homme qui est le plus fort, quelquefois aussi c'est la femme. Je ne sçais pas bien les régles du tête à tête, et j'en ay encore receu que deux ou trois leçons.*

Bei all ihrer Koketterie ist sie keine Spröde. *Quand elle entend chanter l'Allouette, sa vertu est à fleur de corde* (32, I, IV). Sie kennt die Männer. *Les hommes! c'est bien la plus maudite engeance,* urteilt sie, es gebe nur ein Mittel, von ihnen nicht hintergangen zu werden, das sei, sie selbst zu hintergehen (20, IV). Aber sie kennt auch ihr eigenes Geschlecht. *Voulez-vous bien connoître une femme?* Nun, so hört die Definition, die *Colombine* davon giebt. Sie giebt sie, selbst ein Weib, mit so ungewohnter Offenheit, dass wir fast glauben möchten, sie wolle ironisch sein:

Figurez-vous un joly petit monstre, qui charme les yeux, et qui choque la raison; qui plaît et qui rebute; qui est un Ange au dehors, et une Harpie au dedans. Mettez ensemble la tête d'une Linotte, la langue d'un Serpent, les yeux d'un Basilic, l'humeur d'un Chat, l'adresse d'un Singe, les inclinations nocturnes d'un Hibou, le brillant du Soleil, et l'inégalité de la lune: enveloppez tout cela d'une peau bien blanche. Ajoutez-y des bras, des jambes, et cœtera; *vous-aurez une femme toute complette* (41, III, VI; vergl. auch 41, I, V).

Neben Arlequin hat *Colombine* die Hauptrolle in den Stücken des Gherardi'schen Repertoires. Das Traditionelle ist, dass sie — wie Arlequin der Diener des Amoroso — die Dienerin der Amorosa ist, sie, die Listige, Lachende, Kokette, Erfahrene, die Zofe der seriösen *ingenua*. *Je hay le sérieux, et j'aime l'enjouement* (4, 5 b), so charakterisiert sie sich selbst. Diese Kontraste lassen die Farben nur noch greller erscheinen. Immer stossen die Naivität der einen und die Durchtriebenheit der andern aufeinander. Ein Exempel! *Isabelle* ist in die Lektüre des *Cyrus* vertieft, sie sucht sich unter den Helden der Romane ihren Geliebten aus, darauf erteilt ihr *Colombine* folgende Lektion: *Voyez-vous,* sagt sie, *toutes ces courses dans des Pays si éloignez m'allarment, quand je songe qu'il ne faut quelquefois qu'une Promenade au moulin de Javelle*[1]) *pour mettre à bout toute notre fierté* (11, IV).

Die *Colombine* liebt den *Arlequin,* wie ihre Herrin dessen Herrn, so dass gewöhnlich folgendes Verhältnis besteht, Amoroso : Amorosa = Valet des Amoroso : Zofe der Amorosa. — *Elle le trouve d'un air mignon, une taille bien prise, un regard bien perçant;* sie glaubt, dass er *naturellement tendre* sei (25, II, X). Die andern Diener stellen ihr viel nach, aber stets verschmäht sie sie und bleibt dem *Arlequin* treu.

Du Buisson, La Forêt, Saint-Amant et l'Epine,
Tous Valet-de-Chambre fameux,
Ont voulu m'immoler leurs domestiques feux;
Mais le seul Arlequin plaisoit à Colombine (24, II, VII).

In solchem Einverständnis mit *Arlequin* führt sie mit ihm die Intrigue; *Colombine* und *Arlequin* sind die Seele der Stücke.

Ausser dass *Colombine* häufig männliche und weibliche episodische Rollen übernimmt, spielt sie gelegentlich die Hauptperson. In mythologischen Stücken, wo keine Soubretten vorkommen, ist sie die erste Göttin, gleichwie Arlequin der erste Gott ist (z. B. 34). Oft ist sie guter Leute Kind, eine reiche Bürgerstochter (9), die Schwester (18) oder Freundin (28) Isabelle's, die Tochter des Alten (29) und in der *Coquette* (28) und *La Femme vengée* (15) die Heldin des Stückes. Ist sie ein noch so kleines Ding, so haftet ihr schon ein ganz besonderer Vorwitz an (vergl. w. o. § 6), und selbst als Dame von Stand verleugnet sie ihre Eigenart nie und stets fühlt man die Soubrette heraus, *c'est-à-dire je ne sais quoi de coquet, de coquin, de pétillant, de pétulant, d'indolent et de charmant.*[2])

9. Marinette.

Marinette, die zweite Soubrette, bildet das Gegenstück zu *Mezzetin,* ohne jedoch auch nur annähernd eine so wichtige Rolle zu spielen wie dieser. Mit *Mezzetin* aber teilt sie die sorgenlos fidele Art. Sie weiss nicht *ce que c'est que d'engendrer de la mélancolie*

---

[1]) Vergl. w. o., p. 98.

[2]) Legouvé in *Le Ménestrel,* 1893, p. 300. — Wir konstatieren noch, dass die Idee, *Colombine* gleich ihrem geliebten *Arlequin* buntscheckig zu kleiden, auf dem Ancien Théâtre-Italien realisiert worden ist; diese *Arlequine* tritt z. B. auf in der *Foire de Bezons* (49 Schluss); vergl. das Titelkupfer.

(35, I, V). Gleich jenem offenbar sehr musikalisch, stimmt sie häufig Lieder an und mit Vorliebe italienische. Da singt sie z. B.:

Nò, nò, non, che non prendo marito,
Amo troppo la mia libertà.
Del disciolto e allegro mio core
Mai signore nissun non sarà:
Voglio rider, cantar, e ballare,
Nò, nò, non, non mi vo maritare (35, V).

Dabei verrät sie eine Taille, die für eine Unverheiratete nicht ganz tadellos ist. Wenn sie aber schon einmal in das Joch der Ehe sich begeben will, so zieht sie vor, gleich zwei Männer zu heiraten. *Poiché la mia sorte mi rende schiava, amo ancor meglio due Padroni ch'un solo* (25, I, VII). Arlequin nennt sie *une grosse gagnie* (29, I, III).

Oft ist sie an *Mezzetin* geknüpft, so dass in manchen Stücken drei parallele Liebesverhältnisse vorkommen: Isabelle und Octave, Colombine und Arlequin, Marinette und Mezzetin (z. B. 25). Häufig aber liebelt sie daneben mit *Pasquariel* und auch mit *Scaramouche* (z. B. 32, 41). Und das geschieht gewöhnlich in den sogenannten *Scènes italiennes,* in improvisierten Szenen; denn *Marinette* gehört mit Pasquariel und Scaramouche vor allem zu jenen Typen, deren Spiel zum grössten Teil in Pantomime und in Improvisation besteht.[1])

10. Scaramouche.

Scaramuccia non parla, e dice gran cose! Also sagte einst ein hoher Prinz, der den Fiorilli in Rom spielen sah.[2]) Damit ist seine Rolle definiert: sie besteht in erster Linie in mimischem Spiel; damit sind auch die engen Grenzen angedeutet, innerhalb welcher wir uns in seiner Schilderung bewegen müssen: die Sammlung von Gherardi giebt wenig andern Aufschluss über diesen Typen als in Form von Bühnenanweisungen und sonstigen Bemerkungen.

Scaramuccia, „das Scharmützel", ist einer der vielen *Capitani* der Commedia dell' arte, eine Variation, die in Neapel von Tiberio Fiorilli geschaffen worden ist. Sein Kostüm, das im Laufe der Zeit verschiedene Änderungen erfahren, hat am Ende des XVII. Jahrhunderts in Paris jene stereotype Form erhalten, die die Gravüren zu den Stücken 41, 52 etc., die an anderer Stelle genannten Porträts

[1]) Nach den Rollen-Verzeichnissen zu schliessen, spielte *Marinette* in den Stücken 22—46; von 1695 an, als die *Isabelle* zurücktrat, soll sie dann die *Amorosa* vertreten haben.

[2]) Vergl. Gherardi's Anmerkung zu 8, II, VII.

Fiorilli's und der ebenfalls angeführte *Joseph Tortoriti faisant le personnage de Scaramouche* betitelte Stich und der *Scaramouche* des *Almanach pour l'an de grace MDCLXXXIX* zeigen. Der stramme Kerl ist völlig in Schwarz gekleidet: Mantel, Wamms mit Gurt um die Hüften, Kniehosen, Strümpfe, Schuhe und die napoletanische Mütze *(toque)*. Nur die meist ungestärkte Halskrause ist weiss. Die Maske fehlt; das Gesicht ist mit Mehl geweisst, die Stellen der Augenbrauen, des Schnurrbartes und des Kinnes schwarz bemalt. Den Degen hat er weggelegt, statt dessen sehen wir ihn häufig mit einer Guitarre.

Wozu hätte er noch eine Waffe gebraucht? Von seiner einstigen Capitano-Natur ist so gut wie nichts übrig geblieben. Er spielt jetzt bald diese, bald jene Rolle. In den Halbdutzend Stücken der Sammlung von Gherardi, in denen der *Scaramouche* Fiorilli figuriert,[1]) tritt er uns als Dieb entgegen (2, II), als Vater der Amorosa, der durch Schattenspuk düpiert wird (3, IV), als Vertrauter des Titus in der Parodie der *Bérénice* (4, V c), als einer aus dem Publikum (5, VIII), als Gläubiger (10, V), als getreuer Diener des Parvenu Arlequin (8, I, II), als Weib (8, II, I) etc. Oft spricht er gar nichts und wenn er spricht, so ist es wenig und ein Gemisch von Italienisch und Französisch und stets belanglos. Wichtig dagegen ist, was hier über sein Spiel an Andeutungen gegeben wird. Da tritt z. B. *Scaramouche* herein mit einem Beutel, sagt, er habe ihn gestohlen und er enthalte hundert Louisdors; Arlequin, der dies hört, stürzt sich auf ihn und reisst ihm den Beutel weg — *Scaramouche épouvanté recule* und als Arlequin sich nun als der Schatten eines Diebes ausgiebt, flieht *Scaramouche — après beaucoup de grimaces et de postures* (2, II). Immer sind es *épouvantes* (vergl. auch 8, I, X) und *grimaces horribles* (8, III, IV), die *Scaramouche* ausführt. Sehen wir uns noch folgende sogenannte *Scène italienne* an. *On voit Scaramouche, qui . . . prend sa Guitarre, s'assied sur un Fauteüil, et en joüe en attendant que son Maître arrive. Pasquariel vient tout doucement derriére luy, et par dessus ses épaules bat la mesure; ce qui épouvante terriblement Scaramouche.* Und was äusserst interessant ist, die Bemerkung, die Gherardi daran anknüpft: *En un mot,* sagt er, *c'est icy où cet incomparable Scaramouche . . . . faisoit pamer de rire pendant un gros quart d'heure, dans une Scêne d'épouvantes, où il ne proferoit pas un seul mot* (8, II, VII).

[1]) Über den *Scaramouche Pasquariel* (Tortoriti), s. § 11.

Palaprat sagt anno 1712, eine Geschichte des französischen Theaters wäre erwünscht, denn wer wird sonst die Nachkommen mit all den grossen Schauspielern der Vergangenheit bekannt machen, *qui leur ramenera les merveilles de l'inimitable Domenico (Dominique I), les charmes de la nature jouant elle-même à visage découvert sur le visage de Scaramouche?* (Œuvres, Paris, Ribon, 1712, Préface). Und die *Menagiana*[1]) nennen den *Scaramouche le plus parfait Pantomime que nous ayons vu de nos jours.* Alle Zeitgenossen betrachten ihn als einen hervorragenden Künstler. Zu dem grossartigen Spiel des Gesichtes gesellte sich dasjenige des ganzen Körpers, der von ungewöhnlicher Geschmeidigkeit, Gewandtheit und Kraft war. Noch als Dreiundachtzigjähriger soll er einem einen Fusstritt ins Gesicht gegeben haben.[2]) Die *Vie de Scaramouche* nennt ihn *un des plus agiles Comediens qu'on ait jamais vu* (p. 81) und fügt hinzu: *L'on peut même dire que tout parloit en luy, ses pieds, ses mains, sa tête, et que la moindre de ses postures estoit fondée en raison* (Préface). So konnte man wohl auch auf ihn beziehen, was Cicero von einem berühmten Schauspieler des Altertums gesagt hat: *Ore, vultu, motibus, voce, denique corpore ridetur ipso.*[3])

Das war freilich eine Kunst, die sich nicht schriftlich fixieren liess. Wir konnten deshalb an Hand der Gherardi'schen Stücke nur von neuem konstatieren, worin die hohe Kunst Fiorilli's bestanden habe und dass er, ohne mehr einen bestimmten Typen zu vertreten, derselben Ausdruck verschaffte, wo je Gelegenheit dazu geboten wurde.

Ein einziges Mal noch sehen wir das Farcenhaft-Traditionelle des einstigen bramarbarisierenden *Capitano* zum Durchbruch kommen. Um seinen Namen befragt, giebt er zur Antwort: *Il mio nome, Signor, è Scaramuzza Memeo Squaquara, Tammera Catammera, e figlio di Cocumaro e de Madonna Papara Trentova, Junze e Dunze e Tiracarunze, e Tacchete Stacchete, Minoffa Scatoffa, Solfana Befana Caiorca, per servire a Vosignoria* (8, I, VIII). Dieselbe hochtrabende Tirade steht in noch verlängerter Form unter einem Porträt Fiorilli's.[4])

Das letzte Stück der Sammlung von Gherardi, in welchem der *Scaramouche* Fiorilli figuriert, ist vom Jahre 1687: *Le Banqueroutier* (10).

---

[1]) Paris 1693, p. 210—211. Daselbst wird gesagt, er erscheine nicht mehr auf dem Theater, also schon 1693!

[2]) Vergl. MOLAND, p. 27.

[3]) Wir citieren nach BOISSY, *Lettres sur les Spectacles,* 5e éd. Paris 1774, I, 127.

[4]) Reproduziert von RASI, I, 891.

In der *Critique* zum folgenden Stücke sehen wir einen Chevalier seine Empörung darüber ausdrücken, dass *Scaramouche* fehle; er sagt: *Avec les Femmes l'argent ne me coûte rien: mais j'enrage tout vif, quand je paye une Comédie Italienne, et que je ne vois point Scaramouche et que je n'entends parler que François* (12, III). Wenn er noch gelegentlich mitspielte, so muss es in italienischen Stücken geschehen sein. Die Zeit seines Rücktrittes kennen wir nicht genau, sicher ist es, dass er schon vor seinem Tode die Bühne verlassen hatte (s. w. o., p. 165, Anmerk. 1). Als Fiorilli 1694 starb, nahm *Pasquariel* seinen Namen an.[1]) (Vergl. p. 169.)

11. Pasquariel.

Als der *Capitan Spezzafer* sich einst anschickt, für Toilette zu sorgen, und Arlequin, darob erstaunt, ihm bemerkt, man sage doch, er trage niemals ein Hemd, antwortet ihm jener: *C'étoit autrefois ma coutume, parce qu'alors, comme j'étois extremement furieux, aussitôt que je me mettois en colére, le poil, que j'avois abondammant sur tout le corps, se dressoit, perçoit ma chemise de toutes parts, et y faisoit tant de trous, qu'on l'auroit prise pour une passoire; mais depuis quelque temps, m'étant fort modéré, je porte du linge comme les autres.*[2])

Das ist charakteristisch! Der *Capitano* hat sich assimiliert, oder, wir können es rundweg behaupten, er hat sich am Ende des XVII. Jahrhunderts auf der Bühne der „Italiener" in Paris (und ja auch auf der französischen, in die er übergegangen war) ausgelebt. An Stelle eines fleischlosen Eisenfressers setzte man jetzt den eleganten *Plumet,* in den man Satire hineinlegen konnte, und dieser wurde meistens von Arlequin als episodische Rolle gespielt. Der einstige *Capitano* aber: *Scaramuccia,* der sich rühmt, von *Memeo Squaquara* abzustammen, der *Capitan Spezzafer* und *Pasquariello Trono* sind

[1]) Noch sei bemerkt, dass es ein Gillot inv., Jullain sculp. gezeichnetes Aquarell gibt, das ein farbiges Scaramouche-Kostüm aufweist: Mütze, Halskragen und Strümpfe sind weiss, Wamms und Schuhwerk rot, Hosen blau, der um die Achsel gelegte breite Gurt gelb. Hier trägt er einen scharfen, geraden Degen (Bibl. Nat., in einer der Anhang II genannten Sammlungen). Auf einem älteren, auch französischen Stiche, den wir besitzen (*Scaramouche en colére* etc., chez N. Bonnart), trägt er einen schlangenförmigen Degen *qui se plie a chaque coup qu'il veut porter,* wie dazu geschrieben steht. Das sind noch Rudimente des einstigen Charakters dieses Typen.

[2]) *Arlequin Lingère du Palais* (Anfang). Wir geben die Stelle, die in der definitiven Ausgabe von Gherardi weggelassen ist, nach SAND, I, 199, wieder.

von ihrer Höhe herabgestiegen und als Valets treffen wir sie nun meistens an.

Geronimo Cey, der den *Capitan Spezzafer* auch unter dem Namen *Pasquariel* spielte, starb 1685 (vergl. w. o., p. 125) und ihm folgte Giuseppe Tortoriti, der sich bei seinem Debüt, wie Dangeau berichtet,[1]) *Pasquariello Trono,* der „Donnerer" *Pasquariel* nennt.[2]) Schon 1691 ersetzt er den alten Fiorilli: in einem Stück dieses Jahres figuriert *un Scaramouche qui est Pasquariel* (24, III, XIV) und als der berühmte Scaramouche 1694 die Bühne definitiv verlässt, eignet sich Tortoriti dessen klingenden Namen an und man nennt ihn zum Unterschiede von seinem grossen Vorgänger *Scaramouche le jeune.* Die Pasquariel-Rolle ist eine Dublette zu der des *Scaramouche,* wenig von ihr verschieden und hängt eng mit dem Können ihres Trägers zusammen, weshalb wir unter dem Typen *Pasquariel* alles das vereinigen, was Tortoriti spielte, ob er sich nun so oder anders nenne.

Von 1694 an trägt *Pasquariel* das Kostüm des Scaramouche. Wie sah sein eigenes aus? Ein französischer Stich aus der Zeit von vor 1682 zeigt ihn im Scapin-Kostüm (vergl. w. o., § 2) und mit der Maske;[3]) wahrscheinlich hat ein früherer *Pasquariel* gelegentlich den Scapin gespielt. In den Titelkupfern der Sammlung von Gherardi von 1700 begegnen wir ihm kein einziges Mal, wohl aber in der Ausgabe von Amsterdam 1721 sehen wir ihn in der Gravure zu Stück 39 gleich Scaramouche mit dem Unterschiede, dass er die Faltenmütze nicht trägt. So stellt ihn auch Sand dar (ohne dass wir wüssten, wo er die Vorlage gefunden habe) und bemerkt dazu, dass er oft ohne Mütze und Mantel war, das schwarze Tuch der Kleidung durch schwarzen Sammt ersetzte und zuweilen Strümpfe

---

[1]) Vergl. CAMPARDON, II, 166.

[2]) *Trono* ist die altitalienische, in andern romanischen Sprachen gebliebene Form für *tono, tuono.* Bei CALLOT, wo auch *Scaramuccia* und *Memeo Squaquara* figurieren, heisst er *Pasquariello Truonno.* Dieser Callot, den wir schon oft genannt, wird die Typen seiner *Balli di Sfessania* skizziert haben, bevor er 1621 Florenz verliess, ausgeführt sind sie während seines Aufenthaltes zu Nancy, zu Beginn der zwanziger Jahre. Das Exemplar, das wir besitzen, ist gezeichnet *Jac. Callot In. fc. Jsrael Silvestre ex. cum privil. Regis;* es enthält 24 Tafeln (zu je 2 Typen, Titelblatt 3), was wohl die vollständige Sammlung repräsentiert.

[3]) *Tiré du Cabinet de Mr. Chassebras de Cramailles,* chez Bonnart. Darunter steht: *Pasquarel (sic!), comedien boufon d'Italie, Vétu de satin blanc, avec des especes de boutons à queüe et agrémens verts. Il sert d'Intriguant dans les Farces et les Comedies, et parle le langage Napolitain du menu peuple.* (Ältere Sammlungen, n⁰ 9, vergl. Anhang II).

in roter Farbe trug (II, 273). Ein höchst einfaches und zu pantomimischem Spiel geeignetes Kostüm!

Die Rolle des *Pasquariel* hat wie die des Scaramouche keinen fixen Inhalt. Häufig ist er ein Diener (z. B. 25, 28, 40), oder ein *Intriguant par intérêt* (41), ein Mädchen (35), eine Marquise (22), oder ein Soldat (20, VI), Dragoner-Hauptmann (17, IV), als welcher er sich dann seiner eisenfresserischen Abkunft erinnert; die lustige Szene nimmt sich auch in der Übersetzung Stranitzky's sehr gut aus (p. 26 ff.). Da ist er ein *Crieur d'Almanach* (29), oder gleich Arlequin und Mezzetin und dem Docteur ein Gefährte des Odysseus (28). Einmal liebt er Colombine, die jedoch Mezzetin bekommt (17), ein andermal ist er der Marinette ergeben (32) und wieder begegnen wir ihm als Colombine's gehörntem Gatten (33).

Im Gegensatz zu Scaramouche spricht er verhältnismässig viel, und zwar italienisch und französisch (z. B. 8, 17, 41), aber trotzdem besteht gleich jenem seine Hauptrolle in den improvisierten Szenen. In den *Originaux* (36), einem Stücke, das zur Hälfte aus *Scènes italiennes* besteht, tritt er sehr häufig auf und charakteristisch ist, dass er einmal mit der Rolle des Plutus, einer Karikatur des Financier, betraut wird, die ausschliesslich im Geberdenspiel liegt (vergl. w. o., p. 59). Überhaupt spielt er vornehmlich Rollen, die Gelegenheit zu Lazzi geben, so beispielsweise im *Arlequin Phaéton* (27) den Kyknos, der später in einen Schwan verwandelt wird, oder den *poverello Fiammingo che fa vedere cose meravigliose* (31, II, I), oder den Affen, der die Guitarre spielt (18, Schluss). Er führt allerhand für Kunststückchen aus. Da giebt ihm z. B. sein Herr, als er, statt Wache zu halten, sich dem Trunke ergeben, einen Fusstritt in den Bauch, *Pasquariel tombe en arriere, et fait la culbute sans renverser son verre de vin, se leve, le boit* (44, I, VI). Man muss die Andeutungen, die Gherardi giebt, zusammen lesen, um sich eine Vorstellung von *Pasquariel*'s Rolle zu machen. Einige Beispiele! Da heisst es: *Pasquariel accompagné de quatre Sauteurs, fait un Ballet de postures* (32, II, IV); *se change en Monstre et fait un jeu de culbuttes* (43, IX); *il fait plusieurs sauts perilleux* (18, IX); *il fait une grimace qui épouvante Arlequin et le fait tomber sur un siége évanoui* (35, I, V); *il fait un jeu de grimaces* (41, II, III); *Pasquariel et Mezzetin, montez sur deux animaux extraordinaires descendent et font une Scène de postures, et après plusieurs grimaces, ils dansent autour de Persillet* (10, XII).

In der Vorrede zu seiner Sammlung sagt Gherardi, er habe

die Stücke *tale quale* wie sie gespielt wurden, wiedergegeben, *à la reserve du langage de Pasquariel*[1]) *que j'ay corrigé, et de la plupart des Scènes qu'il jouoit, dont je n'ay mis que la teneur; parce qu'elles étoient toutes postiches, ou tout à fait Italiennes, c'est à dire toutes grimaces et toutes postures* (t. I, Avertissement). Damit ist die Rolle dieses Typen genügend charakterisiert.

Bei aller scheinbaren Ähnlichkeit des *Scaramouche* und des *Pasquariel* muss doch ein kapitaler Unterschied zwischen ihnen bestanden haben. Worin lag er? Wir glauben ihn darin zu erkennen: Dem Tortoriti war die komische Pantomime Selbstzweck, seine Grimassen und Sprünge waren Akrobatenstücke, Clown-Scherze, eine Tradition der Comédie-Italienne aus früherer Zeit, farcenhafte Buffonnerie. Und nun Fiorilli? Die Aussprüche aller, die ihn spielen sahen, deuten darauf hin, dass ihm das Geberdenspiel eine hohe Kunst war; ihm waren die Bewegungen der Gesichtsmuskeln, der Hände, der Füsse, kurz des gesamten Körpers das, was dem Musiker die Töne, dem Radierer der Stichel, sie waren ihm bloss die Mittel dazu, die Eindrücke der Psyche greifbar zum Ausdruck zu bringen, wobei er zum Vorwurf mit Vorliebe Eindrücke nahm, die durch plötzliche, unerwartete, angsterregende Erscheinungen hervorgerufen werden, weshalb man ihn den mimischen Maler des Entsetzens nennen könnte.

12. Gradelin. Polichinelle.

In der Vorrede zu seinem Repertoire schreibt Gherardi, er habe alles in seine Sammlung aufgenommen; denn was bei der Verschiedenheit des Geschmackes dem einen nicht gefallen werde, werde dem andern gefallen, und fährt dann fort: *Je n'ai connu que les Gradelins et les Polichinelles qui n'ont jamais plû à personne: aussi ne les trouvera-t'on pas dans aucune des Scènes de mon Recueil, et si je les ay mis dans ma Préface, c'est qu'ils ont toûjours été à la Porte du Théâtre Italien.* In der That figurieren diese zwei Typen in keinem einzigen Stücke.[2]) Wohl steht *Polichinelle* auch in der Gruppe der Schauspieler des *Almanach pour l'an de grace MDCLXXXIX*

---

[1]) Er muss ein besonderes Kauderwelsch gesprochen haben; auch eine Andeutung in einem Stücke deutet darauf hin (vergl. 33, Augmentation). — Was den Namen *Pasquariel* anbetrifft, so sei nebenbei bemerkt, dass er ohne Zweifel eine Weiterbildung von *Pasquino ist.*

[2]) Nur einmal heisst es: *un Polichinelle danse* (Stück 49, Schluss).

freilich im Hintergrunde und spielt in einer — nichtaufgeführten Komödie eine kleine Rolle.[1])

Und doch gehörten Costantino Costantini, genannt *Gradelin,* von 1687 bis mindestens 1696 und Michelangelo Fracanzani, genannt *Polichinelle,* von 1685 bis zur Aufhebung als vollberechtigte Mitglieder der Truppe an, was aus gerichtlichen Dokumenten klar hervorgeht.[2]) Wir neigen dazu, Gherardi's absprechendem Urteile eine unschöne Absicht unterzuschieben, die ihm eine persönliche Gehässigkeit eingegeben haben mag, was uns, so wie wir ihn kennen, nicht befremden würde. Louis Riccoboni (Lélio) hielt den *Gradelin,* wie Gueulette berichtet, für einen ausgezeichneten Zanni und erklärte seinen Misserfolg aus dem Umstande, dass er kurz nach seinem Debüt ein die Franzosen kritisierendes Lied gesungen habe.[3]) Fest steht, dass er guter Musiker war, weshalb wir vermuten, dass er mit dem musikalischen Teil betraut wurde, und dass hinter dem *Chanteur,* der in manchen Stücken auftritt (28, 33, 34, 35, 36 etc.), *Gradelin* stecke.

Und *Polichinelle,* die einstige Hauptfigur des volkstümlichen Lustspiels in Italien? — In Frankreich knüpft sich sein Ruhm an die Foire-Bühnen; auf der Comédie-Italienne hat er nie eine grosse Rolle gespielt. Gewiss. Dass aber dieser Typus, der ein volles Dutzend Jahre der Truppe angehört, immerhin einen gewissen Platz darin hat einnehmen müssen, auch wenn er ein mittelmässiger Schauspieler gewesen, ist doch anzunehmen. Aber Gherardi ignoriert ihn und seine Sammlung giebt uns keinen Aufschluss über diesen Typen.

---

[1]) Vergl. Kap. I, Anmerkung 1 zu Stück 37.

[2]) Vergl. CAMPARDON, z. B. I, 136, 243, II, 109.

[3]) Ms. der Oper, I, 102 f. — Nach Gueulette selbst wäre *Gradelin* nach Paris gekommen, um Dominique zu sekundieren, hätte indessen als *Arlequin* nicht gefallen und gleichen Misserfolg geerntet als *Trivelin,* welche Rolle er darauf spielte (ebenda, I, 296vo).

Viertes Kapitel.

Der litterarische Charakter.

Mit der Einbürgerung des Französischen in die Stücke der „Italiener“ hebt in der Geschichte der Comédie-Italienne in Paris eine völlig neue Epoche an, die sich in das ganze XVIII. Jahrhundert hinausziehen und litterargeschichtlich besonders interessante Wechselwirkungen zeitigen wird. Man muss fortan diese Bühne — wie sehr sie durch Beibehaltung traditioneller Eigentümlichkeiten den Stempel ausländischer Abkunft trägt — als eine nationale betrachten. Die ersten Produkte derselben vereinigt die Sammlung von Gherardi. Spüren wir, bevor wir deren komplexen Charakter zerlegen gehen, den Anfängen und Gründen der wichtigen Neuerung nach, der sie ihr Dasein verdankt.[1])

1. Die Einführung des Französischen.

Dass die „Italiener“, die in Frankreich spielten, schon von jeher gelegentlich kurze Reden in französischer Sprache in ihre Stücke hineingeschoben haben, liesse sich, ohne dass wir es bestimmt wüssten, vermuten. Indessen haben wir thatsächlich Beweise dafür, dass dies schon in den achtziger Jahren des XVI. Jahrhunderts geschah.[2]) Wenig später, um 1600, zeigt uns dies ein Canevas von Scala von neuem.[3]) Die erste Hälfte des XVII. Jahrhunderts hat uns keine

---

[1]) Daneben wurde weiter noch nach älteren italienischen Canevas improvisiert; das sieht man gleich, wenn man das *Registre des Menus* der Jahre 1683—97 durchblättert. Welches das Verhältnis gewesen zwischen den Aufführungen des alten und denen des neuen Repertoires, wissen wir nicht. Es ist jedoch anzunehmen, dass letzteres sehr im Vordergrund gestanden hat, wenigstens *en ville;* berichtet doch der *Mercure Galant* ausschliesslich von französischen Stücken, von einem einzigen italienischen abgesehen, an welches sich das Debüt eines Schauspielers knüpft (vergl. Kap. III, A, § 4).

[2]) Vergl. D'ANCONA, Origini del teatro italiano, 2ª edizione, Torino 1891, II, 458, Anmerkung zu p. 456.

[3]) *La Fortunata Isabella,* Vergl. BARTOLI, p. LXVIII und Anmerkung 7: *Pedrolino „ragiona con Olivetta, la quale ragiona seco in francese“. Orazio rende il saluto a Isabella in francese.*

Repertoire hinterlassen, erst die sechsziger und siebziger Jahre bringen das *Scenario de Dominique,* welches ein im Juli 1668 gespieltes Stück einschliesst: *Le Théâtre sans Comédie (Il teatro senza Commedia),* in dem ein längerer Panegyrikos in französischer Sprache vorkommt. Gueulette hat dazu folgende, wohl richtige Bemerkung gesetzt: *Il y a tout lieu de croire que ce panégyrique n'a pas été composé par Dominique, outre que l'on y reconnoît rien de son style, c'est qu'il est écrit d'une main étrangére, et avec une bonne orthographe, ce que l'on ne voit pas dans le reste du manuscrit italien, qui est de la main de Dominique. Il paroît jusqu'icy que c'est la premiére piéce ou il est (aït) prononcé en françois un aussi long morceau.*[1]) — Im Canevas, das diesem vorangeht: *Le Regal des Dames (Il regallo delle Damme),* vom 2. Mai 1668 finden sich gleichfalls verschiedene französische Stellen.[2]) Man weiss, dass im selben Jahre Racine seine *Plaideurs* fürs Théâtre-Italien bestimmt hatte, was vorausgesetzt haben muss, dass französische Einschiebsel in die Stücke nichts Neues mehr waren. Trotz diesen Vorbereitungen sollte die definitive Einführung der französischen Sprache, wovon wir erst sprechen können, sobald ein französischer Autor beginnen wird, andauernd für die „Italiener" zu schreiben, erst vierzehn Jahre später stattfinden. Sie koincidiert mit dem Beginn der Sammlung von Gherardi. Am 22. Januar 1682 eröffnet der ehemalige Advokat Fatouville die Reihe der französischen Autoren des Théâtre-Italien damit, dass er demselben nacheinander ein Dutzend Stücke giebt, vorerst in Form losgelöster, meist die damalige Juristerei satirisierender Szenen, die ganz französisch rezitiert wurden (1, IV; 2, IV, V; 4, VI) und von fragmentarischen Parodien von Stücken der Comédie-Française (3, III; 4, V).

Moland (p. 313) datiert diese Neuerung in die Zeit von Molière's Tod, was verfrüht ist. Denn jene Stücke mit französischen Szenen, deren Titel auf eine Entstehung von vor 1682 hindeuten, halten wir entschieden für spätere Machwerke, die auf ältern Canevas aufgebaut sind (vergl. Anhang I).

Noch am 12. Mai 1682 erwähnt der Mercure Galant als etwas

---

[1]) Ms. der Oper, fol. 233. Gueulette fügt hinzu, er vermute, es sei von Fatouville geschrieben. Das ist wohl unrichtig, denn dieser Fatouville beginnt erst vierzehn Jahre später — längere Zeit ohne Unterbrechung — fürs Théâtre-Italien zu schreiben.

[2]) Beide Stücke bei Parfaict, p. 307 und 325.

[3]) Die vorübergehende Abreise des *Scaramouche* soll die Verwirklichung der Absicht verhindert haben.

Besonderes, dass ein Akt eines Stückes (2, IV und V), *tout en notre langue* gespielt worden sei (p. 284 ff.) und die Schauspieler des Hôtel Guénegaud versammeln sich erst im Herbst des folgenden Jahres, um dagegen zu protestieren, dass die „Italiener", nach den einzelnen Szenen, die sie schon gegeben, weiter französisch spielen (vergl. w. u.), was sie gewiss schon eher gethan hätten, wenn die sie sehr beunruhigende Neuerung im Hôtel de Bourgogne nicht eben erst kürzlich eingeführt worden wäre.

Die Herübernahme der *comici italiani* nach Frankreich war nur eine der vielen Äusserungen des Italianismus gewesen. Diesen hatten nun aber die spanischen Heiraten Ludwig's XIII (Anna von Österreich) und Ludwigs XIV (Maria Theresa von Österreich) zurückgedrängt zu Gunsten der Nachahmung von Spanien, die weiteren Kreisen das Interesse für Italien und das Verständnis seiner Sprache in solchem Masse geraubt haben mag, dass die „Italiener" Gefahr laufen mussten, mit ihrem italienischen Spiel nicht mehr zu ziehen. Da liegt wohl einer der Gründe, weshalb sie sich anschickten, französisch zu spielen. Bei all dem halten wir es für wahrscheinlich, dass das ohnehin als die naturnotwendige Folge ihres steten Aufenthaltes im Lande eingetreten wäre. Seit 1662 dauernd in Paris, wird die Assimilierung an französisches Wesen weit genug vorgeschritten gewesen sein. Dazu hatte der Einfluss Molière's sich sicherlich geltend gemacht in der Weise, dass er durch sein Beispiel die Lust zur Satire geweckt und es die „Italiener", angesichts der Erlaubtheiten ihres Genres, reizen musste, sie in weiterem Masse auf ihrer Bühne einzubürgern, was nicht anders geschehen konnte als in französischer Sprache. Der Wunsch, mit Produkten eines eingeborenen Autors beschenkt zu werden, musste ein lebhafter gewesen sein. Welche Zufälligkeiten ihn zur Erfüllung gebracht, wissen wir nicht. Vielleicht geschah es eines Tags im Moulin de Javelle, bei einem Glas Burgunder und einer bolognesischen Spezialität, da der Italiener und der Franzose beschlossen, ihre *vis comica* zu vereinigen?

Die Schauspieler der Comédie-Française, in richtiger Ahnung der Gefahr der Konkurrenz, die ihnen aus der Neuerung der „Italiener" erwachsen würde, veranstalteten am 13. September 1683 eine Protest-Versammlung. Die dabei gefasste Resolution, von der Hand La Grange's geschrieben, lautet also:

On a résolu, sur ce qu'on a appris que les Comédiens Italiens alloient jouer des scènes françoises, après toutes celles qu'ils ont pris la liberté de jouer ci-devant, dans quelques unes de leurs Comédies, de faire ses plaintes tant à M. le duc de Gesvres, premier gentilhomme de la Chambre, qu'à M. de la Reynie, Lieutenant général de Police, et de leur representer que cette entreprise est contre les ordres du Roy et l'Intérêt de la Compagnie, les Italiens étant établis pour jouer la Comédie Italienne et non la Comédie Françoise, comme notre Compagnie est établie pour jouer la Comédie Françoise et non pas la Comédie Italienne et en même temps on a résolu de poursuivre incessament l'Affaire jusqu'à un Réglement.[1])

Über die Resultate dieser Beschlussfassung sind wir nicht unterrichtet. Eine Anekdote erzählt, der König habe Dominique als Vertreter der *Italiens* und Baron als Vertreter des *Français* zu sich kommen lassen, um vor einem Entscheide sie zu hören, wobei Dominique die Sache durch einen Kniff gewonnen habe. Nachdem nämlich Baron seine Beschwerde vorgebracht und Dominique an die Reihe kam, sagte er zu dem König: *Sire, comment parlerai-je?* — *Parle comme tu voudras,* antwortete ihm Ludwig ahnungslos, worauf Dominique triumphierend: *Il n'en faut pas davantage, j'ai gagné ma cause.* Die Einwendungen Baron's hatten nichts gefruchtet, da der König das Wort, das er gesprochen, nicht zurücknehmen wollte.[2]) Nach einer Mitteilung Gherardi's tröstete er darauf die französischen Schauspieler mit einer zweifelhaften Empfehlung, indem er zu ihnen sagte: *Parlez Italien, vous autres!*[3])

Wie dem auch sei, die „Italiener" spielten weiter französisch, lachten sich ins Fäustchen und mokierten sich noch obendrein über ihre erzürnten Kollegen. In der Parodie der Oper „Amadis" (1684) kommt folgende Stelle vor:

Le burlesque Jason (Arlequin)[4])
A conquis la Toison:
Il est tout fier de cette victoire;
Tout retentit du bruit de sa gloire;
Mais le plus grand de ses Explois,
C'est de parler François (6. VII).

---

[1]) Archives de la Comédie-Française, Rapport der 27. Versammlung.

[2]) Campardon, t. I, p. XXI, bringt die Anekdote nach den *Spectacles de Paris, 1761.*

[3]) Anmerkung zu 6, VII.

[4]) *Arlequin* hier als die Personifikation der Comédie-Italienne.

2. Französisierung des Inhaltes.

Ein noch grüner Medicus begegnet einem ältern Doktor, den er gar nicht zu Worte kommen lässt und darob wütend macht. Hören wir den beiden zu!

Le Docteur: *Je voudrois que tu fusses crevé de bon cœur.*

Le Médecin: *Le Cœur est un Muscle composé de Membrans, de Chair, de Tendron, etc. etc. Il a le mouvement comme etc. etc.*

Le Docteur: *Il m'étourdit les oreilles.*

Le Médecin: *L'Oreille? La peau qui la couvre est adherente au Cartilage, par le moyen de* etc. etc.

Le Docteur: *Il me prend envie de lui casser le Nez.*

Le Médecin: *Le nez est divisé en deux Narines par un Cartilage, et communique avec le Cerveau par l'Os cribleux.*

Le Docteur: *Si je prends un bâton, je te rompray les Côtes.*

Le Médecin: *Les côtes sont recourbées, elles ressemblent* etc. etc.

Le Docteur: *Va-t'en au Diable, j'ay la tête rompuë.*

Le Médecin: *Apprenez, Ignorant, que le derriére de la tête se nomme l'Occiput, et c'est où est l'Os Occipital; la Sature l'amboite* etc. etc. (7, III).[1]

Die Szene möchten wir als Beispiel einer traditionellen hingestellt haben. Obwohl französisch gesprochen, verrät sie nicht den mindesten Erdgeschmack und könnte ebenso gut italienisch sein. Betrachten wir eine andere, deren Komik die lehrhafte Absicht, mit der wir sie geben, entschuldigen mag.

Zu Léandre und Scaramouche, die sich sprechen, stösst, voller Zerstreutheit promenierend, ein ihnen unbekannter Stutzer, Mezzetin.

Mezzetin (chante): *Tout comme il vous plaira, la rira, tout comme il vous plaira.*

Léandre (à Mezzetin): *Monsieur, que vous plaît-il? du Thé, du Caffé, du Chocolat?*

Mezzetin (toûjours distrait): *Tout comme il vous plaira, la rira* etc.

Léandre: *Voulez-vous monter là-haut? ou demeurer icy-bas?*

Mezzetin (heurte Scaramouche): *Tout comme il vous plaira, la rira* etc.

Scaramouche: *Mais, ventrebleu, Monsieur, je ne sçais pas comment prendre votre procédé.*

---

[1]) Vergl. auch 17, IV; 18, VI; etc.

Mezzetin: *Tout comme il vous plaira, la rira* etc. (50, III, III).[1])

Das ist wieder rein possenhaft, naiv-komisch, ohne jegliche Satire und ohne lokalen Kolorit. Diese zwei Beispiele liefern den indirekten Beweis dafür, wie sehr die Stücke der Sammlung von Gherardi französisiert sind, indem wir konstatieren müssen, dass diese Art von Komik darin verhältnismässig einen geringen Platz einnimmt. Vielmehr sind die Stücke ganz durchwirkt von Anspielungen auf Paris und die damalige Gesellschaft. Wenn Phaeton, in Begleitung des Momus, auf dem Wege zu Helios, von dem er sich die Leitung des Sonnenwagens erbeten will, hoch oben in den Wolken in der Morgenfrühe die erste Hora erblickt, bemerkt er: *Comment diable une femme! une femme seule à l'heure qu'il est, est-ce qu'il y a icy un Pont-Neuf et un Cheval de bronze?* (27, II, II). Die Satire wird überall hineingespickt und oft förmlich an den Haaren herbeigezogen. Epaphus vernimmt, dass Phaeton, der zum Kampfe gegen ihn vorrückt, einer der Banden den Äskulap als Kommandanten vorgesetzt hat; da ruft er empört aus:

Esculape! qu'entens-je? ha! quel trait d'assassin!
Vous marchez contre nous avec un Médecin!
Vertu-chou vous auriez un trop grand avantage,
Qui pourroit de ses mains éviter le carnage?
Nous savons trop combien son art peuple l'enfer,
Et ses coups sont plus surs que la flâme et le fer (27, I. VI).

In Dialogen werden die verschiedensten Allusionen zu ganzen Ketten gereiht; so in der Szene der *Item* (6, VI), der Szene der *C'est tout comme icy* (5, VIII), der Szene *Oh, que ce n'est plus le temps* (33, I) etc., deren Titel allein schon den Inhalt ahnen lassen. Oft wird ein bestimmtes Sujet zum Vorwurf genommen und in detaillierter Zeichnung aufs Schärfste satirisiert. Da stehen voran Advokaten, Gecken, Financiers, Abbés, Ärzte, Weiber. Das *castigat ridendo mores,* das die „Italiener" in ihrem Theater als Inschrift gesetzt hatten, war vorzüglich angebracht. In ihren Stücken selber geben sie ihrer Tendenz Ausdruck; da heisst es einmal: *Le seul but de la Comédie doit être de corriger les mœurs en divertissant l'esprit* (53, Prolog; vergl. III, IX), und zu einem Porträt Dominique's stehen die Verse:

Tels pour regler nos mœurs ont fait de gros volumes;
Celuy-cy, par jeux a plus fait que leurs plumes.

Das Kapitel, in dem wir den kultur- und sittengeschichtlichen

[1]) Vergl. auch 50, I, I; 50, III, IV; etc.

Inhalt dieses Repertoires geschildert, wird zur Genüge dargethan haben, von welcher Schärfe, welcher Rücksichtslosigkeit und welchem Umfange die Satire ist. Pietro Toldo meint in seinem Aufsatz über dieses Theater: *Se si ride un po' troppo di tutto e di tutti, non si tratta in fondo che d'una giovialità burlona e tutt'al più un tantino maligno . . . Non devesi credere che, in fondo, vi fosse intenzione di vera satira ai liberi costumi di quella fine del secolo* (p. 611). Aber das ist entschieden eine irrige Ansicht, die man, soweit man die Stücke eines Regnard, eines Dufresny im Auge hat, zuweilen teilen könnte, aber nicht in Bezug auf den Ton der Sammlung von Gherardi im Durchschnitt. Leute wie Fatouville, Le Noble u. a. nahmen es ernst; gelegentliche zeitgenössische Aussagen und die Stimmen, die laut werden, als man sich nach der Aufhebung des Théâtre-Italien nach deren Gründen fragt, beweisen unzweideutig, wie offenkundig die satirische Absicht des Harlekin-Theaters war. Vielleicht den Ton etwas dämpfend, möchten wir deshalb mit Marc-Mounier sagen: *C'est ainsi qu'il ferraille contre tous les vices de son temps, ce réformateur de carnaval que ses contemporains ne prenaient pas encore au sérieux (?), il tranche dans le vif et ne ménage personne. On sent en lui, malgré ses pantalonnades, je ne sais quoi de violent et d'amer; il frappe brutalement avec le gourdin de la comédie foraine, et porte des coups hardis que n'auraient point osés les comiques de haute école, en cinq actes et en vers.*[1])

Man könnte den ganzen satirischen Inhalt, den die Sammlung von Gherardi enthält, in zwei Gruppen teilen, einerseits die Skizzen der Professionen und aktueller Begebenheiten stellend, andererseits die Zeichnungen des Verhältnisses vom Manne zum Weibe. Und in diesen letztern ist es vor allem, wo der französische Geist zum Ausdruck kommt. Wenn der Mercure Galant von diesen *Scènes Françoises, pleines d'une satire agreable, et très-finement tournées* spricht (März 1684, p. 356) oder anderswo berichtet von den *comédiens Italiens si bien entrez dans nos manieres* (Oktober 1683, II, p. 332), so zeigt das, dass man das schon damals völlig empfand. Was nun da alles von den Frauen, der Liebe, der Ehe gesagt wird, das ist ganz durchdrungen von jenem *esprit gaulois,* der immer kitzelt, aber niemals unschön ist. Man lese z. B. Regnard's reizende kleine Szene von der *Petite Fille* (18, III, s. w. u., Kap. V, § 2)! *Tout cela ne nous vient pas d'au delà des monts* sagt Moland; *nos*

[1]) *Les Aïeux de Figaro,* Paris 1868, p. 147.

aïeux, du treizième au seizième siècle, avaient été les premiers à dépenser dans ce genre de facéties leur malice et leur belle humeur (p. 316). Die Freiheiten dieser Bühne ausbeutend, lässt man das Erotische überall durchbrechen; man jagt förmlich darnach. Ein charakteristisches Beispiel!

In der Zeit, als man noch im Freien unter einer Ulme Gericht hielt und die Richter da gar oft umsonst auf sich warten liessen, hatte sich allmählich die ironische Redensart ausgebildet: *Attendez-moi sous l'orme!* mit der Bedeutung „da kannst du noch lange warten“. Diese Redensart giebt nun Regnard seinem 1694 fürs Théâtre-Français geschriebenen Einakter zum Titel, indem darin ein junger Offizier naiv genug ist, auf die Einladung seiner Angebeteten hin *sous l'orme* warten zu gehen, wo ihn natürlich statt der Schönen nur Spott empfängt. Ein Jahr darauf geben die „Italiener“ ein gleichnamiges Stück (46). Aber welch feinen Kniff wenden sie an, um die französische Bühne zu übertrumpfen! Dem *Attendez-moi sous l'orme!*, das eine versteinerte Redensart geworden war, verleihen sie mit erotischer Würze einen ganz neuen pikanten Geschmack, indem sie es mit einer alten Sage zusammen bringen: die Ulme wird zu dem, was darin das Ringlein, das entzwei bricht, wenn es der Bräutigam einer *fille avec tâches* an den Finger steckt, der Blume, die verwelkt, wenn sie am Busen einer treulosen Gattin duften soll — die Ulme erstickt das Mädchen, das nicht ganz ohne Makel ist, wenn es sich unter dieselbe stellt. Welches Weib aber würde das Leben aufs Spiel setzen, um die Probe der Reinheit zu bestehen? *Attendez-moi sous l'orme!*

Diese ebenso kitzlige, wie ingeniöse Neubelebung einer alten Ausdrucksweise giebt natürlich Anlass zu einer Reihe von Szenen, die ganz *esprit gaulois* sind.

Schon vor mehr als dreissig Jahren hat Moland das Repertoire der „Italiener“ vom Ende des XVII. Jahrhunderts richtig beurteilt und das Urteil in treffende Worte gekleidet, die man heute zu oft wieder vergisst. Sie mögen unsere Betrachtung beschliessen und dieselbe zugleich resümieren:

En réalité, le théâtre italien de l'Hôtel de Bourgogne est une scène française, une scène de genre, comme nous disons aujourd'hui . . . . La naturalisation, quant aux caractères et aux mœurs, est aussi complète que possible . . . L'esprit gaulois a remplacé la fantaisie italienne. Prenez le recueil d'Évariste Gherardi: vous y reconnaîtrez immédiatement la tradition de la raillerie française, notre génie satirique, à travers les déguisements fort légers qu'on lui impose (p. 313—314).

Immerhin sei hier schon bemerkt, dass Moland das Traditionelle, das den Stücken anhaftet, allzu sehr übersieht. Davon sei noch die Rede, nachdem wir erst einige neuentstandene Besonderheiten im Repertoire der Comédie-Italienne beleuchtet haben werden.

3. Mittel der Satire.

Es ist zu verwundern, dass Flögel in seiner Darstellung der komischen Litteraturgattungen[1]) die Sammlung von Gherardi nicht ausgebeutet hat; sie wäre für ihn eine äusserst reichhaltige Fundgrube gewesen, indem die Mittel der Komik und der Satire, die darin zur Anwendung kommen, aus naheliegenden Gründen von der buntesten Art sind. Wir beschränken uns, dasjenige derselben namhaft zu machen, das an erster Stelle steht: die Karikatur.

Der grösste Teil der Bilder, die uns in diesen Komödien zum Zwecke der Satirisierung vorgeführt werden, sind Übertreibungen und Verzerrungen und häufig ist die Satire bis zum Grotesken chargiert.[2])

4. Die Parodien.

Schlagen wir die erste Seite des ersten Bandes der Sammlung von Gherardi auf und wir haben vor uns die Lächerlichmachung der Götterwelt. Dem Jupiter, der gewisser intimer Angelegenheiten halber auf der Erde weilt, teilt *Arlequin Mercure* die Begebenheiten im Olymp mit. *Vrayment, vrayment,* erzählt er, *il est arrivé bien du fracas là-haut depuis vous en êtes sorti.* Vulcano come Vosignoria sà, è malizioso come un diavolo. *Il s'est avisé de faire des filets* per attrapar Marte con Venere; e con questa scusa promenandosi nel Zodiaco, *il s'est approché du Signe des Poissons, et avec son filet les a pris, et les est allé vendre à la Halle à une Poissonnière.* Marte che hà visto sta furberia, a tira la spada, *et a couru*

---

1) *Geschichte der komischen Litteratur* (1784—'87), *Geschichte des Groteskkomischen* (1788 und 1888), etc. Wenn gleicherweise SCHNEEGANS in seiner *Geschichte der grotesken Satire* (Strassburg 1894) Gherardi's *Théâtre italien* unerwähnt gelassen, so hat das wohl seinen Grund darin, dass diese episodenhaften Stücke niemals etwas Ganzes, in sich Abgeschlossenes bilden.

2) Deshalb ist es nötig, sobald wir diese Bilder als Illustrationen zu damaliger Sittenschilderung gebrauchen, sich die schreienden Farben derselben etwas gedämpft zu denken, was wir selbst (w. o., Kapitel II) vielleicht nicht in genügendem Maasse gethan haben.

après Vulcain. Mais par malheur en passant il a marché sur le Scorpion, qui l'a d'abord piqué à la jambe, che gli è diventa grossa come la testa; e come l'hà paura ch'el poison non penetra, el m'ha ordina *de lui acheter une boëte d'orvietan, et de la lui porter.* La Luna *est dans un emportement terrible. Elle dit un million de choses qui n'ont aucune suite, et j'apprehende qu'à la fin la Lune ne devienne lunatique.* L'è in colera contro gli Astronomi, *parce qu'ils ont dit qu'elle avoit des taches au visage.* La se picca di beltà, *et cela ne luy fait pas plaisir.* La m'ha pregà *de luy faire en aller ses taches, J'ay resolu de luy mener cinq ou six des plus habiles Dégraisseurs de Paris, qui en fort peu de temps les luy ôteront à coup seur* .... L'è arrivad in Ciel una Cometa che hà una coda *de deux cent lieues de long, et elle prétend que je luy serve de laquais, et que je la luy porte. Je luy ay répondu que je ne pouvois pas faire cela, parce que si je lui portois la queue, quand Madame la Comète arriveroit au logis pour dîner, j'aurois encore deux cent lieues à faire, et je n'arriverois jamais assez-tôt pour manger* (1, I).

Im selben Jahre noch (1682) folgt eine Parodie des *Cid* (3, III) und 1683 eine solche von Racine's *Bérénice,* in der die folgende oft citierte Stelle vorkommt. Arlequin ist Titus, Scaramouche sein Vertrauter Paulin:

Arlequin: *A-t-on vû de ma part le Roy de Comagène?*
Sçait-il que je l'atends?
Scaram.: *Si Signor, si Signor.*
Arlequin: *Parle François. Je dis que tu n'es qu'un Butor. Répons, Ane. Que fait la Reine Berenice?*
Scaram.: *La Rena Berenisse ... la Rena ... Ber ... Berenice, Elle est la-haut qui pisse* etc. (4, V, c).[1]

1684 zieht noch die Parodie der Oper ins Hôtel de Bourgogne ein (6, VII) und damit ist der Reigen eröffnet. Die Götter, die Heroen des Altertums und des Mittelalters, Tragödien, Opern, Darsteller werden nun fortan parodiert und travestiert.

Diese burlesken Transformationen sind weder reine Parodien noch reine Travestien, sondern vielmehr eine buffoneske Zusammenschweissung beider.[2] Sodann haben wir sie hier meistens bloss in

---

[1]) RACINE, *Bérénice,* Acte II, Scène I.

[2]) Die PARODIE behält im allgemeinen bekanntlich Ton und Form des Originals bei, das sie lächerlich macht, schiebt ihm aber einen trivialen Gegenstand unter (die schöne Erscheinung eines antiken Gottes wird z. B. zu einem Nationalgardisten). Die TRAVESTIE ist das Kehrbild der Parodie; sie behält den erhabenen

Form von Fragmenten, die episodisch in die Stücke hineingeflochten werden.

Die Parodien französischer Tragödien!

Die boshafte *Parodie de Bérénice* des *Arlequin Protée* (4, V), worin in fünf kleinen Szenen Arlequin sich *intituninato* und Colombine sich *imberenicciata* hat, muss Staub aufgeworfen haben.[1]) Wir können heute die Lächerlichmachung eines Kunstwerkes, das wir schön finden, sehr wohl vertragen. Doch, um was es sich uns hier handelt, ist zu wissen, ob in diesen Parodien eine kritisierende Absicht stecke. Man überzeugt sich sogleich, dass dies nicht der Fall ist; diese Szenen sind vielmehr naiv-komischer Art.[2]) Die gefeilten Alexandriner des grossen Tragöden waren zu „geflügelten Worten" geworden. Der „Italiener", dem Grundsatze folgend: *je prends le bien où je le trouve,* benutzte sie einfach als Mittel, komische Effekte zu erzielen. Darum begegnen wir vor allem Parodien des *Cid,* aus dem gewisse Stellen in aller Welt Mund gewesen sein mögen: *Rodrigue, qui l'eût cru? Chimène, qui l'eût dit?*[3]) — *Percé jusques au fond du cœur*[4]) — *Sire, mon père est mort* etc.[5]) Indessen, was Corneille anbetrifft, hat man sicherlich schon damals empfunden, dass diese Sprache oft nicht die des Gefühles ist. Deshalb ist denn auch hier die satirische Intention unverkennbar.

Nur ein Beispiel! An der Bahre des toten Schenkwirtes Meister Andreas trauert seine Tochter, in Gegenwart ihres Geliebten:

Arlequin (habillé à la Romaine, à part): *Je me suis habillé en Héros, pour consoler ma Maîtresse avec plus d'énergie.*

Gegenstand bei, behandelt denselben aber möglichst trivial (z. B. Scarron's und Blumauer's Äneide) (vergl. SCHNEEGANS, *Geschichte der grotesken Satire,* Strassburg 1894, Einleitung, p. 34—36). Es müsste also in der angeführten Szene (1, 1) *Arlequin-Mercure,* da seine Sprache trivial ist — um rein travestierend zu sein — als der Träger derselben ein erhabenes, göttliches Aussehen haben, statt dessen trägt er aber bloss die Flügel und den Merkurstab, ist im übrigen als *Arlequin* gekleidet. Also ist hier Gegenstand und Ausdruck trivial (vergl. das Titelkupfer).

[1]) Vergl. die *Arlequiniana,* p. 27—28. Daselbst wird behauptet, Racine habe der Vorstellung der „Italiener" beigewohnt und herzlich mitgelacht, was heute widerlegt wird (s. *Œuvres de Racine,* par Mesnard [Grands Écrivains], Paris 1865, II, 353).

[2]) In der Terminologie folgen wir SCHNEEGANS, *Groteske Satire bei Molière?* l. c.

[3]) Cid, III, IV = Gherardi 3, III.

[4]) Cid, I, VI = Gherardi 24, II, X.

[5]) Cid II, VIII = Gherardi 45, V.

Colombine: *Seigneur, mon Pere est mort, je l'ay vû ce matin*
Tomber en expirant sur un verre de vin;
Ce vin dont il emplit luy-même ses fûtailles,
Ce vin qui tant de fois abreuva ses entrailles,
Ce vin qui de couroux fume encore aujourd'huy,
De voir qu'il est tiré pour d'autres que pour luy;
Qu'au milieu du repas une main indiscrète
N'eût osé sans l'aigrir répandre sur l'assiette;
Ce vin, dis-je, l'objet de ses plus chers desirs.
Vient d'être le témoin de ses derniers soupirs.
Excusez ma douleur à ce recit funeste
Mes pleurs et mes soupirs vous diront mieux le reste.
Arlequin: *Ma Chere, l'eusses-tu dit?*
Colombine: *Arlequin, l'eusses-tu cru?*
Qu'il fût mort, le pauvre homme, aussi-tôt qu'il eût bû?

In viel weiterem Umfange wird die Oper parodiert: die Partitur Lulli's, die Libretti Quinault's, Beauchamp's und Pécourt's Tänze und der lärmende, prangende szenische Apparat, den man dort entfaltete,[1]; Musik, Tanz, Spektakel! Das giebt Augen- und Ohrenweide die Fülle. Sie kleiden sie in ein toll burleskes Gewand.

Vor allem werden die *Chaconnes* der Opern parodiert, womit man die Schluss-Divertissements ausstattet. Gelegentlich werden Prologe auf völlig diverse Sujets übertragen, wobei man es nicht fehlen lässt an höhnischen Anspielungen auf die Produkte der Academie royale de musique. Im Prolog zur Oper *Amadis* (1684) erweckt die Magier Alguif und Urgand ein Donnerschlag aus dem Schlafe, in den sie ein Zauber geworfen; erwachend sagen sie:

Ah! j'entends un bruit qui nous presse
De nous rassembler tous:
Le charme cesse;
Éveillons-nous.

Und nun der Prolog eines italienischen Stückes, der *Originaux* (36). Da sind es die Schauspieler, die verschlafen daliegen. *La Symphonie joue un Sommeil, dans le goût de celuy d'Amadis.* Der Autor, dessen Stück gespielt werden sollte, stampft und flucht, keiner muckst sich. Da kommt ihm der rettende Gedanke: er pfeift sie aus; das wirkt. Während sie die Augen öffnen, singt Arlequin:

Ah! j'entends un bruit qui nous presse, etc.

[1]) Die hauptsächlichsten Stellen sind die folgenden: *Acis et Galatée* (bei Gherardi, 50, II, V); *Amadis* (36, Prolog; 6, VII; 39; 36, Prolog); *Armide* (25, Schluss; 29, III, V—XI; 17, I); *Bellérophon* (43, Schluss); *Cadmus et Hermione* (36, II, VII); *Isis* (30, III); *Phaeton* (27); *Roland* (10, Schluss).

worauf der Autor: *Qu'est-ce donc, Messieurs? quelle momerie? Feriez-vous une Repetition d'Amadis?*

Häufig werden ganze Szenen parodiert, wobei man sich nicht begnügt, an Stelle des gehobenen Tones des Originals höchst triviale Reden zu setzen und die Partitur des Vorwurfes auf Gassenhauer herunter zu stimmen (vergl. w. u. § 4), sondern obendrein macht Arlequin die possenhaftesten Spässe. Typisch in dieser Beziehung sind die letzten Szenen der *Opéra de Campagne,* in denen verschiedene Stellen der Oper *Armide* travestiert werden:[1])

(Les Violons jouent le Sommeil d'Armide et Arlequin en Renaud voyant la broche pleine de viande, dit:)

Je pense que voila le souper de l'Opéra qui cuit. Il me prend plutôt envie de manger que de chanter. Mais chantons vîtement.

Plus j'observe ce *Rôt,* et plus je *le desire,*
La broche tourne lentement.
*Il m'*éloigne à regret d'un *morceau si friand.*

Darauf spielen die Violinen die Schlummer-Symphonie weiter. Und wieder spricht *Arlequin Renaud* dazwischen und wieder ertönt die Musik, während welcher er auf der Bühne einhergeht und den berühmten *Dumesnil,* Schauspieler an der Oper,[2]) nachahmt. Darauf sagt er: *Je ne sçaurois pourtant manger que je n'aye reposé; car le repos est aussi de mon Rôle. Courons vîte au lit.*

Tout m'invite au repos . . . le gazon, cet ombrage frais,
Et se feuillage épais.

Die letzten Worte singt er auf der Melodie eines Gassenhauers.

Tout m'invite au repos sous ce feuillage épais.

Er wirft sein Kleid *à la Romaine* zur Erde, erscheint im Hemde, schleppt ein Ruhebett zur Stelle und legt sich darauf. Ein Augenblick später steht er wieder auf, schaut umher, indem er sagt: *où est donc le Pot de chambre?* worauf er sich wieder hinlegt (29, III, VII).[3])

---

[1]) *Armide,* IV, I—II = Gherardi, 29, III, V—VI; II, III = 29, III, VII; II, V = 29, III, VIII; V, V = 29, III, IX.

[2]) Dass einzelne Schauspieler der andern Bühnen nachgeahmt wurden, kommt noch mehr vor; *Mlle Rochois,* von der Oper (29, III, VIII); *Baron,* von der Comédie-Française (24, II, X); *Pécourt* etc.

[3]) *Armide,* Acte II, Scène III:

Plus j'observe ces lieux, et plus je les admire.
Ce fleuve coule lentement,
Et s'eloigne à regret d'un séjour si charmant.
. . . .
Ce gazon, cet ombrage frais
Tout m'invite au repos sous ce feuillage épais.

Das ist tolles Zeug! Aber es hat seine historische Bedeutung durch die Folgen, die es nach sich zog.

Als die Litteraten der ersten Hälfte des XVIII. Jahrhunderts — nachdem die Nouvelle Comédie-Italienne mit der *Agnès de Chaillot* den Reigen ihrer dramatischen Parodien in vollendeter Form eröffnet — Rückblicke anstellen, stossen sie alle auf die „Italiener", die die Sammlung von Gherardi spielten, und datieren von dieser Zeit die Anfänge dieses Genres.[1]) Wenn es auch ausser Donneau's *Cocue imaginaire* (1660) dramatische Parodien gegeben haben mag, bevor das Hôtel de Bourgogne mit diesen burlesken Elaboraten hervortrat, so ist es doch zweifellos die Comédie-Italienne gewesen, die durch die Häufigkeit, mit der sie diese Gattung komischer Dichtung auf die Bühne brachte, derselben in Frankreich den Boden geebnet hat. Was hier meist nur als Mittel zum Zwecke dient, das werden dann andere zum Selbstzweck erheben.

Nicht zum mindesten hat die Einbürgerung der Parodie die Travestierung der mythologischen und epischen Heroen vollzogen. Es war die Oper gewesen, die durch Quinault die heidnische Mythologie und später auch die Helden des Mittelalters wieder populär gemacht hatte. So holten jetzt auch die „Italiener" ihren Stoff direkt aus dieser Welt hervor, um denselben in ihrer Art zu verarbeiten. Charakteristisch ist, wie in der *Naissance d'Amadis* (39) die den Amadis-Roman einleitende Erzählung von der illegitimen Geburt seines Helden zurecht geschnitten wird; hier kommt der *esprit gaulois* wieder voll zur Geltung. — Nachdem Rüdiger mit groteskem Ulk den Riesen, der die Höhle bewacht, wo Bradamante schläft, erschlagen und das schöne Weib erwacht, sagt er zu ihr: *Allons, allons, debout. Depuis deux cens ans de sommeil, n'êtes-vous pas lâsse de dormir? On ne sçauroit tirer une femme du lit* (39, I). Als auf dem Jahrmarkt von Saint-Germain Marc Antonius und Kleopotra als Mumien gezeigt werden, beleben sich diese allmählich wieder. Kleopotra erzählt nun dem Marc Antonius, wie nach seinem Tode die Natter, die sie stets als Zeugin ihrer Tugend bei sich trage, ihre Venen vergiftet habe, worauf er in folgender Weise auf sie eindringt:

---

[1]) L'ABBÉ SALLIER, *Dissertation sur la Parodie* (Mémoires de l'Académie des Inscriptions et Belles-Lettres, 1733, VII, 398).

— RICCOBONI, *Observations sur la comédie et sur le génie de Molière*, IV. livre, *Traité de la Parodie et des différentes sortes de Parodies. Paris 1736.*

— Anonym: *Discours à l'occasion d'un Discours de M. D. L. M.* (De La Motte) *sur les Parodies* (Parodies du Nouveau Théâtre Italien, t. I, p. XX—XXXV, 1737).

— *Lettre sur la Parodie* im *Nouvelliste Suisse*, August 1748, p. 150—167.

On a fait courir ce bruit-là:
Mais tu connois la médisance,
L'un le crut, l'autre s'en moqua.
Dis moy la chose en conscience.
Fut-ce un aspic qui te piqua?
Ou bien si tu mourus de rage,
De n'avoir pu chanter un bis de mariage? (51, VIII).

Wo die „Italiener" indessen excellieren, das ist in der Lächerlichmachung der mythologischen Helden und Götter. Da begegnen wir denn auch Stücken, die ganze Travestien sind: *Ulysse et Circé* (25) und *Arlequin Phaéton* (27). In jenem verwandelt die Kirke die Gefährten des Odysseus statt in lauter Schweine in Esel, Böcke, Schweine, Katzen, was zu allerhand tollen Spässen Anlass giebt. Der Spott, den schon Lukian in seinen Dialogen über die Götter (25. Dialog) mit Phaeton getrieben, hatte Boursault 1691 dramatisiert. Aber die Komödie, die die „Italiener" das Jahr darauf geben, ist weit lebendiger, lustiger, witziger. In der *Descente de Mezzetin aux Enfers* erfahren wir, dass die Pariser die Hölle derart übervölkern, dass für Pluto eine Kohlennot eingetreten ist, weshalb er eine Versammlung einberufen hat, um über eine einzuführende Holz- und Kohlensteuer zu beraten (16, IV). Von grosser Lustigkeit ist eine Szene der *Aventures aux Champs-Elisées,* in der Arlequin und der Docteur den Kerberos gefangen nehmen wollen, um ihn dann auf dem Jahrmarkt von Saint-Germain zu zeigen und Geld daraus zu schlagen (37, III, IV und VIII). Nennen wir noch die *Venus justifiée.* Als Vulkan den Ehebruch von Mars und Venus durch eine List entdeckt, reicht er vor dem versammelten Götterstaate Klage ein. Unter den Klängen eines flotten Marsches wird die olympische Versammlung eröffnet. Momus tritt vor und singt in der Melodie des Marsches:

L'Epoux
Jaloux
Qui blâme
Sa femme
Dans le secret de sa maison,
A souvent raison
Mais lorsqu'il court à l'Audience,
Publier son mauvais sort;
Plus il prouve l'offense,
Plus il a tort, il a tort, il a tort, il a tort.

Und die Götter alle im Chorus:

Il a tort, il a tort, il a tort.

Darauf beginnt Vulkan sein Plaidoyer: *Vous voyez devant vous l'affligé Vulcain votre confrère* .... Kaum hat er aber begonnen, so erschallt es wieder durch den ganzen Olymp:

Il a tort, il a tort, il a tort.

Die schöne Frau Venus aber wird reingewaschen und Vulkan muss den Versöhnten spielen, wird aber zum Troste von allen Göttern beschenkt, vor allem mit den Gaben des Bacchus. Venus schickt den Alten nach Hause, indem sie ihm eindringlich empfiehlt:

S'il te revient quelque fâcheux présage,
Va chez Bacchus, il me justifiera (34, VIII).[1]

Die Analogie mit der Offenbach'schen mythologischen Operette, die im Seconde Empire so sehr florierte, drängt sich einem sogleich auf. Sie ist denn auch schon oft namhaft gemacht worden. *Die schöne Helena, Orpheus in der Unterwelt* haben ihre Prototypen auf der Comédie-Italienne vom Ende des XVII. Jahrhunderts. In Bezug auf die Produkte eines Meilhac und Halévy im Vergleich zu den Travestien der Sammlung von Gherardi sagt Guillemot: *J'oserai le dire, malgré l'esprit de nos modernes Parisiens, la parodie et la „blague" de leurs aînés avait, ce me semble, plus de finesse, plus de portée, et même plus de gaieté et de franchise.*[2])

5. Die Anfänge des Vaudeville und der Komischen Oper.

Auguste Font, der die Geschichte der musikalischen Komödie in Frankreich bis zu deren Ausbildung zur komischen Oper geschrieben hat, ist in der Betrachtung der Anfänge dieses neu entstandenen Genres des Längern im Hôtel de Bourgogne, das die Stücke der Sammlung von Gherardi aufführt, aufgehalten worden. Da uns die musikalische Bildung abgeht, die nötig wäre, um hier eine selbständige Untersuchung anzustellen, so verweisen wir auf das Werk von Font: *Essai sur Favart et les origines de la comédie mêlée de chant;* chap. I, *La Comédie en Musique au XVII*^e^ *Siècle;* V, *Le Théâtre Italien et la comédie musicale*[3]) — und es möge hier nur gezeigt werden, in welcher Weise sich die Comédie-Italienne in die Entwicklung hineinstellt, wodurch klar werden wird, welche Rolle sie darin spielte und spielen musste.

---

[1]) Vergl. auch 32, I; 50, II, V; 30; 6; 4, I und die w. o. angeführte Szene (1, I).

[2]) Nummer vom 7. Januar 1893, p. 7.

[3]) Toulouse 1894 (Pariser Doktor-Dissertation); vergl. auch das Schlusswort, p. 331 ff.

Die Voraussetzung zum Vaudeville und zur Komischen Oper ist, dass das Publikum stillschweigend erlaube, dass der Träger einer Rolle, nachdem er sich in gebundener oder ungebundener Rede ausgedrückt, singe, um gleich darauf wieder zum gesprochenen Worte zurückzukehren, und dass die Übergänge vom einen zum andern nicht als etwas Abgrenzendes empfunden werden; das heisst, dem Gesungenen muss das gleiche Recht auf Ausdruck eingeräumt sein wie dem Gesprochenen und mit diesem abwechseln.

Wir haben durch die Satire auf die Oper inne werden können (s. w. o., Kap. II, § 5), wie eine andere musikalisch-dramatische Gattung auf Widerspruch stiess, die Oper, und wie es Zeit brauchte, bis man sich daran gewöhnte, eine ganze Tragödie gesungen zu sehen. Und doch hatte diese Neuheit die Sanktion von dem schon bestehenden Usus derselben in ihrer Heimat Italien. Schwieriger gestalteten sich die Dinge für die *comédie mêlée de chant*, die nicht als etwas Fertiges importiert werden konnte, sondern allmählich erst entstehen musste.

Die erste Form hat ihr Molière in seinen *comédies-ballets* gegeben.[1]) Man kennt die enorme Rolle, die das Ballet unter Ludwig XIV spielte. Giengen nun anfänglich Ballet und Komödie zusammenhangslos nebeneinander her, so führte Molière in den *Fâcheux* (1661) eine wichtige Neuerung ein, indem er die noch stummen Entrées der Zwischenakte mit dem Faden des Stückes verknüpfte. Mit dem *Mariage forcée* (1664) sodann hält der Gesang seinen Einzug in die Intermezzos. In der *Pastorale comique* und dem *Sicilien,* die 1667 als dritte und dreizehnte Entrée im *Ballet des Muses* in St-Germain en Laye aufgeführt werden, zwei Schäferspiele, zu denen Lulli die Musik gegeben, hat Molière schon eine Art komischer Oper geschrieben, ohne es selbst zu wissen und ohne die Tragweite dieser Neuerung zu ahnen. Freilich werden jedesmal, wenn gesungen wird, besondere Musiker eingeführt, denen die Personen des Stückes die Gesangspartien übertragen; denn dem Dichter wie dem Publikum hätte es gleich widerstrebt, die gleichen Personen reden und singen zu sehen. Das Vorurteil gegen singende Personen ist noch gross. Molière sucht stets deren Eintritt in die Szene besonders zu begründen. Der Gesang im Munde von gewöhnlichen Leuten gilt noch als etwas gegen die Wahrscheinlichkeit Verstossendes und nur bei Hirten und erdichteten Wesen erscheint er als natürlich. Aber ein grosser Schritt war gethan.

---

[1]) *Les comédies-ballets sont la partie la plus étendue de l'œuvre de Molière* (Font, op. cit., p. 22).

Les comédies-ballets de Molière satisfont les mêmes goûts que l'opéra comique. Dans les unes comme dans les autres la gaieté de la prose déclamée délasse l'auditeur de la musique des couplets.

Ces pièces seraient les premiers spécimens de l'Opéra comique, et ce genre aurait été créé par Molière, si le chant y était un langage conventionnel. Mais sans doute le publique n'avait pas encore l'habitude d'entendre des personnages s'exprimer en chantant. Molière n'avait garde de combattre ouvertement cette répugnance. Voilà pourquoi il n'a pas créé en 1670 l'opéra comique. Il ne pouvait pas (p. 29—30).

Molière stirbt. Die französische Truppe des Hôtel Guénegaud, die sein Repertoire geerbt hat, kann wegen Lulli's Monopol auf die Musik keine neuen *comédies-ballets* mehr geben und Lulli sie nicht auf die Oper übertragen oder nachahmen. *Au contraire la troupe italienne, libres d'entraves, se tourne de plus en plus vers ce genre. Les continuateurs de Molière à cet égard ne sont ni avec Lulli son ancien compositeur, ni avec Baron son ancien camarade, mais avec Dominique* (p. 39).

Die Oper hatte sich indessen, dank der Vorliebe Ludwig's XIV und dank des Talentes Quinault's und Lulli's, in Frankreich akklimatisiert und den Boden für das neue Genre geebnet.

Wir haben schon gesehen, wie die Italiener ihre Kollegen, die sich nur in sehr eingeschränktem Masse der Musik bedienen dürfen, foppen (s. w. o. p. 82): sie dagegen, deren Bühne von jeher nach Spektakel und Musik haschte, machen ausgiebigen Gebrauch davon. Seit 1682 spielen sie nun französisch, satirisieren alles und gebrauchen alle möglichen Mittel zur Erhöhung ihrer burlesken Komik. So lag es sehr nahe, die Musik der populär gewordenen Opern auszubeuten, was zur Folge hatte, dass der musikalische Teil in den Aufführungen des Hôtel de Bourgogne an Ausdehnung mehr und mehr gewann.

Schon in den ersten Stücken der Sammlung von Gherardi begegnet man italienischen und französischen Couplets und in den Stücken 12, 25, 27 vereinzelt Gassenhauern. Aber erst mit den beginnenden neunziger Jahren hebt die Umgestaltung an. 1692 giebt Dufresny die *Opéra de Campagne* (29), worin die Partitur Lulli's mit Hülfe populärer Melodien parodiert ist. *Dès maintenant les vaudevilles ont mis un pied sur la scène italienne. Ils en auront bientôt pris quatre* (p. 42). In den *Chinois* (32) und der *Baguette de Vulcain* (33) von Regnard und Dufresny wechseln Gassenhauer mit Original-Melodien ab. Das wegen der grossen Anzahl von Melodien, ihrer Verteilung und der freien Mischung des Gesprochenen und Gesungenen interessanteste Stück sind die *Adieux des Officiers ou Venus justifiée* (34) von Dufresny. Das Stück zeigt, über wie verschiedene Mittel des Ausdrucks die „Italiener" verfügen. Die Prosa dient für das Gewöhnliche, die gereimte Rede für die Partien, die einen etwas erhöhten Ton anschlagen oder es auf Satire abzielen; die Gassenhauer zu den Ausbrüchen üppiger Buffonnerie und die neuen Melodien, um Worte der Liebe zu sagen. Die meisten Couplets sind von *Mezzetin* (Angelo Costantini) gesungen, andere von einem anonymen *Chanteur*, der vielleicht *Gradelin*, Mezzetin's Vater war (s. w. o., Kap. III, B, § 12) und der zum erstenmal im Stück 28 figuriert. Von 1694 an hat die Truppe auch eine besondere Sängerin, *Babet-la-Chanteuse* (Elisabetta Daneret); häufig und vornehmlich italienisch singt *Marinette* (Angelica Torcano) und die übrigen Schauspieler konnten bei Gelegenheit einen lustigen Gassenhauer trillern.

Während auf der Oper es nur Götter, Helden und Könige sind die singen und stetsfort singen, sind es hier auch Leute von gewöhnlichem Stand, die singen und abwechselnd auch sprechen. Was kein französisches Theater gewagt hätte, dermassen sich von den Regeln und den bestehenden Genres zu emanzipieren, das thun, dank der ihnen eigenen Freiheit, die „Italiener": sie gewöhnen das Publikum an diese neue Konvention. Damit ist die *comédie mêlée de musique*, wenn auch noch in rudimentärer Form, zum Leben erweckt und zwar gehen die zwei Formen der musikalischen Komödie, die *comédie-vaudeville* und die *opéra comique*, die später getrennt in zeitlich grossen Abständen sich die Gunst des französischen Publikums erwerben werden, nebeneinander her.[1])

Das beweisen die folgenden Stücke von neuem; vor allem das zweitletzte der Sammlung, *Pasquin et Marforio* (54), von Dufresny und Barante, das etwa dreissig meist auf Pont-Neufs gesungene Couplets aufweist. *Le grand nombre de couplets qui remplissent ces trois actes,* sagt Font, *ne laisse aucun doute sur les projets de la troupe. Au moment où elle fut dispersée, elle s'adonnait à la comédie mêlée de chants* (p. 46).

Zwischen der Oper der Académie royale de musique und den Komödien des Hôtel Guenégaud hatte sich ein neues Genre ausgebildet, das von beiden etwas an sich hatte.

Ainsi, grâce aux exemples donnés par Molière et aux goûts

---

[1]) VAUDEVILLE nennt man die musikalische Komödie, die sich ausschliesslich der Gassenhauer bedient, KOMISCHE OPER jene, die ausschliesslich in Original-Melodien gespielt wird.

développés dans le public par Quinault et Lulli, en vertu de la licence et de l'extravagance qui étaient la loi du repertoire italien, les comédiens de l'Hôtel de Bourgogne et leurs auteurs ont ébauché la comédie musicale avant son dédoublement en vaudeville dramatique et en opéra comique (p. 46—57).[1])

Die Weiterentwicklung dieses Genres spielt sich dann im XVIII. Jahrhundert auf dem *Théâtre de la Foire* und auf der *Nouvelle Comédie-Italienne* ab. Man kennt die wechselvollen Schicksale dieser Bühnen.

Als 1697 das Theater der „Italiener" geschlossen wird, betrachten sich die *Forains* als die Erben ihres Repertoires. Oper und Comédie-Française rivalisieren in der Bedrückung derselben. Kraft ihrer Privilege verbieten ihnen die einen successiv Komödien, Farcen, Dialoge und selbst Monologe und die andern den Gebrauch von Maschinen, Tanz und Musik. Sie greifen zu den *Pièces à écriteaux*, Vaudevilles, die das Publikum singt. Die Verbote werden dann annulliert, von neuem in Kraft gesetzt und wieder aufgehoben. Ihr Hauptlieferant ist Lesage, der 1712—1738 für sie schreibt. Die musikalische Komödie bildet gleicherweise einen Teil des Repertoires der „Italiener", die seit 1716 wieder im Hôtel de Bourgogne installiert sind. 1762 werden die *Forains* und die *Italiens* verschmolzen. — Neben den Gassenhauer-Melodien hatten sich schon vorher Original-Melodien in die Stücke eingeschlichen. Jetzt verdrängen diese jene vollständig. Die Neuerung hat Favart vollbracht, dem Sedaine u. a. folgen. Die Komische Oper ist geschaffen.

---

[1]) Die Gassenhauer, die die Sammlung von Gherardi aufweist und unter denen man einige Melodien Lulli's wieder erkennt, sind folgende: *Ami ne quittons point Créteil* (43, IX). — *Air de Pierre Bagnolet* (50, III, IV). — *Air des Forgerons* (34, II). — *Air des Trembleurs* (37, III, XII). — *Beaucoup de vin et peu de tendresse* (25, II, V). — (?) *De Jean de Vert, de Jean de Vert en France* (37, I, V). — *De mon pot je vous en répons, mais de Margot non non* (29, III, VII). — *Et brin, bron, brac* (25, I, X). — *Et toulouronton, ton, tontaine* (27, II, VI). — *Falarida don daine, falarida etc.* (31, II, III). — *Flon, flon* (43, IX). — *Je mène une agréable vie* (25, II, V). — *J'entends déjà le bruit des armes* (48, III, V). — *Jean Gille, Gille joly Jean* (54, II, II). — *La, landeriette, la landerira* (54, III, I). — *Lanturlu* (27, I, I). — *Oh le bon vin, tu as endormy ma Mere* (33, IV). — *Robin turelure* (54, III, IV). — *Rossignolet joli* (43, IX). — *Si vous étiez fidèle* (46, VII). — *Sur le pont d'Avignon* (43, IX). — *Ton re lon, ton, ton, tontaine* (43, IX). — *Toure, loure, loure, loure* (33, Angm. III). — *Vous m'entendez bien* (43, IX). —

Was die Melodien anbetrifft, so giebt Gherardi, trotz der gegenteiligen Behauptung im Titelblatt seiner Sammlung, nicht alle. Umgekehrt finden sich welche am Ende der Stücke, zu denen der Text in den Stücken fehlt.

Étrange destinée d'un genre où la littérature perdra souvent ses droits! Pour le constituer, l'esprit français, aidé par l'Italie, s'y reprend à trois fois, recourt aux efforts de trois grands comiques, Molière, Regnard (und Dufresny!), *Lesage, et les chefs-d'œuvre du genre sont écrits par de moindres qu'eux, venus en un temps plus opportun, Favart et Sedaine* (p. 47).

1780 wird das italienische Repertoire gänzlich ausgemerzt. Der Titel einer *Comédie-Italienne*, den die verschmolzenen Truppen noch weiter führen, ist nur noch eine bedeutungslose Reminiscenz. Die musikalische Komödie tritt mehr und mehr in den Vordergrund. 1793 wird ihr Theater *Théâtre de l'Opéra comique national* getauft und aus dem Jahre 1810 datiert die Gründung der heutigen *Opéra Comique.*

So knüpfen sich für den Historiker an den 1898 neu inaugurierten Saal an der Place Boïeldieu gewichtige Erinnerungen an den Saal des einstigen Hôtel de Bourgogne, in dem zweihundert Jahre zuvor die Stücke der Sammlung von Gherardi über die Bretter gingen.

6. Sujets. Schubladenstück-Charakter. Ort der Handlung.

Les comédiens italiens faisoient autrefois leurs pieces eux-mêmes, lorsqu'elles étoient entierement italiennes. Un d'entre eux, comme le Docteur, ou Cynthio, ou Scaramouche, faisoit en gros le sujet de la piece, distribuoit les actes et les scenes, puis chaque acteur en particulier composoit son rôle. Also erzählt ein Zeitgenosse, der sie kannte, als sie noch ausschliesslich improvisierte Stücke spielten.[1]) Ihr Repertoire bestand aus einem grossen Fond von Canevas, die sich von Vater auf Sohn mündlich fortpflanzten,[2]) es galt also je bloss, eines derselben heraus zu nehmen, seine Teile im Grossen und Ganzen zu disponieren, die *ossatura* zu geben und den einzelnen Typen anzupassen. Anders kam es, als französische Autoren für die „Italiener" zu schreiben begannen. Wohl erkennen wir in einigen Stücken die nackten, alten Scenari wieder (z. B. 26, 24, 20, 31), wohl tritt da und dort das überkommene Sujet der *Commedia dell' arte* — (ein Vater, der sich darauf versteift hat, seine Tochter einem Manne zu geben, den sie nicht liebt, wird düpiert, indem das Mädchen mit Hülfe von Dienern und Zofen dazu gelangt, eines andern Frau zu werden, dem sie ergeben ist) — in den Vordergrund (z. B. 9, 28), wohl liegt dieses Motiv den meisten *Comédies Françoises accommodées*

---

1) Tralage, p. 9.

2) Vergl. Riccoboni, *Reflexions sur Molière* etc. 8e article, p. 151.

au Théâtre Italien[1]) zu Grunde, aber es tritt völlig zurück hinter dem Neuen und Lokalen, das hier gebracht wird. Irgend eine Intrigue — sie zieht sich lose genug durch die Stücke! — musste man haben und so übernahm man die herkömmliche.

In dem schon genannten Aufsatz von Toldo heisst es: *Le linee generali di buona parte di queste produzioni si trovavano nei repertorî precedenti delle compagnie comiche italiane, allo stato di scenarî ed i collaboratorî del teatro gherardesco non hanno fatto altro che svolgerle ed abbellirle* (p. 604). Das heisst den Anteil der französischen Autoren an diesem Repertoire unterschätzen.

Bekanntlich ist die Episodenhaftigkeit der Stücke ein Charakteristikum der Commedia dell' arte. Im *Scenario de Dominique* begegnen wir Bemerkungen wie diese: *Cette scène peut se placer dans différentes comédies*[2]) — *C'est la même Scène que dans telle ou telle autre piéce*[3]) — *Il faut tâcher de faire entrer cette scène dans la piéce . . . .*[4]) Und Schubladenstücke sind auch die Stücke der Sammlung von Gherardi und wollen es sein. *Quantité de scènes détachées et de petits lazzi épisodiques . . . . sont le vrai apanage du théâtre italien,* sagt Gueulette.[5]) Darüber wird uns klarer Wein eingeschänkt in der Vorrede zu einer Separat-Ausgabe des *Arlequin Misanthrope,* Paris 1697; da steht geschrieben: *On a lié le moins grossierement qu'on a pû, plusieurs Scènes toutes détachées les unes des autres, et qui n'ont que peu ou point de rapport au fond du sujet. Il auroit été bien aise de ménager des incidents et de faire une piece pour le moins aussi reguliére que la plupart de celles qu'on donne aujourd'hui pour telles. Mais on a négligé un soin qu'il eût été inutile de se donner.* Die Komödien des Théatre-Italien, heisst es da weiter, sollen keine reguläre sein, *ce qui est par tout ailleurs une perfection, seroit sur ce Theatre une espece de déffaut.*[6]) Man hatte die Prätention nicht, ein in sich abgeschlossenes Ganzes zu geben. Der Schwerpunkt ruht auf den Einzelteilen, den episodischen Szenen, und darin sind die Autoren der Gherardi'schen Stücke entschieden neu und originell und leisten gelegentlich in Sprache, Komik und Satire Vorzügliches.

[1]) So nannten sie die Autoren selber (Vergl. GHERARDI. t. I, Avertissement).
[2]) Ms. der Oper, II, 107.
[3]) Ebenda, II, 108.
[4]) Ms. der Bibl. Nat., fol. 5.
[5]) Ms. der Bibl. de l'Arsénal, Anmerkung zur *Thèse des Dames* (47).
[6]) Jedoch begegnen wir auch Stücken, deren einzelne Episoden ein durchgehender Faden eng mit einander verbindet, so z. B. in der *Précaution inutile* (28).

Schon die blossen Titel der Stücke und Szenen zeigen, wie sehr man sich vom traditionellen Sujet entfernt hatte. In *Ulysse et Circée* (25), *Arlequin Phaéton* (27), *Arlequin Jason où la Toison d'or comique* (6) greift man zur antiken Mythologie, in der *Baguette de Vulcain* (33) wird aus Ariost geschöpft, aus alten Sagen in der *Matrone d'Ephèse* (2), in *Attendez-moi sous l'orme* (46); *Arlequin Ésope* (23) und *Arlequin Homme à bonne fortune* (18) sind von zeitgenössischen Stücken des Théâtre-Français inspiriert. Überhaupt ist es das Zeitgenössische, das hier allem voran zur Geltung kommt. Einmal sind es absurde Ideen, die die gebildete Welt eben beschäftigen, die dem Spotte preisgegeben werden, die Theorie der Bewohntheit des Mondes: *Arlequin Empereur dans la Lune* (5), die Geschichte mit der Wünschelrute: *La Baguette* (33), ein andermal wird an die Emanzipationsidee des Weibes angeknüpft: *La Thèse des Dames* (47), *Arlequin défenseur du beau sexe* (41), worin Boileau's *Satire des femmes* parodiert wird, die wenige Monate vorher erschienen war. Die *chronique scandaleuse rendue dramatique* bringt das Hôtel de Bourgogne im *Banqueroutier* (10), in der *Scène des Carosses* (50, Schluss), in der Szene vom *Procureur en Robe rouge* (52, Schluss, s. w. o., p. 56), im *Tombeau de Maître André* (45). Im *Arlequin Misanthrope* (53) dürfen wir vielleicht schon eine schüchterne Kundgebung der Rückkehr zur Natur-Bewegung erkennen. An Perrault's Ammenmärchen erinnern die *Fées* (55), die *Momies d'Egypte* (51) betiteln sich nach einem Ereignis des Tages und Stücke wie *La Foire de St-Germain* (50), *Le Retour de la Foire de Bezons* (49), *Les Bains de la Porte St.-Bernard* (52), *Les Promenades de Paris* (48) sind selbstredend an lokale Verhältnisse gebunden. Daneben sind es satirische Zeichnungen des Präziösentums, der Schöngeisterei, der Moden, der Stände, der Professionen — die wir in anderm Zusammenhange besonders geschildert haben — die die einzelnen Episoden ausfüllen. So zeigt auch wieder die Wahl der Sujets, wie ganz diese Bühne französisiert und lokalisiert war.

Eine Neuerung der Comédie-Italienne, die vielleicht ohne die Aufhebung von 1697, befruchtend hätte auf die andern Bühnen einwirken können, ist hier noch zu betonen.

Während die *haute comédie* ewig sich in jenem konventionellen Salon oder auf einem öffentlichen Platze, die *commedia dell' arte* (wie übrigens auch die *commedia letteraria* und das lateinische Lustspiel) gleicherweise auf einer Piazza oder an einer Strassenecke sich abspielte,[1]) so ist hier an Stelle banaler Eintönigkeit bunte Mannigfaltigkeit getreten. Diese Stücke versetzten uns an die verschiedensten Örtlichkeiten: häufig in das Empfangszimmer des Alten oder das Gemach der Amorosa, oft in einen Audienzsaal, sodann aber auf die Foire von St.-Germain (50), in eine Jahrmarktsbude selbst (51), in das Bois de Boulogne (48), in die Tuillerien (48), in eine Grotte (33), an einen Fluss (54), in einen Wald (53), mitten unter die ägyptischen Pyramiden (51), in das Lager der Griechen vor Troja, „das im Hintergrund in Flammen steht" (25), auf die „liebliche" Insel der Kirke (25) und wieder nach Paris in das Boudoir einer Schönen (35), in ein Cabaret (45), auf die Bühne der „Italiener" selbst (36), in ein Dorf (30), in die Einsamkeit (43), ans Meer (4) und dann wieder in die Schmiede Vulkans (34), in das Reich Pluto's, auf den Parnass (32), in die Wolken (27), in den Tierkreis (27) und selbst in den hohen Olymp (34).

Die Einheit des Ortes kennt man nicht. Dasselbe Stück spielt sich in vier (47), fünf (28), acht (8) und mehr Orten ab. Das brachte eine abwechslungsreiche Inszenierung mit sich. In wessen Nachahmung diese ausgeführt wurde, liegt auf der Hand.

7. Der szenische Apparat. Die Divertissements.

Traditionen, Regeln, Konvenienzen hatten im Théâtre-Italien nicht mitzureden, wenn es galt, Komik und Annehmlichkeit der Stücke zu erhöhen. Nahm man nun von der Oper die Musik herüber, so waren die „Italiener" schon früher, als sie noch im Palais-Royal spielten, darauf verfallen, die prächtige Augenweide, die in einer pompösen Inszenierung besteht, nachzuahmen. Eine *Lettre de Robinet* vom 5. Mai 1668 enthält folgenden Passus:

La gaye troupe Ausonienne,
Autrement troupe Italienne,
Qui s'acquiert chez nous grand credit,
(Et la chose est sans contredit)
Nous a fait voire dessus sa scéne,
Déja trois fois cette semaine,
Une admirable nouveauté,
Ou bien un spectacle enchanté,
Qui surpassant tous les spectacles,
Est rempli de petit miracles,
Par plusieurs rares changemens.

---

[1]) Vergl. Bartoli, p. XV. Das hatte zur Folge *quel continuo circalescio che troviamo fatto dalla finestra, che dà molta noia* (ebenda).

On y voit des éloignemens,
Des Campagnes, des paysages,
Des bois, des jardins, des boccages;
Et la foire de Saint-Germain,
S'y bâtit en un tour de main.[1])

Diese „herrliche Neuerung“ mit den „merkwürdigen Verwandlungen“ hat ohne Zweifel in Nachahmung der *pièces à machines* des Marais-Theaters stattgefunden, welches indessen 1673 aufgehoben wird. Mit dieser Zeit hebt zugleich das Hervortreten der Oper an, die bald die Spektakel-Bühne *par excellence* ist. Von 1673—80 haben die „Italiener“ das Benutzungsrecht im Hôtel Guénegaud neben den Comédiens français, die wir um 1679 einen Prozess *au sujet des machines et inovations qu'ils vouloient faire à notre théâtre* gegen sie anstreben und ihn gewinnen sehen.[2]) Aber von 1680 an, im Hôtel de Bourgogne installiert, besitzen sie wieder ihr eigenes Spielhaus und fahren fort ausgiebigen Gebrauch zu machen von der Inszenierung und den Maschinerien der Oper.

Man weiss jedoch wie es damit im XVII. Jahrhundert bestanden war. *La mise en scène n'existe pour ainsi dire pas dans la comédie, ou la tragédie du grand siècle; elle se réfugie dans les opéras et les pièces mythologiques à machines. Les Machineries venaient compléter la mise en scène des grandes représentations à trucs.*[3])

Der Umstand, dass Zuschauer auf der Bühne selbst Platz nahmen (vergl. w. o., p. 85 f.) machte von vorne herein eine Entfaltung von Szenerie unmöglich. Diese Unsitte (die auf der Académie de musique nur ausnahmsweise geduldet wurde) bestand aber auch im Hôtel de Bourgogne. Wie war da eine Nachahmung der Oper möglich?

In einem ihrer eigenen Stücke werden die „Italiener“ also qualifiziert: *Ce sont des misérables,* heisst es da, *qui amusent toute une Ville, montez sur deux Treteaux et trois Planches, et qui ont l'effronterie de copier le Carrouzel avec un Cheval d'osier, et quatre bougies allumées au bout d'une Baguette* (6, VI). Diese Worte legen die Vermutung nahe, der ganze szenische Apparat der Comédie-Italienne habe nur in einer von parodistischer Absicht getragenen

---

[1]) Abgedruckt bei PARFAICT, p. 308. — Das Stück, auf das angespielt wird, ist *Le Régal des Dames.*

[2]) *Registre de La Grange,* édition THIERY, p. 147. — Die „Italiener“, um *des pièces à machines* zu geben, hatten die Maschinen der französischen Schauspieler benutzen wollen. Vergl. auch BONNASSIES, p. 50—52.

[3]) BAPST, *Essai sur le théâtre,* p. 383 f.

burlesken Nachahmung in Miniatur derjenigen der Oper bestanden. Sicherlich war das häufig der Fall. Dass aber daneben wirkliche grosse *machines* in die Stücke hinein gebracht wurden, dafür haben wir Beweise. Am Schlusse des *Arlequin Jason* (6) steht folgende simple Bühnenanweisung: *Icy Médée frappe de sa Baguette, les Cascades jouent.* Zufällig sind uns nun die Worte erhalten geblieben, die ein Zuschauer darüber gesagt hat. Der nüchterne und zuverlässige Tralage berichtet: *La comédie de Jason, qui fut jouée par les comédiens italiens à l'hostel de Bourgogne, à Paris, l'an 1684,*[1]) *est de M. de Fatouville. Il y avoit à la fin une machine surprenante de plusieurs cascades et de quarante jets d'eau naturelle de diverses hauteurs. M. de Fatouville en donna la pensée, mais le Sr. Angelo a fait exécuter la chose. Cela a cousté au moins cinq cens pistoles à la troupe, qui a beaucoup gagné la dessus* (p. 7).

Damit ist uns der Massstab in die Hand gegeben, mit welchem wir solche Andeutungen in der Sammlung von Gherardi bemessen müssen. (Wir erfahren aus der Stelle von Tralage zugleich, dass M. Ange, d. h. Lolli, der Docteur der Truppe die Maschinerien ausführt.) Sehen wir uns einige Beispiele solcher Maschinerien an.

Die Tochter des Königs Carinther, die gefehlt hat, soll nach Landessitte mit dem Tode bestraft werden, als ein Schatten die bevorstehende Geburt des Amadis aus ihr verkünden kommt, worauf der Scheiterhaufen, auf dem sie hätte verbrannt werden sollen, sich verwandelt *en une Piramide enflammée qui forme un Feu de joye* (39, VIII).

L'on voit un Appartement se meubler à veuë d'œil au son de la Symphonie . . . Tous les meubles se plient et disparoisent (17, VII).

. . . Dans ce temps, son fauteuil (d'Arlequin) se change en un monstre affreux, qui jette feu et flamme par la Gueule et par les narines (4, II).

Arlequin en Mercure paroît en l'air, monté sur l'aigle de Jupiter . . . la machine disparoît (1, I).

Der *Arlequin Phaéton* spielt sich erst auf der Erde ab, dann in den Wolken und höher noch, im Zodiakus. Einmal fährt ein Triton in einer Riesenmuschel daher (52, III, V), oder Neptun *sur un char au milieu de la mer* (4, I); Colombine sitzt auf dem Rücken eines gewaltigen Fisches, Mezzetin steckt im Bauche eines Walfisches

---

[1]) Jacob, der Herausgeber, setzt *l'an 167.;* offenbar ist hier das Manuskript unleserlich oder lückenhaft. Unsere Korrektur braucht keinen Kommentar.

(16, I), ein andermal — offenbar in Erinnerung an die Aufführung von Corneille's *Andromède,* worin der Pegasus von einem wirklichen Pferde gespielt wurde (1682) — erscheint der Pegasus über Apollo und den Musen hoch über dem Gipfel des Parnasses als geflügelter Esel. *On entend un concert ridicule de plusieurs instrumens comiques, qui est interrompu par l'Ane qui se met à braire* (32, Prolog).

Aus all dem ist ersichtlich, dass die „Italiener" auf der einen Seite wirkliche Maschinerien zur Anwendung bringen, um ihren Stücken „Zug" zu verschaffen, und auf der andern Seite dieselben durch grotesk-komische Nachäffung lächerlich machen. Der Einfluss der Oper dabei ist unverkennbar.[1])

Von grotesker Komik ist auch die Ausstattung der Szene. Da sind wir z. B. in den Tempel des Hymenäos versetzt. In der Mitte steht ein Tribunal, *soutenu de Bois de cerf et de Cornes d'abondance.* Der Gott der Ehe ist in Gelb gekleidet, *avec une très grande Mante doublée de soucys, et parsemée de petits croissans . . .* Sein Thron ist umgeben von Wickel-Kindern, Ammen, Windeln, Wiegen und andern dergleichen Utensilien (13, VI). Oder am Grabe eines Schenkwirtes sieht man denselben, den Meister Andreas, *couché sur son tombeau, tenant une bouteille d'une main et un verre à moitié plein de l'autre. Un tonneau fait la base du mausolée, qui est composé de tous les utensiles de Cuisine et de Cabaret* (45, VIII). Wir können hier von Lokalkolorit in der Szenerie sprechen. Ist es in der Schmiede Vulkan's, wo sich etwas abspielt, so sind wir in einem hohen massiven Raum; am Ambos steht mit dem Hammer Vulkan, neben der Esse, deren Feuer ein Gehülfe mittelst eines grossen Blasebalges anfacht (s. Titelkupfer zu 34); sind wir in einem Wald, so ist dieser unter Umständen *un fort beau boccage* (53, III, IX). In gleicher Weise werden die Kostüme mit relativer Genauigkeit wiedergegeben. Steht einmal Troja in Flammen (25, I, I), werden die Gefährten des Odysseus von dem stürmischen Meer an Kirke's Insel verschlagen (25, II, II), — so sehen wir dies alles!

Darin steht die Comédie-Italienne wieder im schroffsten Gegensatz zur *haute comédie* des Klassizismus. Wie sehr mag sich das Publikum nach den klassischen Vorstellungen der Comédie-Française an solchen „Schau"-Stücken erlabt haben, darin gleichsam einen Ersatz empfindend zu dem, was man ihm anderswo vorenthielt!

---

[1]) Man sehe die Titelkupfer zu den einzelnen Stücken des *Recueil des Opéra, des Ballets etc.*

Eine besondere und häufige Art von Schau-Szenen brachte man durch Öffnung der sogenannten *ferme* zustande.[1]) Durch Zurückschieben von Kulissen, oder Aufziehen eines Vorhanges im Hintergrunde der Bühne, eröffnete man dem Zuschauer eine Art *Tableau*, einen *jardin magnifique* (25, Schluss), *un grand Globe terrestre qui tourne sur son pivot; les quatre parties du Monde paroissent peintes autour du Globe* (36, Schluss), häufig ein Gelände mit tanzenden und singenden Schäfern, einmal *un Cabaret remply de Tableaux de Tenniere, figurez par des personnages naturels*, die auf Arlequin's Zeichen, *en sortent en chantant, dansant et jouant de divers Instrumens* (18, Schluss), also eine Art lebender Bilder nach Gemälden von Teniers. Das ist originell. Die „Italiener" hatten übrigens mit diesem das Gemeinsame, dass Inhalt und Ausdruck ihrer Kunst unklassisch war.

Diese Tableaux eröffnen gewöhnlich die Divertissements,[2]) die äusserst häufig den Abschluss der Stücke, gelegentlich auch einzelner Szenen bilden. Das Divertissement soll der allgemeinen Freude Ausdruck geben, die man darob empfindet, dass die beiden Liebenden sich schliesslich bekommen, es ist aber oft auf sehr künstliche Weise motiviert. Oft die Oper parodierend, erschallt Gesang, Ballette und Pantomimen werden aufgeführt, Violinen, Hoboen, Trompeten, Trommeln ertönen und das Ganze schliesst ab mit einer Art Moral von der Geschichte, die abgesungen wird. So ein Schluss-Couplet lautet zum Beispiel:

En vain à boucher chaque trou,
Un Mary jaloux se tourmente.
Il reste toûjours quelque fente,
Et par là l'Amour fait son coup (36).

8. Die Sprache.

Ich kene der ittallienischen commedianten maniren gar woll, so allerhandt sprachen so durcheinander zu reden; haben mich offt mit lachen

[1]) *Généralement au fond était la ferme: deux châssis partant des deux côtés de la scène, venant se rejoindre au centre. Quand elles s'ouvrent, elles laissent voir un nouveau tableau au fond de la scène, quand elles s'avancent, elles ferment et arrêtent la vue des spectateurs* (BAPST, *Essai sur le théâtre*, p. 383 f.) — Wir fügen dazu bei, dass diese *ferme* auch durch einen blossen Vorhang gebildet werden konnte, wie das Titelkupfer zu Stück 43 zeigt. Vielleicht hat diese zweite *ferme* neben der andern bestanden, was man daraus schliessen möchte, dass gelegentlich nacheinander zwei verschiedene „Tableaux" eröffnet werden (z. B. 39, V und VIII).

[2]) Diese Divertissements sind denen von Le Sage's Stücken ganz ähnlich konstruiert. Über diese letztern hat BARBERET, p. 202—207, des Nähern berichtet, weshalb wir darauf verweisen.

machen, schreibt Liselotte[1]) und in der That ist die sprachliche Buntheit in den Stücken der „Italiener“ eine grosse. Neben dem neuen Bestandteile derselben, den französischen Szenen, hat man nie aufgehört die alten, italienischen einhergehen zu lassen; es wird also abwechselnd in französischer Sprache recitiert und in italienischer improvisiert. Manchmal ist ein komisches Gemisch von beiden (ein typisches Beispiel siehe w. o., p. 179), jedoch bei weitem nicht in dem Masse, wie das gewöhnlich behauptet wird. Die volle Buntheit aber bringen erst die Dialekte hinein. *Arlequin* und der *Docteur* — wenn sie nicht französisch sprechen — bedienen sich ihrer heimatlichen Dialekte, freilich, wie Gherardi bemerkt, nicht dieser *langage serré de Boulogne et de Bergame, parce qu'on ne les entenderoït pas* (Avertiss.), aber immerhin nicht der Litterär-Sprache. Seine besondere Sprache hat *Pasquariel,* die Gherardi in seiner Sammlung aus nahe liegenden Gründen transskribiert hat (vergl. Avertiss.). Dieses dialektische Italienisch hat die Färbung der Dialekte nördlich der Apenninen, ohne, wie uns scheint, das einer bestimmten Zone zu sein. Ausgiebiger Gebrauch ist von französischen Patois gemacht. Der Träger desselben ist voran *Pierrot.* Reizend ist die Beschuldigung seiner untreuen jungen Frau, die ein Bauer vor dem Pariser Gerichtshof in seiner Mundart vorbringt (s. w. o., p. 157). Daneben wird oft gascognisch (z. B. 53, II, VII; 13, II, III etc.), seltener normännisch gesprochen und daneben auch spanisch (8, I, VI). Ein holländischer Krieger hat kaum seinen Gruss ausgesprochen: *Gouten tag, Miner, gouten tag,* so schickt er sich auch schon an zu fluchen: *das dick der dondre vernette* (20, VII). Die phonetischen Schnitzer des Engländers und besonders des Schweizers, der französisch spricht, werden des öftern ausgebeutet. Dieser übersendet z. B. folgendes Billetdoux an eine Demimondaine:

Quand moy ne fou foir boint icy,
Bour moy l'être tout gros de chagrin, de soucy.
Fou l'être mon cher cœur, ma chére ame, mon mie;
Fou tout mon tibertissement;
Fou mon cœur, fou mon Thuillerie,
Et moy ly devenir par mon foy votre Amant,
Et mandir par sti femme à betite pesogne,
Si ly foudrez pien fou, dans un petit moment,
Mangir un Matelotte en ce Bois di Poulogne (48, II, IV).

---

[1]) Fontainebleau, 28. Sept. 1710. — *Briefwechsel* in *Bibliothek des litterarischen Vereins,* LXXXVIII, p. 238.

Sobald indessen das Buffoneske zurück und die Sittenschilderung und die Satire in den Vordergrund tritt, da wird unvermischtes Französisch gesprochen. Und von diesen noch ein Wort: es ist höchst bemerkenswert für die Zeit!

Wo Gherardi in der Vorrede zu seiner Sammlung die *satyre fine et délicate, la connoissance parfaite des mœurs du siécle, l'enjoûement, l'ésprit ... en un mot tout le sel et toute la vivacité* betont, die man darin finde, ermangelt er nicht, auch auf *expressions neuves et détournées* hinzuweisen und mit vollem Recht. Wir stehen hier vor einer höchst merkwürdigen Erscheinung: mitten in der Einöde der Sprachmeisterei und Sprachregelei des französischen Klassicismus eine Oase! Die Emanzipiertheit der Comédie-Italienne hatte hier eine herrliche Frucht gereift, die manchem süss geschmeckt haben muss. Die Sammlung von Gherardi übersprudelt von originellen Ausdrücken, treffenden Neubildungen, gewagten Wendungen, glücklichen Metaphern, — die die *haute comédie* sich niemals hätte erlauben dürfen.

Es wäre eine reizende Arbeit für einen Franzosen, das zum Gegenstande einer kleinen Untersuchung zu machen.

9. Die Typen.

Wie das besondere Kapitel, das wir der Schilderung der Typen eingeräumt haben, gezeigt haben mag, stehen wir hier vor einem Gemisch von Traditionellem und Neuem. Gewiss kann man mit Moland die *Colombine* und die *Isabelle* als wahre Pariserinnen bezeichnen (p. 314), gewiss hat *Pierrot*'s Wiege im Weichbild der französischen Kapitale gestanden, ist *Mezzetin*'s ewiger Leichtsinn weder etwas spezifisch Italienisches, noch spezifisch Französisches, gewiss spricht aus *Arlequin,* wenn er episodische französische Rollen einkleidet, der Witz und die Frivolität eines Franzosen, — aber daneben tritt der überkommene, feststehende Charakter der Typen noch derb hervor.

Wie sehr wir, voran die französischen Szenen im Auge habend, mit Moland das Theater des Hôtel de Bourgogne für so sehr französisch halten, dass es eine französische Genre-Bühne genannt werden muss, so wenig können wir auf der andern Seite das grosse Mass des Traditionellen übersehen, das den „Italienern“ anhaften blieb. Moland geht beinahe so weit, die Beibehaltung der Typen nur dem Umstande zuzuschreiben, dass man dadurch eine erhebliche Ersparnis in Kostümen erwirkte (p. 313). Das kann jedoch bei den verschiedensten episodischen Rollen, den mythologischen, epischen, infernalischen Personen, die sie in andern Kostümen gaben, nicht der Fall gewesen sein. Für blosse fünf Vorstellungen am Hofe z. B. muss ihnen der Schneider siebzig Kleider beschaffen.[1]) Die Typen bleiben vielmehr, weil sie einen integrierenden Bestandteil des Spieles bilden. In altem Umfange tritt das Traditionelle derselben sodann in den sogenannten *Scènes italiennes* zu Tage, die fortfahren, einen breiten Platz in den Aufführungen der „Italiener" zu beanspruchen. Von diesen sei nun die Rede.

10. Improvisiertes und pantomimisches Spiel.

Mischung von *commedia scritta* und *commedia improvvisa* ist in Italien nichts Aussergewöhnliches. Man improvisierte selbst bereits geschriebene Komödien ganz; oder wieder war die *commedia dell' arte* gleichsam in die *commedia letteraria* hineingekeilt, oder es waren bloss die sogenannten *parti buffe* der Improvisation anheimgestellt, wie das in manchen dramatischen Schöpfungen Carlo Gozzi's der Fall ist.[2]) Bei Gherardi sind anfänglich die ganzen Komödien *all' improvviso,* in die nur einzelne in französischer Sprache geschriebene Szenen hinein gestreut sind, welch letztere aber bald die Oberhand gewannen, so dass das Verhältnis zwischen italienischer Improvisation und französischer Recitation ein umgekehrtes wurde. Es giebt Stücke, die (in der Form, wie sie Gherardi überliefert hat) ganz ohne sogenannte *Scènes italiennes* dastehen (z. B. 9, 14, 22, 26), andere sind bis zur Hälfte aus dem Stegreif gespielt, so z. B. in den *Originaux* (36) von 1693 elf von siebenundzwanzig Szenen.[3])

Die Improvisation, *cette fugitive étincelle du génie italien* (Sand) ist für uns heutzutage etwas so Unbekanntes, dass wir nach den Urteilen früherer Zeiten zurückgreifen müssen, um nicht von vorneherein diese spezifisch italienische Kunst zu unterschätzen. Einer stolzen Selbstcharakteristik eines *Comédien Italien* sind wir schon begegnet (s. w. o., p. 84). Hören wir, was Gherardi in der Vorrede zu seiner Sammlung darüber verlauten lässt; da heisst es:

Qui dit bon Comédien Italien *dit un homme qui a du fond, qui joue plus d'imagination que de mémoire; qui compose, en jouant,*

---

[1]) Vergl. das *Registre des Menus,* November und Dezember 1691.

[2]) Vergl. BARTOLI, p. LIX—LXX.

[3]) In den beiden *Critiques* (12 und 19) wird auf Szenen angespielt der Stücke, die sie kritisieren, die bei Gherardi fehlen, weshalb wir vermuten, er habe bloss die wichtigsten *Scènes italiennes* wiedergegeben.

tout ce qu'il dit; qui sçait seconder celuy avec qui il se trouve sur le Théâtre; c'est à dire, qu'il marie si bien ses paroles et ses actions avec celles de son Camarade, qu'il entre sur le champ dans tout le jeu et dans tous les mouvemens que l'autre luy demande, d'une maniére à faire croire à tout le monde qu'ils étoient déja concertez. Anders sei es, fährt er fort, mit einem Schauspieler, der bloss aus dem Gedächtnis spiele. Gherardi vergleicht ihn mit einem Schüler, der zitternd eine Aufgabe hersagen kommt, die er sorgfältig einstudiert hat, mit einem Echo, das niemals laut werde, ohne dass jemand ihm vorgesprochen habe..

Riccoboni, Carlo Gozzi, Goldoni und in neuerer Zeit Sand haben dieselbe hohe Meinung vom improvisierenden *comico.*[1]) Sie sind alle darin einig, dass die *commedia dell' arte* vor der *commedia sostenuta* Lebendigkeit, Natürlichkeit, Annehmlichkeit und vor allem dramatische Bewegung voraus hat.

Diese *Scènes italiennes,* wie diese improvisierten Szenen hier genannt werden, sind von Gherardi natürlich bloss angedeutet. Aber die Glossen, die er dazu macht, genügen, um uns eine Vorstellung von denselben zu machen. Einige Beispiele!

— *C'est une de ces Scènes Italiennes, dont le mérite est inséparable de l'action* (7, I).

— *Il se fait une Scène Italienne; ce sont de ces choses qui consistant plus dans le jeu, que dans les paroles, ne sçauroient avoir nul agrément sur le papier* (22, I, I).

— *Pasquariel et Mezzetin font une Scène de culbutte, où ils parlent presque point. Cette Scène est tout dans le goût Italien; c'est à dire point susceptible de raisonnement* (13, II, IV).

— *Singeries agréables . . . . jeu Italien . . . . inséparable de l'Action* (29, II, I).

— Zu Arlequin's Selbstmord-Monolog,[2]) in dem er jede Klausel mit veränderter Stimme macht und mit entsprechenden Gesten begleitet, schreibt Gherardi: *Ceux qui ont vû cette Scène, conviendront que c'est une des plus plaisantes qu'on ait jamais jouée sur le Théâtre Italien* (5, II).

---

[1]) RICCOBONI, I, 61—63; CARLO GOZZI, *Ragionamento ingenuo e storia sincera dell' origine delle mie dieci Fiabe teatrali;* GOLDONI *Memoires;* SAND, I, 9—15, 44 ff. Vergl. BARTOLI, p. LXX—LXXI; idem MOLAND, chap. II—III; DESBOULMIERS, I, 32—43.

[2]) Vergl. auch *Pierrot's* (36, III, I) Selbstmord-Monolog; man erinnert sich an *Falstaff* im *Richard IV* und an *Sganarelle* in *Cocu imaginaire.*

— *Cette Scène est une des plus plaisantes de toute la Comédie, mais c'est une de celles qui ne se peuvent exprimer et qui n'auroient point d'agrément sur le papier. En un mot, c'est ce qu'on appelle Scène Italienne, Scène jouée sur le champ, sans rien apprendre par cœur, et qui dépend entiérement du génie et de l'esprit de l'Acteur* (29, I, IV).

Wir sehen, wie es neben der Improvisation in der Sprache vor allem das Geberdenspiel ist, das diesen Szenen den originellen Reiz verleiht, das stumme Spiel, in dem „der schöpferische Übermut mit seinem tollen Sprudelgeist diese unbeschreiblichen Gesten, Beugungen, Sprünge, Farcen, Grimassen hervorbringen muss, die nur im Moment ihrer Bewegung und im Kontrast mit ihren Umgebungen ein Interesse haben".[1]) Voran sind es *Arlequin, Mezzetin, Marinette, Pasquariel* und *Scaramouche*, die sich in diesen *Scènes italiennes* hervorthun. Bis zu welch hoher künstlerischer Vollendung Fiorilli es darin gebracht hatte, das haben wir gezeigt (vergl. w. o., p. 114, 165 u. 169).

11. Die Lazzi.

Ein Charakteristikum der *commedia dell' arte* bilden die *lazzi*. Was die Herkunft des Wortes anbetrifft, so scheint jetzt festgestellt, dass es in der ersten Hälfte des XVII. Jahrhunderts in der einfachen Weise aus *azione* entstanden ist, dass die immer wiederkehrende Bühnenanweisung „die und die Person *fa azione ridicolosa*" abgekürzt *fa azi* oder *azzi* geschrieben und schliesslich auch so gesprochen wurde.[2]) Hernach verschmolz damit der Artikel und indem später der Italiener in *lazzi* einen Plural sah, formte er *lazzo* für den Singular, während französisch *lazzi* für beide Numeri blieb.

Lazzi sind kurze, possenhafte *hors-d'œuvre* meist pantomi-

---

[1]) ROSENKRANZ, *Aesthetik des Hässlichen*, Königsberg 1853, p. 222.

[2]) Diese Erklärung stammt von Antonio VALERI (Carletta): *Gli scenari inediti di Basilico Locatelli* (Estratto dalla Nuova Rassegna, Anno II [1894], no. 28 und 29, p. 44—46). Hier wird gezeigt, dass Scala (1611) *lazzi* noch nicht kennt; bei ihm steht *far attione ridicolosa*. Aber einige Decennien später, findet sich, bei Locatelli, *far azzi*. — Weitere Belege wären noch zu wünschen. Solche Abkürzungen befremden uns im Übrigen nicht, vergl. Pariser *les fortif', Boul' Mich'*, etc.; und wie gerade das Schriftbild zum Tonbild werden kann, zeigt z. B. das Züricher ABS = *Absonderungshaus*, das erst nur in Briefaufschriften: *Abs., den* . . . gebraucht wurde. Auffällig ist in *lazzi* = *azione* nur die Stimmhaftigkeit des *z*. — RICCOBONI's, p. 64 ff. gegebene, bekannte Erklärung von *lazzi* als norditalienischer Dialektform für Toskanisch *lacci* widerspricht dem Sinne des Wortes: die *lazzi* sind allenfalls dazu angethan, die Handlung zu unterbrechen, aber nicht sie wieder zu „binden".

mischer Natur, die den einzigen Zweck haben, die Komik zu chargieren. Sehen wir einige Beispiele bei Gherardi!

Zwei Lakaien werfen sich auf Arlequin, der, die Thüre zu gewinnen, von einer Seite zur andern rennt *et les Laquais à mesure qu'ils le joignent levent le bâton sur luy, qui s'exquive si adroitement, que le coup retombe toûjours sur l'un des deux Laquais. Après deux ou trois repetitions du même lazzi* .... (10, VIII).

Der Docteur macht vor dem Kaiser des Mondes, der Arlequin ist, eine tiefe Verneigung *et dans le même temps, Arlequin leve le derriére, de maniére que le Docteur y donne du nez dedans. Après ce Lazzi Italien* .... (5, VI).

Ils s'agenouillent tous deux à terre ... Mezzetin tire un Cornet et trois Dez, et de temps en temps, crie: La Vie, la Vie! ce qui oblige Arlequin à se lever, et chercher tout autour de luy. Après avoir fait plusieurs fois le même lazzi .... (44, I, III).

Man sieht, das sind Clown-Scherze, kurze szenische Zugaben rein possenhafter Art, oft mit einem Beigeschmack von Indecenz, aber stets derb komisch. In den Gherardi'schen Stücken sind die *lazzi* äusserst häufig und bei dem guten Spiel der „Italiener" und insbesondere Arlequin's begreifen wir den gewaltigen Lacherfolg, welchen sie damit erzielten.

Mit *lazzi* bezeichnete man in Italien gelegentlich auch gesprochene Scherze [1]) und im Französischen ist diese erweiterte Bedeutung, *saillie bouffonne,* heute die gewöhnliche.

Das possenhafte Element hat nicht immer zum Wesen des *lazzi* gehört. Wenn z. B. in einer Aufführung im XVIII. Jahrhundert Hamlet, den Geist des Vaters erblickend, mit dem Fusse den Stuhl umstiess, so nannte man auch dies einen *lazzi.* [2])

12. Andere traditionelle Charakteristika.

In der *Pompe funèbre d'Arlequin* (1701) [3]) eröffnen den Leichenzug allerhand allegorische Gestalten: la Momerie, la Minauderie, la Folâtrerie, la Niaiserie, la Coyonnerie; Büsten des toten Harlekin werden getragen von der Badinerie, Bouffonnerie, Plaisanterie, Raillerie, Moquerie, Pesterie, Gausserie, Tacétie und einige gehen nebenan, die ihnen von Zeit zu Zeit die Schultern leihen und da ist ausser der Ironie und dem Sarkasmus, der Satire und anderen auch die Obscönität. Sie gehörte zum traditionellen Gefolge der *commedia dell' arte.*

---

[1]) Z. B. bei PERRUCCI, *Dell' arte rappresentativa,* 1699, p. 363.

[2]) Vergl. (STICOTTI), *Garrick ou les Acteurs Anglois,* Paris 1769, p. 198.

[3]) Bibliothèque histor. de la Ville de Paris, no. 5820, in —8.

Vor allem ist es *Arlequin*, aus dessen Mund wir indecente Reden hören. Eine erste Rolle spielt der Wind. Als Liebesbote Jupiters sagt einmal Harlekin als Mercur zu einer irdischen Schönen: *vos yeux font plus de bruit dans le Ciel . . . que mon bas ventre n'en fait lors qu'il est rempli de vents* (1, II). Die Wangen einer Dame vergleicht er mit dem *beau vermeil des fesses d'un enfant nouvellement foüetté* (2, III). Man erinnert sich des parodistischen Reimes auf *Bérénice* (s. w. o., p. 180). Oftmals — und voran in den ersten Stücken der Sammlung von Gherardi — versteigt er sich bis zu einer abstossenden Schmutzigkeit.[1]) Fournier weiss zu erzählen, dass z. B. Regnard im *Arlequin Homme à bome fortune* im Sansgêne so weit ging, *que l'on cria.*[2]) Manchmal steckt eine parodistische Absicht dahinter und dann lachen wir gerne mit. Da erfahren wir, dass der *Kam des Tartares* in Streit liegt mit seiner Frau Gemahlin, weil diese, *étant extrêmement pressée d'un cours de ventre, s'étoit par mégarde servi de son Turban au lieu de pot de chambre* (1, I). Manchmal auch macht uns die drollige Art Arlequin's die Anrüchigkeit seiner Aussprüche vergessen. Während er z. B. den Mr. Sotinet barbiert, verrichtet er ein gewisses Bedürfnis aus lauter Höflichkeit, denn, sagt er zu ihm, *j'ay aimé mieux insulter la doublure de ma culotte, que de vous faire attendre plus longtemps,* und als Mr. Sotinet das eine Unverschämtheit nennt, entgegnet ihm Arlequin mit einem gewissen philosophischen Tone: *Qu'appelez-vous donc, Monsieur, s'il vous plaît? Chacun ne fait-il pas de sa culotte ce qu'il luy plaît?* (13, I, IV). Ein junges Mädchen klagt einst dem Apollo und der Thalia, dass seine Mutter es nicht mehr in die Comédie-Italienne gehen lasse, weil, wie sie sage, *il y a quelquefois des poroles un peu libres; mais ce qui me fait endéver,* fährt es fort, *c'est qu'elle ne laisse pas d'y aller tous les jours!* (32, II).

Die ganze Indecenz beschränkt sich auf einige übelriechende Bemerkungen. Aber Zoten, wie deren in Italien auf der Bühne gerissen wurden und wie sie uns noch im *Scenario de Dominique* begegnen,[3]) dass selbst Gueulette erstaunt ist, dass *un homme si sage*

[1]) Arlequin sagt zu der um Pluto trauernden Proserpina: *Pleurez donc, pleurez; et si la source de vos larmes se tarit,* mi offro, per far honor al vostro defunto *mary, de vous donner un lavement expulsatif, d'un si grand volume,* che *la décoction vous en sortira pas les yeux,* e ne fornira con abondanza le lagrime (1, III).

[2]) *Œuvres de Regnard,* Paris 1876, t. I, p. LIX.

[3]) Man sehe z. B. die Stellen auf fol. 278, 264vo, 267vo des Ms. der Oper. Vergl. dazu Bartoli, p. XIV und insbesondere XC.

wie Biancolelli, sie nicht verabscheute, findet sich in der ganzen Gherardi'schen Sammlung keine vor.

An Zweideutigkeiten fehlt es nicht; man sehe z. B. die *Scène de la Poularde* (20, III).

Im Übrigen herrscht in den Stücken, besonders in denen von Regnard, ein äusserst freier Ton. Aber in diesem urgierten *esprit gaulois* erkennen wir nichts Indecentes.

Pietätlos wird stets mit dem düpierten Alten umgegangen, die rohesten Spässe werden mit ihm getrieben. Einmal wird selbst ein alter, asthmatischer Ehemann auf die Bühne gebracht, den seine junge Frau tanzen macht, indem sie folgendes Couplet dazu singt:

Qu'un mary soit Poulmonique,
Letargique, Hydropique, Astmatique,
Qu'il soit ce qu'il vous plaira
Tire lire lira, liron fa, fa fa
Tire lire lira, liron fa.

Malgré sa résistance
Si sa femme veut qu'il danse,
Il a beau faire, il dansera
Tire lire lira, liron fa, fa fa
Tire lire lira, etc. (50, I, VII).

Traditionell ist auch die häufige — Molière nicht fremde — farcenhafte Lösung der Intrigue, indem ein Ritter von der Sonne (5), ein Chimärenprinz (10), der Schah von Persien (17) oder ein anderer asiatischer Magnat als *deus ex machina* auftritt.[1]) Verkleidungen kommen fast in jedem Stücke vor, gleichwie Ohrfeigen, Fusstritte, Stockhiebe; Maskeraden nicht selten (z. B. 36, III, XII), Nachtszenen wieder viel öfter (z. B. 23, III, VI; 24, II, XI; 27, I, I; 44). Von der *Commedia dell' arte* hatte man manch abergläubisches und absurdes Zeug beibehalten: Zauberkünste (4), Höllenspuk (3), Schatten (3), wundersame Trunke (3, IV) etc., alles Dinge, die jedoch mehr und mehr zurücktreten mit der Französisierung der Stücke.

Von der französischen Bühne hatte man die *Réceptions* (40, III, VII),[2]) die *Îles de géographie fantaisiste* (13 und 42)[3]) und

---

[1]) Was speziell die *Turqueries* anbetrifft, vergl. *Le Moliériste,* März 1888.

[2]) Man erinnert sich der Réception im *Bourgeois Gentilhomme* und im *Malade imaginaire.*

[3]) Marivaux wird später einen ganzen Archipel solcher phantastischen Inseln schaffen.

allerhand Bühnenkniffe, die Gemeinplätze geworden, herübergenommen (z. B. 22, II, IV).

In wie weit man sich jener (den Bildteilchen des Epos entsprechenden) feststehenden Details, des *Zibaldone* (concetti, chinsette etc.), die Riccoboni *robe generiche* nennt, bediente, können wir aus den blossen Andeutungen der *Scènes italiennes,* die Gherardi giebt, nicht ersehen.[1])

13. Die Moral auf dem Théâtre-Italien.

Den alten Géronte, der sich beklagt, dass es sein reizendes junges Weib mit einem andern habe, diesem

. . . . . *Mâtin jaloux, et brûlant de colére,*
Ne pouvant supporter
Qu'un autre fit ce qu'il ne pouvoit faire,

führt Arlequin mit der Fabel vom Hunde und dem Ochsen ab, deren Moral lautet: *Jaloux, mange ta botte ou la laisse manger* (23, II, IV). Und der dumme Pierrot cognefêtu, der die Glodine geheiratet hat, nachdem schon Jaquet dit Fine-Mouche *avoit écramé le fromage* bekommt zur Antwort was in der Fabel der Ziegenbock in der Brunnengrube vom Fuchsen:

. . . . . *Adieu, Bete cornüe,*
Sauve qui peut quand on est pris (23, III, III).

Übrigens was thut das, wenn einer gehörnt ist?

N'importe, c'est la méthode,
Tout Epoux s'en accommode;
Et quand on est à la mode,
Qu'importe corne ou chapeau (37, III, XII).

Von einer Bestrafung dessen, was gegen Gesetze und überkommene Moral verstösst, ist natürlich keine Rede. Es gilt ja nur, die komischen Seiten des täglichen Lebens auf die Bühne zu bringen, ohne damit die Prätention eines Sittenrichters zu verbinden. Da mag jeder selbst die Moral von der Geschicht sich herauslesen, wenn er Lust dazu hat! Arlequin mit seinem Theater ist der lachende Demokrit. *Ridet semper.*

Was indessen in diesem alltäglichen Kampfe ums Dasein siegreich hervorgeht, das ist alles, was Jugend, Schönheit, Behendigkeit, Lebensfreude, Gewitzigkeit heisst. Und unterliegen muss, was alt, hässlich, plump, dumm, spröde, moros ist. Dabei triumphiert gar

---

[1]) Vergl. Riccoboni, I, 63 und Bartoli, p. LXXVII ff.

oft ein selbst frivol oder cynisch gefärbter Witz über eine brave, allzu nüchterne Schulweisheit, wie es eben im Augenblick des Lebens vorkommt. Es handelte sich ja nicht darum, einem Sujet weiter nachzugehen, sich sittlich oder künstlerisch in dasselbe zu vertiefen, — das war die Sache der *haute comédie.* Was das Théâtre-Italien brachte, das waren Moment-Aufnahmen von komischen Ansichten auf der Strasse, im Palais, in den Cabarets, in den Gemächern der Frauen und Mädchen, die es vor dem Zuschauer vorübergleiten liess wie die Bilder eines Kinematographen — nachdem man sie stark retouchiert hatte, retouchiert mit dem Stichel des Witzes und der Satire.

Darum wohl hatte auch der Satiriker Boileau seine helle Freude daran. 1700, bei Anlass der Publikation der Sammlung von Gherardi, sagte er zu Brossette:

Depuis Molière, il n'y a point eu de bonnes pièces sur le Théâtre français. Ce sont des pauvretés qui font pitié. On m'a envoyé le théâtre italien. J'y ai trouvé de fort bonnes choses et de véritables plaisanteries. Il y a du sel partout . . . . je plains ces pauvres Italiens; il valait mieux chasser les Français.[1])

[1]) *Mémoires inédits de Brossette sur Boileau* etc. Wir citieren nach LARROUMET, p. 167, note 1.

Fünftes Kapitel.

Die Autoren.

Neben dem als Autor sonst unbekannten Fatouville sind zwei französische Dichter von klingendem Namen die Hauptlieferanten der „Italiener“: Regnard und Dufresny. Sie, wie auch La Motte, haben ihre dramatische Carriere auf dem Théâtre-Italien begonnen. An ihrer Seite stehen Palaprat und Le Noble. Der übrige, geringere Teil der Sammlung von Gherardi hat Leute zu Autoren, die in der französischen Litteraturgeschichte keine Rolle gespielt haben oder von denen man überhaupt nichts weiss.

Es wird sich hier für uns nicht darum handeln, bei der Vorführung der Autoren ins Einzelne einzugehen; die wichtigsten sollen nur kurz charakterisiert werden. Daneben möge eine kleine Blütenlese ihrer Skizzen gegeben werden, die gleichsam als Vignetten dienen mögen zu den vorangehenden Seiten der Untersuchung.[1])

1. Fatouville.

Nolant de Fatouville hat die neue Epoche in der Geschichte der Comédie-Italienne in Paris inauguriert. Er hatte es verstanden, durch kecke satirische Schilderung der Korruption einiger damaliger Professionen das Publikum mit einem Schlag für die Neuerung im Théâtre-Italien, die Einführung der französischen Sprache, zu gewinnen (vergl. Kap. IV, § 1).

Über sein Leben wissen wir wenig. Er war ein Normanne, Rat im Parlament zu Rouen und scheint nichts geschrieben zu haben ausser den komischen Szenen und Stücken, die in der Sammlung von

---

[1]) Die biographischen Angaben entnehmen wir, ohne im einzelnen Falle besonders darauf hinzuweisen, den Werken von QUÉRARD (*La France littéraire*, Paris, Didot, 12 voll.); MICHAUD (*Biographie universelle*, 45 voll.); Dr. HOEFER (*Nouvelle biographie générale*, 46 voll.); BARBIER (*Dictionnaire des ouvrages anonymes*, 3e éd. 1875, 8 voll.) etc.

Gherardi sämtliche vereinigt und bloss mit der Initiale Dxxx gezeichnet sind.

Nach Barbier ist er der Autor von vierzehn Stücken.[1]) Sicher sind von ihm alle Stücke der Jahre 1682—87, d. h. die Stücke 1—10. *Le Marchand dupé* (14) und *Colombine femme vengée* (15), die ihm gleichfalls zugeschrieben werden, sind eine Art bürgerlicher Rührstücke und von völlig anderer Art, dass sie kaum vom gleichen Autor herrühren können.[2]) Mit Dxxx gezeichnet und wahrscheinlich von Fatouville sind sodann noch zwei etwas spätere Stücke: *La Fille savante* (21) und *La Précaution inutile* (28).

Bei Fatouville steht die Satire, der man einen gewissen bittern Ernst anmerkt, im Vordergrund. Ihn empörte die Schurkenhaftigkeit, womit manche Leute seiner Zeit ihr Métier betrieben, — er macht sie in detaillierter Beschreibung lächerlich, dabei weniger einem künstlerischen Impuls folgend, als moralisch dazu sich angetrieben fühlend. Daher sind seine Stücke in erster Linie kulturhistorisch von Wert. In dieser Beziehung ragen zwei grössere Satiren hervor, die eine auf die Advokaten im *Arlequin Grapignan* (2), die andere auf die Financiers im *Banqueroutier* (10), welchen wir im II. Kapitel eine nähere Betrachtung eingeräumt haben, worauf wir verweisen.

2. Regnard.

Regnard's für die Comédie-Italienne geschriebenen, in der Sammlung von Gherardi zerstreuten Stücke haben zuerst durch den Verlag der Vve Duchesne eine Sonderausgabe erfahren als *Supplément aux œuvres de Regnard, contenant les pièces qu'il a données à l'ancien théâtre italien,* 2 voll. in -18, Paris 1783, mit Vorreden von Germain Garnier.[3])

Derselbe Herausgeber besorgt dann die im gleichen Verlage erscheinende erste Gesamt-Ausgabe von Regnard: *Œuvres Complettes* etc., 6 voll., in -8, Paris 1789—90. Mit hübschen Stichen. Die letzten zwei Bände enthalten unsere Stücke.

---

[1]) D. h. Barbier u. a. m. sprechen von fünfzehn, was seinen Grund darin hat, dass sie *La Matrone d'Ephèse* (2, erste Hälfte) und *Arlequin Grapignan* (2, zweite Hälfte) als zwei getrennte Stücke ansehen.

[2]) Auch Gueulette (Ms. der Bibl. de l'Arsénal, fol. 67) sagt wenigstens vom ersten der beiden, man kenne den Autor nicht.

[3]) Selten. Nach Soleinne, Catalogue, III, 853, no. 3353. — Die *Bibliographie et iconographie des œuvres de Regnard,* Paris 1877, scheint diese erste Ausgabe nicht zu kennen.

Einen neuen Abdruck veranstaltet der Verleger Léfèbre (Paris 1810) und seither erschienen weitere vollständige Ausgaben durch Crapelet (Paris 1822, 6 voll.) und Michiels (Paris 1854, 9 voll.) mit Kommentar.

In unsern Tagen haben drei seiner Stücke *(Le Divorce, La Coquette* und *La Foire de St.-Germain)* einen Neudruck erlebt.[1])

Regnard hat seine Lehre als Lustspieldichter auf dem Théâtre-Italien durchgemacht.[2]) Erst 33-jährig beginnt er sie, schreibt für die „Italiener" von 1688 an bis zum Frühjahr 1696, um zu Ende dieses Jahres, mit seinem *Joueur,* definitiv an die Comédie-Française überzugehen.

Seine *Comédies Françoises accomodées au Théâtre-Italien,* elf an der Zahl, sind die folgenden: *Le Divorce* (13), *La Descente de Mezzetin aux Enfers* (16), *Arlequin, Homme à bonne fortune* (18), *Critique d'Arlequin, Homme à bonne fortune* (19), *Les Filles errantes* (20), *La Coquette ou l'Académie des Dames* (22), *La Naissance d'Amadis* (39), und in Mitarbeitschaft Dufresny's: *Les Chinois* (32), *La Baguette de Vulcain* (33), *La Foire de St-Germain* (50) und *Les Momies d'Egypte* (51).

Les Italiens, que l'on me pardonne l'expression, avaient essentiellement le diable au corps (Ballieu). Das gilt voran auch von Regnard. Seine Stücke eröffnen eine ganz tolle Welt, mit einer infernalischen Lebendigkeit, einer *furia* sondergleichen, voll farcenhaftem Treiben, kecker Buffonnerie, lächerlichen Übertreibungen, einer Menge von Lazzi, mit Gesang, Saitenspiel und Tanz und der

---

[1]) In der hübschen kleinen Auswahl charakteristischer Stücke von M. Maurice Drack, *Le Théâtre de la Foire, la Comédie italienne et l'Opéra comique, Recueil de Pièces choisies* etc. Première Serie, 1658 à 1720 (alles, was erschienen), Paris, Firmin-Didot, 1889.

[2]) Die Stücke, die Regnard dem Théâtre-Italien gegeben, sind schon des öftern behandelt worden, zuerst in den Vorreden der oben genannten Ausgaben seiner Werke, in jüngerer Zeit von Fournier (*Œuvres de Regnard,* Paris, Laplace, Sanchez & Cie., 1876, 2 voll. p. LVI—LXIV), der vor allem einige *Curiosités* auftischt. Albert Hahne, *Jean-François Regnard als Lustspieldichter* (Erlanger Dissertation), Lingen 1886, untersucht auch diese Seite von Regnard's Thätigkeit; der Verfasser scheint jedoch das Théâtre-Italien als Genre nicht zu kennen und misst die Stücke desselben mit dem gleichen Massstabe, den man an die *haute comédie* anlegt. Das Beste enthält der VII. Band der *Revue d'art dramatique,* p. 126—142: Jacques Ballieu, *Regnard au Théâtre Italien,* ein Aufsatz, den wir um so eher empfohlen haben möchten, als es uns an Raum gebricht, in dem Masse auf Regnard einzugehen, als er es verdiente.

buntesten Abwechslung von Italienisch, Französisch und Jargon, von gebundener und ungebundener Rede.

Entgegen manchen andern Autoren des Théâtre-Italien, z. B. Fatouville, ist ihm nicht die Satire erster Zweck, sondern die Komik; jene ist ihm bloss Mittel zu dieser. Dafür sind denn auch seine Farcen von der üppigsten und ausgelassensten Lustigkeit.

Mahrenholtz hat gesagt „niemand würde nach solchen Stücken auch nur das noch ungereifte Talent des Dichters beurteilen wollen".[1]) Wir behaupten im Gegenteil, dass sich Regnard in seinem Witz und in seiner Sprache hier schon in seiner ganzen Kraft offenbare. An feinem Witz übersprudelt es hier und sein Ausdruck ist oft schon von vollendeter Feinheit, Eleganz, Raffiniertheit und Schärfe. Was Lemaître in Bezug auf Regnard ausgesprochen hat: *La bonne humeur, à ce degré et avec cette langue c'est du génie ou tout comme,*[2]) das lässt sich füglich auch auf ihn als den Autor des Théâtre-Italien beziehen. Es liegt etwas Geniales in ihm.

Die glänzendsten Stellen, was Sprache und *esprit* anbetrifft, denen wir im Laufe der Diskussion begegnet sind, sind aus seiner Feder geflossen.

Als Beispiel dafür, welch zarte Erotik das Théâtre-Italien manchmal auf seine Bühne brachte, führen wir noch einen Ausschnitt der *Scène de la petite fille* an, die von Regnard geschrieben ist:

Pierrot (à Colombine): *Il est vrai que vous n'êtes encore qu'un Embrion: et j'en ay veu dans des bonteilles de bien plus grandes que vous.*

Colombine: *Je conviens, Pierrot, que je suis encore petite. Mais si tu sçavois ce que j'ay déja.*

Isabelle: *Petite fille, vous plaît-il de vous taire?*

Pierrot: *Hé, pardy, laissez-la dire.* (à Colombine) *Et bien donc, qu'avez-vous?*

Colombine: *J'ay .... Mais je n'oserois le dire.*

Isabelle (à Colombine): *Vous avez raison, car vous allez dire une sottise.*

Pierrot (à Isabelle): *Et Palsanguié laissez-la donc parler. Vous luy rembourez les paroles dans le ventre.*

Colombine: *Ne te mocqueras tu point de moy?*

---

[1]) *Regnard. Eine Lebensskizze.* 1887.

[2]) *La Comédie après Molière et le Théâtre de Dancourt.* Paris 1882, p. 91.

Pierrot: *Et non, non, dites.*

Colombine: *J'ay de la gorge, Pierrot, puisque tu le veux sçavoir.*

Pierrot: *Oh, voyons cela, voyons.*

Colombine: *Oh, nenny, nenny, je ne la montre pas encore. J'attens qu'elle soït plus venuë* (18, 3).

3. Dufresny.

Dufresny (1648—1724), der Freund Regnard's, solange dessen künstlerische Superiorität ihn nicht mit diesem verfeindete, hat gleicherweise seine Laufbahn als Bühnendichter auf der Comédie-Italienne begonnen, auf der er 44-jährig debütierte, um während einer Reihe von Jahren einzig für dieselbe zu schreiben, bevor er Autor des Théâtre-Français wurde, dem er später seine fünfundzwanzig Komödien gab.

In den Jahren 1692—97 schrieb er für die „Italiener", allein oder mit andern zusammen, ein Dutzend Stücke: *L'Opéra de Campagne* (29), *L'Union des deux Opéras* (30), *Les Adieux des Officiers ou Venus justifiée* (34), *Les mal assortis* (35), *Le Départ des Comédiens* (43), *Attendez-moi sous l'orme* (46), mit Regnard zusammen: *Les Chinois* (32), *La Baguette de Vulcain* (33), *la Foire de St-Germain* (50), *les Momies d'Egypte* (51), mit Barante: *Pasquin et Marforio* (54) und *Les Fées* (55). Keines derselben ist in seine Werke (Amsterdam 1731, 6 voll.) aufgenommen worden.

Darunter sind eine Reihe feiner, leicht hingeworfener Skizzen. Von grosser komischer Verve, ist er mit Regnard, ohne an diesen heranzureichen, derjenige Autor des Théâtre-Italien, der in Bezug auf Sprache und Witz an erste Stelle zu setzen ist.

Ein besonderes Verdienst von ihm liegt darin, dass er es gewesen ist, der den Couplets in den Stücken einen grossen Platz einräumte, wodurch der musikalische Charakter derselben sich in jener historisch wichtigen Weise prononcierte, wie wir an anderer Stelle dargethan haben (vergl. Kap. IV, § 5).

Geben wir hier auch ihm — neben den vielen andern, die wir in anderm Zusammenhange eingeschaltet haben — Raum für eine kleine Skizze.

Der Bauer Nigaudin beklagt sich, dass er schon nach viereinhalb Monaten nach der Hochzeit Vater geworden; Arlequin macht ihm klar, dass das ganz in der Ordnung sei:

Arlequin:

A quoy bon tant faire de bruit?
Quatre mois et demy de jour, autant de nuit;
A neuf mois le total se monte.
Hé bien, n'est-ce pas-là ton compte?

Nigaudin:

Vous avez raison cette fois.
Je suis bien plus heureux que je ne pensois.
Viens ma Pouponne,
Viens ma Bouchonne,
Que je repare ton honheur (33, Augm. III).

Man sagt, das Théâtre-Italien sei eine schlechte Schule für Dufresny gewesen.[1]) Mit einer Neigung behaftet, die Komposition der Stücke zu vernachlässigen, war jenes, das den Schwerpunkt auf das Détail, die einzelnen Szenen legte, nicht dazu angethan, ihn zu korrigieren und ihn in dieser Beziehung für die *haute comédie* zu schulen.

4. Montchesnay.

Jacques de Losme de Montchesnay (1660—1740) wurde als der Sohn eines Prokurators am Parlament zu Paris zur Jurisprudenz erzogen, die er jedoch bald nach Vollendung der Studien aufsteckte, um sich den schönen Wissenschaften zu widmen. Obwohl er schon fünfzehnjährig Epigramme schrieb, die ihm das Lob Bayle's einbrachten, ist das, was er später litterarisch produzierte, bald gezählt. Es sind Satiren und einige Komödien, die er 1687—1693 fürs Théâtre-Italien schrieb und die er nachmals als Jugendsünden ansah; in einer an Boileau gerichteten *Dissertation* ging er, wie später J. J. Rousseau, so weit, überhaupt jede szenische Aufführung zu verdammen und Molière als den grössten Sittenverderber hinzustellen. Sodann haben wir von ihm eine Kompilation von Aufzeichnungen über Boileau *(Bolæana)*: Montchesnay verkehrte mit diesem und rühmt sich auch, ihn, den Autor der *Satire des femmes* mit dem Dichter der *Satire contre les maris* und des *Tombeau de Despréaux*, mit Regnard, versöhnt zu haben.

Wenn seine Stücke, die fünf an der Zahl sind, auch nicht eben zu den besten gehören, so haben sie doch viel Inhalt und entbehren

---

[1]) Vergl. FOURNEL, *Le Théâtre au XVII Siècle. La Comédie.* Paris 1892, p. 325.

einer derben Komik nicht. Das erste, die *Cause des Femmes* (11) und besonders die *Critique* (12) dazu, giebt ein karikiertes, gut gezeichnetes Bild des Treibens damaliger *bourgeoises de qualité*. Im *Mezzetin, grand Sophy de Perse* (17) ist das Traditionelle vorwiegend. Den grössten Erfolg erntete *Le Phénix ou la Femme fidèle* (26). Es ist mit Witz und Satire durchspickt; man kommt darin zu der Erkenntnis, dass ein treues Weib etwas Imaginäres sei wie ein Phönix *(Scène des Matrones)*. Die Schliche koketter Weiber schildern einige Szenen *(Scène contre les hommes; Scène de Colombine et d'Isabelle)* der *Souhaits* (38). Hier haben wir auch ein Beispiel dafür, wie scharf der Ton der Satire oft war. Pierrot wünscht sich von Jupiter *de l'esprit*, aber verlegen, was für welchen er wählen soll, rät ihm Momus zum *esprit à la mode qui met en crédit dans le monde* und von Pierrot befragt, was dieser sei, sagt er ihm dieses:

Foure toy dans le Bureau de quelque gros Intéressé; gagne sa confiance à force de courbettes et de caracoles, et fait si bien le chien couchant auprès de luy, qu'il te donne une femme de sa main, et peut-être de sa façon: Voila l'esprit du siècle.

Prens moy la Chiourme de quelque vieux Corsaire de Procureur; et à la tête de six grands Forçats de Clercs, va-t-en piratter sur les côtes de la Veuve et de l'Orphelin: Voila l'esprit du siécle.

Leve une Boutique de Lansquenet, mets-en le Bouchon à ta porte, endors les Furets de la Police, et pour un certain revenant bon de Cartes, fais de ta maison un clapié de Jeu, de bonne chére, et de tout ce qui s'ensuit. Voila l'esprit du siécle. Etc. etc. (38, VIII).

5. Palaprat.

Beinahe mehr als die Werke von Brueys und Palaprat, von denen die besten der *Grondeur* und der *Avocat Patelin* sind, hat die Nachwelt die seltene Erscheinung einer gemeinsamen litterarischen Produktion in Erinnerung, die sich an diese zwei Namen knüpft und die denn auch schon auf die Bühne gebracht worden ist.[1]) Der Platz, den die beiden Südfranzosen in der Litteraturgeschichte beanspruchen, ist ein bescheidener. Was eines jeden Anteil an ihren Komödien ist, lässt sich nicht immer entscheiden. Die zwei Stücke, die das Théâtre-Italien von dieser Seite bekam, gehen unter dem

[1]) *Brueys et Palaprat*, comédie par M. ETIENNE, représentée au Théâtre-Français.

Namen Palaprat's; indessen ist Brueys' Mitarbeiterschaft nicht ausgeschlossen.

Der abbé Brueys (1640—1723), in erster Linie Theologe und bekannt durch seine Bekehrung zum Katholizismus, die Bossuet zustande brachte, hatte nebsthalb eine grosse Neigung für das Theater und schrieb neben seinen Kontroversen Stücke für dasselbe, die er oft seinen Freund zeichnen liess, um den Stand, dem er angehörte, nicht zu kompromittieren.

Jean Palaprat (1650—1721), in Toulouse aus reicher Familie geboren, Advokat im Parlament seiner Vaterstadt und darauf Capitoul, lebte seit Ende der achtziger Jahre dauernd in Paris, wo er wieder hohe Würdenstellen bekleidete und wo ihn die gleiche Passion für die Bühne mit Brueys zusammen brachte.

Die zwei fürs Théâtre-Italien geschriebenen Stücke sind:

Arlequin Phaéton (27), eine Art mythologischer Operette und teilweise von grosser Komik, so z. B. in Phaeton's nächtlicher Reise zu Helios, von Momus begleitet. Das erste Morgengrauen ist da; sie sind hoch oben in den Wolken, gerade über der Stadt Paris. Der Ruf eines Marketenders schallt klar hinauf: *Aqua vita, Aqua vita. Eau de vie, Bran-de-vin, qui est-ce qui veut boire? Bran-de-vin!* Phaeton verlangt ein Gläschen. Der gute Mann nähert sich, sucht umher, der Nebel ist so dicht, er kann ihn nicht finden und flucht.

Phaéton: *Me voicy, te dis-je, vuide seulement que j'avale, presto, pour un sol.*

Le Brandevinier: *Voilà qui est fait.*

Phaéton: *Donne.*

Le Brandevinier: *Prenez.*

Phaéton: *Approche-toi.*

Le Brandevinier: *Approchez-vous même, prendrez-vous?*

Phaéton: *Je ne te trouve pas.*

Le Brandevinier: *Quelle patience il faut avoir! . . . Hô! c'est trop attendu, puisqu'il est tiré il le faut boire, point de crédit à moy-même, cela me porteroit malheur, en voilà pour un sol, bon, bien payé, mieux avalé* (il tire un sol d'une poche, et le met dans l'autre), *si j'avais cru que c'eût été pour moy, je me serois fait meilleure mesure* (II, III).

Das andere Stück: *La Fille de bon sens* (31) ist ganz französisch, voll Handlung und mit durchgehender Intrigue — die vier Liebhaber mit ihren vier Dienern, die eine junge Schöne umschwärmen, erscheinen und verschwinden wie am Schnürlein gezogen --, zog aber charakteristischerweise keineswegs. Es geht ihm eben jene Unregelmässigkeit, Ausgelassenheit, Tollheit ab, nach der man im Hôtel de Bourgogne verlangte.

6. La Motte.

Auch Houdar de La Motte (1672—1731) begann seine dichterische Laufbahn bei den „Italienern", mit den *Originaux* (36), die er 21-jährig für sie schrieb. Diesem Stücke, das fast zur Hälfte improvisiert wurde, gehen jene tolle Komik und der Vaudeville-Charakter, an die man sich auf dieser Bühne gewöhnt hatte, ab,[1]) was wohl den Misserfolg, der übrigens dem Debütanten sehr zu Herzen ging, verschuldete. La Motte hat später dem Nouveau Théâtre-Italien noch zwei Stücke gegeben: *L'Amante difficile* und *Le Calendrier des Vieillards,* ersteres 1731, letzteres nie aufgeführt, aber 1754 gedruckt.[2]) Was indessen vor allem seinen Namen an das Theater der Italiener geknüpft hat, ist die bekannte *Agnès de Chaillot,* in der 1723 dessen *Inès des Castro* parodiert wurde.

7. Le Noble.

Trotz den zwanzig Bändchen, in die Ribou in Paris 1720 die Früchte von Noble's schriftstellerischer Thätigkeit vereinigte, ist dessen Name heute fast verschollen. Zwei Dinge sind von ihm noch am ehesten bekannt: seine Bearbeitung des Persius, wegen der darin enthaltenen Satire auf Boursault, Regnard u. a. und sein romantisches Verhältnis zur *belle épicière.* Dagegen war er zu seinen Lebzeiten äusserst bekannt.

Eustache Le Noble, baron de Saint-George et de Tenelière, wurde 1643 in Troyes als Sohn eines Juristen geboren. Noch jung bekam er die Stelle des Oberstaatsanwaltes am Gerichtshof in Metz. Sein Hang zu Vergnügungen brachte ihn bald in Schulden und schliess-

---

[1]) DUPONT, *Un poète-philosophe du commencement du XVIII Siècle. Houdar de la Motte* (Thèse), Paris 1898, begeht auch den Fehler, die Stücke der Comédie-Italienne vom Standpunkte der *haute comédie* aus zu betrachten, wenn er p. 79-80 kurzweg behauptet: La pièce ne vaut ni plus ni moins que tant d'autres und daran *le sel un peu gros, le goût mal assuré* und ähnliche Dinge rügt, die nun einmal zu den Eigentümlichkeiten dieser Genre-Bühne gehören.

[2]) LÉRIS, *Dictionnaire portatif des Théâtres: comédie . . . qui paroît destinée pour le Théâtre Italien.*

lich ins Gefängnis, in dem er das bekannte Verhältnis mit seiner Mitgefangenen *Gabrielle Perreau* einging. Mit dieser führte er fortan ein wechselvolles Leben, das in Saus und Braus bestand, wenn er Geld hatte. Er starb 1711 in grösstem Elend. In allem Unglück verlor er den Humor nie und der grösste Teil seiner Publikationen kam aus dem Gefängnis.

Fürs Théâtre Italien schrieb er zwei Stücke, in denen der Ton der Rede oft ein recht erbitterter ist. Das eine derselben ist in t. XV—XVI seiner *Œuvres Complètes* wieder abgedruckt worden.

Sein *Arlequin Ésope* (23), ein Fünfakter in Versen, ist eines der regulärsten Stücke der „Italiener". Die Inspiration dazu hatte ihm Boursault's *Ésope* gegeben, der 1690 gespielt wurde und zog. Der Erfolg war ein grosser. Wie sein Vorgänger mischt er Fabeln hinein, die eine Art *moralité* sein sollen. Le Noble ist einer der Nachfolger La Fontaine's. Von den zwölf Fabeln dieses Stückes sind diesem einige nachgeahmt und oft mit leichter Feder hingeworfen, in andern ist der Schleier der Fiktion oft ganz gehoben, so z. B. in der Fabel vom Vogel, der sich mit fremden Federn schmückt, worin die Spitze gegen die Partisans gekehrt ist:

Un oiseau roturier, d'espèce des plus basses,
Revêtu des plumes d'un Pan (= paon),
Marchoit plus orgueilleux qu'un fils d'un Partisan,
Traîné dans son carosse au milieu de six glaces,
Cet oiseau riche et fier, des dépouïlles d'autrui
Couvroit d'un beau surtout qui n'étoit point à lui
Son ancienne mandille autrefois grise et bleuë,
Et l'éclat emprunté qui brilloit sur sa queuë,
Avoit du Peuple sot presque l'œil ébloui etc. (IV, IV).

Diese Nacktheit der Satire ist für das Théâtre-Italien charakteristisch. — Die langen, meist in Alexandrinern geschriebenen Tiraden seines zweiten Stückes: *Les deux Arlequins* (24) sind geschickt und mit Leichtigkeit geschrieben, aber, da sie ohne Witz und ohne Komik sind, doch langweilig, weshalb sie wohl seinen Werken nicht einverleibt worden sind. Das Stück behandelt das Menächmen-Thema, das den „Italienern" Gelegenheit bot, sich im pantomimischen Spiel aufs Köstlichste zu bethätigen, worauf wohl der Erfolg desselben beruhte; abgesehen von der Parodie Baron's, die Gherardi darin ausführte und die alle Welt ins Hôtel de Bourgogne zog, da man den wirklichen Baron, der sich vom Théâtre-Français zurückgezogen hatte, nicht mehr sehen konnte (vergl. die Anmerkung Gherardi's zu II, X).

8. Brugière de Barante. Louis Biancolelli.

Die Hälfte der Stücke von 1694 ab gehen unter dem Namen eines *Monsieur de B***: Arlequin Défenseur du beau sexe* (41), *La Fontaine de Sapience* (42), *La Fausse Coquette* (44), *Le Tombeau de Maître André* (45), *La Thèse des Dames* (47), *Arlequin Misanthrope* (53); sodann zwei mit Dufresny zusammen: *Pasquin et Marforio* (54) und *Les Fées* (55). Hinter diesem Pseudonym stecken zwei Männer.

1. Louis Biancolelli (1666—1729). Das ist der erste Sohn Dominique's I, der militärischer Ingenieur und Direktor der Festungen der Provence war. Dass er nebenbei für das Théâtre-Italien schrieb, ist allgemein angenommen und geht aber noch aus einem Dokument der Comédie-Française unzweideutig hervor.[1])

2. Claude-Ignace Brugière sieur de Barante, 1670 geboren und 1745 in Riom, seiner Vaterstadt, in der er seit 1697 als Advokat thätig war, gestorben. In Paris, wo er die Rechte studierte, befreundete er sich unter anderen mit Regnard und debutierte in seiner litterarischen Laufbahn wie dieser mit einigen Stücken, die er für die „Italiener" schrieb. Man hat von ihm ausserdem noch eine teilweise Übersetzung des Apulejus, „Betrachtungen" über den 1688 aufgefundenen Petronius und eine Sammlung der schönsten französischen Epigramme. Nach seiner Rückkehr in die Auvergne publizierte er nichts mehr, *mais il porta au barreau et dans les fonctions publiques le goût et l'amour des lettres et se distingua par les agréments de son esprit, autant que par ses lumières et ses services* (Michaud).

Wie verteilt sich nun die Autorschaft der Stücke auf die beiden?

Gueulette nennt bloss 44 und 54 als von Biancolelli herrührend und die Parfaict (p. 64—65) schreiben diesem sämtliche zu. Léris dagegen giebt als Autor aller Stücke mit Ausnahme von 55 (das er fälschlich Dominique zuteilt) den Barante, nur von 44 heisst es, man schreibe es dem Chevalier Biancolelli zu — was wieder

---

[1]) In einem Reglement von 1697 ist am Schlusse eine Liste *des Personnes que la Compagnie pour des Considérations particulières a résolu de laisser entrer sans argent et sans Billets;* darunter figurieren, *sçavoir M. Regnard, M. Bruys* (sic!), *M. Delaprat, ... M. Riviere* (Dufresny), *qui sera exclus en cas qu'il donne des pièces françoises aux Italiens . . . . M. Biancolelli, aux conditions de M. Riviere et qui sera pareillement observé à lesgard des autres autheurs* (Vergl. BONNASSIES, p. 113—114).

einmal zeigt, wie unzuverlässig alle diese älteren Quellen sind. — Barbier hat nun wenigstens für die Stücke 47, 53, 54, 55 (letztere beide mit Dufresny zusammen) den Autor eruiert; es ist Barante. Deshalb werden wir von den übrigen Stücken alle oder wenigstens einzelne dem Biancolelli belassen müssen, ohne Näheres bestimmen zu können, was indessen auch nicht von Belang wäre.[1]) Barante hat sodann noch an einem andern Stücke mitgearbeitet (vergl. Gherardi, w. u. § 9).

9. Die übrigen Autoren.

Die übrigen Autoren, deren Namen die Sammlung von Gherardi anführt, sind Gherardi (Stück 49: *Le Retour de la Foire de Bezons*), Mongin (Stück 48: *Les Promenades de Paris*) und Boisfran (Stück 52: *Les Bains de la Porte Saint-Bernard*), welch letzteren weder Quérard noch die andern Biographen kennen. Gherardi bezeichnet seine Komödie, die er mit Barante zusammen schrieb,[2]) selbst nur als das *œuvre d'un après-souper*. Mongin's Dreiakter enthält scharfe Satire und vorzügliche Verse, ist jedoch wenig für die Bühne geeignet.

Von anonymen Autoren stammen die Stücke 25, 37 und 40: *Ulysse et Circé* (von L. A. D. L. M.),[3]) *Les Aventures aux Champs-Élisées* (von L. C. D. V.), *Le Bel Esprit* (von L. A. P.).

---

[1]) Es ist natürlich ein Irrtum, wenn Boislisle in der Ausgabe der *Mémoires de Saint-Simon* (Grands Écrivains), IV, 126, note, behauptet, Baron habe für die „Italiener" zwei Stücke geschrieben: *La Fausse Coquette* (= obiges Stück 44) und *La Coquette et la fausse prude* (wohl von Baron, aber fürs Théâtre-Français bestimmt).

[2]) Vergl. CAMPARDON, I, 248, Anmerkung.

[3]) Nach einigen von LA SELLE (vergl. z. B. Léris).

Anhang I.

Unter den ersten, noch rudimentären Ausgaben des französischen Repertoires des Ancien Théâtre-Italien begegnen wir einigen, welche Stücke enthalten, die sich noch in anderen, handschriftlichen Sammlungen der Zeit finden, auf die wir zu verweisen haben werden. Die Besprechung dieser letztern sei daher vorausgeschickt. Sie wird uns zugleich Gelegenheit geben, immer wieder in Umlauf gesetzte Unrichtigkeiten zu berichtigen.

Zwei der wertvollsten Canevas-Sammlungen, die uns von der *commedia dell' arte* überliefert sind, knüpfen sich interessanter Weise an zwei Namen, die gerade in Frankreich eine grosse Rolle gespielt: Flaminio Scala und Dominique I Biancolelli,[1]) die erstere aus dem Anfang des XVII. Jahrhunderts, fünfzig Stücke umfassend und gedruckt (*Teatro delle favole rappresentative* etc. Venezia 1611), die andere, die uns hier allein beschäftigen wird, aus der Zeit Molière's, nie gedruckt, sogar verloren gegangen, aber übersetzt: das bekannte *Scenario de Dominique.*

Gueulette bekam, wie er selbst im Avis au Lecteur erzählt, nach dem Tode von Dominique II (1734) *un manuscrit italien in -4, écrit de la main du sieur Dominique père* geschenkt.

Dominique hatte von der Handlung der Stücke nur dasjenige notiert, was auf seine Harlekin-Rolle Bezug hatte. Dieses ganze Material, einzig die überhäufigen Wiederholungen ausmerzend, übersetzte nun Gueulette ins Französische. Diese Übersetzung (mit den Aufzeichnungen über die Geschichte des Théâtre-Italien zusammen-

---

[1]) Die Sammlung von Scala beansprucht schon deshalb ein besonderes Interesse, weil sie gedruckt wurde, diejenige von Dominique aber verdankt ihre grosse Bedeutung dem Umstande, dass deren Stücke zur Zeit Molière's gespielt wurden. In Bezug auf Umfang stehen beide hinter einigen jetzt bekannten Scenarios weit zurück (Vergl. w. o., p. 22, Anmerkung 1).

gebunden) ist auf der Bibliothek der Grossen Oper, Ms. 483 und 484.[1]) Sie enthält 73 + 5 + Fragmente zu 3 Canevas.

Eine Abschrift dieser Canevas findet sich auf der Bibliothèque Nationale, fonds frç. no. 9328,[2]) 73 Canevas enthaltend.

Durch die Parfaict erfuhr dann das *Scenario de Dominique* eine Drucklegung in ihrer *Histoire de l'ancien Théâtre Italien* etc. etc. *suivie des Extraits ou Canevas des meilleures Pièces Italiennes qui n'ont jamais été imprimées.* Aber 1. sind hier Zufügungen angebracht, um die Rollen auch der andern Typen ausser Arlequin zum Ausdruck zu bringen; die Stücke *(il a fallu presque les refondre)* sind rekonstruiert, was sie wohl leserlicher macht, aber natürlich deren historischen Wert etwas herabsetzt, und 2., was wichtiger ist, sind hier bloss die Hälfte der Dominique'schen Canevas, 38 von 73, gegeben.

Wenn nun gewöhnlich behauptet wird, Gueulette habe nur einen Teil des *Scenario* übersetzt,[3]) oder dieses Scenario habe bloss aus 38 Stücken bestanden,[4]) so ist dem gegenüber festzustellen, dass wir in That und Wahrheit in Gueulette's Übersetzung das ganze Scenario de Dominique besitzen und dass es aus 73 Canevas besteht, dass hingegen die Analysen der Parfaict bloss eine Auswahl repräsentieren. Das heisst den Bestand des Repertoires der Commedia dell' arte um 35 Stücke vermehren!

Ein zweites Mal wird ein Teil des Scenario de Dominique gedruckt durch Desboulmiers, *Histoire anecdotique et raisonnée du Théâtre-Italien,* I, 44—134: *Extraits de quelques Canevas Italiens,* 14 an der Zahl und aus Parfaict ausgewählt.

Eine handschriftliche Sammlung, auf die wir hinweisen werden, bilden sodann die *Sujets de Comédies Italiennes* der Bibliothèque Nationale, fonds frç. no. 9329.[5]) Unter 26 Stücken sind vor- und

---

[1]) = Catalogue Soleinne t. V, no. 329. — Dieses Manuskript enthält im t. II ausserdem eine *Table des Canevas par ordre chronologique* (fol. 175 ff.), *par ordre alphabétique* (fol. 187 ff.), *Table des Acteurs désignés dans le Scenario* (fol. 192 ff.), *Table des Scènes singulières* (fol. 193 ff.).

[2]) *Copie de la traduction du Scenario de Dominique* = Cat. Sol. t. III, no. 3358.

[3]) Moland, p. 283. *Il (le Scenario de Dominique) a été analysé en partie par Gueulette et cette analyse se trouve dans l'Histoire de l'ancien Théâtre Italien* (sc. der Parfaict). Dieser Irrtum hat es mit sich gebracht, dass die von Moland, p. 367 ff. gegebene Liste der Dominique'schen Canevas unvollständig ist (bloss 37 von 73).

[4]) Bartoli, p. XXXV und Anmerkung 4.

[5]) = Catalogue Soleinne, t. III, no. 3359. Das ist wahrscheinlich dasselbe, worauf die Parfaict hinweisen: *Au Manuscrit de Dominique, nous en avons joint*

nach-Gherardische, indem 10 davon auf den Canevas von Dominique aufgebaut sind, in andern der Name Gilles vorkommt, was auf das beginnende XVIII. Jahrhundert hinweist.[1])

Nun zur Sammlung von Gherardi! Die Drucklegung vollzieht sich in drei Etappen: 1694 (Editio princeps), 1697—98 (erweiterte Ausgaben), 1700 (definitive Ausgabe).

A. EDITIO PRINCEPS.

1683 wird das erste der Gherardi'schen Stücke gedruckt: *Grapignan ou Arlequin Procureur* (2), Paris, Blageart.[2]) Diesem Separatdruck folgen einzelne andere: *Colombine Avocat pour et contre* (8), Paris 1685; *Arlequin Empereur dans la Lune* (5), Troyes, Garnier, s. d.; *Colombine Femme vengée* (15), Paris 1689; *Arlequin Comédien aux Champs-Elisées* (vergl. w. o., Kap. I, § 37) Paris 1691, Amsterdam 1691 und 1694; *Les Souffleurs,*[3]) Paris 1694 und Mons 1696.

Die Idee, eine Reihe Stücke vereint herauszugeben, war somit nahe gelegt, als Gherardi am 24. Mai 1694 das Druckprivileg zu einer Sammlung erwarb, *inspirant contre la vérité que cette impression se faisoit du consentement de la troupe* (cf. w. u). Am 30. September ist sein Buch druckfertig:

I. Le Théâtre Italien ou Recueil de toutes les scènes Françoises qui ont été jouées sur le Théâtre Italien de l' Hôtel de Bourgogne. A Paris chez Guillaume de Luyne et le sieur Gherardi. M. DC. XCIV, avec Privilége du Roy.[4])

---

un second, trouvé après la mort d'un homme de lettres; et ce second manuscrit renferme une vingtaine de Canevas, scène par scène, de pièces qui ne sont point dans celui de Dominique (Préface).

[1]) Zu den *Scènes détachées du Théâtre Italien de Gherardi,* Bibl. de l'Arsénal, Ms. no. 2761—2762, steht die handschriftliche Bemerkung, dass man das Manuskript behalten, weil man geglaubt habe *y reconnaître plusieurs scènes non imprimées.* Bei allerdings nur flüchtigem Durchgehen dieser Szenen haben wir kein nicht-Gherardi'sches Material entdecken können. — Ein anderes Manuskript, auf der Bibliothèque Mazarine, *Recueil Meslé* t. II, no. 3952 enthält ebenfalls nur Fragmente aus bekannten Stücken von vor oder nach 1682.

[2]) Nach Barbier, Soleinne, etc. — Die eingeklammerte Zahl weist auf die Nummer der Stücke in der definitiven Ausgabe der Sammlung von Gherardi

[3]) = „Die Alchimisten", eine fürs Théâtre-Italien bestimmte, aber nicht aufgeführte Komödie von Michel CHILLIAT (Vergl. Léris).

[4]) Für die nähern bibliotechnischen Angaben dieser und der (meisten) folgenden Ausgaben siehe die *Bibliographie et Iconographie des Œuvres de J.-F. Regard* (par Cherrier). Paris 1877, p. 27—38: *Éditions du Théâtre Italien.* Diese Bibliographie entbehrt der Vollständigkeit.

Das ist die erste Ausgabe der Sammlung von Gherardi.[1]) Sie füllt einen Band in -12° von 545 Seiten, trägt den Namen Gherardi und die Dedikation *à son altesse royale Madame* und enthält Szenen aus den Stücken 1, 2, 4—6, 8, 10, 11, 13, 17, 18, 21, 26, 33, 37, 38, 41 der definitiven Ausgabe. Die Bibliothèque Nationale besitzt drei Exemplare davon (Yf. 5871, 5872, Réserve 4448).

Wenn die ganze Truppe empört war über diese *entreprise et infidélité inouie* Gherardi's, die darin bestand, ihr Repertoire, *espèce d'immeuble qui compose tout le fond de la troupe* ohne deren Zustimmung veräussert zu haben, so protestierten einige mit aller Energie aus dem besonderen Grunde dagegen, weil *si cette impression avoit lieu, les pièces déviendroient publiques et communes, qu'ils n'oseroient plus se flatter d'aucun succes en les jouent sur leur théâtre qui tomberoit infalliblement.*[2]) Sie erlangen vom König die Widerrufung des Privileges vom 24. Mai. Einige andere lassen sich jedoch von Gherardi überreden und kommen in einer Versammlung darin überein *que ledit livre pouvoit être de quelque utilité au public et à leur troupe* und beschliessen, das Buch zu verkaufen und den Ertrag zu gleichen Teilen unter sich zu verteilen. Kurz, wir sehen die „Italiener" in den Ansichten über die Folgen der Drucklegung ihrer Stücke in zwei Lager geteilt, die sich heftig befehden und gegenseitig gerichtlich verfolgen.[3]) Den Ausgang des Streites kennen wir nicht. Er ist ohne Bedeutung, denn die Idee des Raubdruckes war schon gefasst und in den nächsten Monaten wird das *Théâtre italien* auch vom Auslande her in Paris verbreitet. Wir kennen drei Raubdrucke, alle gleichen Titels und gleichen Inhaltes:

II. Genève 1695[4])
III. Bruxelles 1695
IV. Paris 1695.

Gherardi's Behauptung: *on l'ha contrefait non seulement en*

---

[1]) QUÉRARD (und nach ihm andere) giebt für die Ausgabe von vor 1700 die Angabe: *Bruxelles, 1691 et 1697, 3 voll.*, was in Bezug auf Ort, Datum und Zahl der Bände unrichtig ist.

[2]) Aus denselben Gründen hatten sie schon 1683 die Unterdrückung des von Dominique unter dem Namen eines sieur Charles Darennes herausgegebenen *Grapignan* erwirkt.

[3]) Die Einzelheiten erfahren wir aus den von CAMPARDON, II, 109—112, publizierten Akten.

[4]) *Augmentée de la comédie des Souffleurs.* — Ein Exemplar der Bibl. Nat. (Yf. 5753) bricht p. 316 statt 527 ab, was wohl eher, als auf eine andere Auflage, auf eine Verstümmelung des Buches nach dem Druck hinweist.

Hollande, à Bruxelles, et à Liége, mais encore dans presque toutes les provinces du royaume (Vorrede zur definitiven Ausgabe) ist entschieden eine Übertreibung.

B. ERWEITERTE AUSGABEN.

Von nun an wird Stück für Stück des Repertoires gedruckt. Die uns bekannten Separat-Ausgaben seien hier aufgezählt.

La Thèse des Dames (47) Paris 1695, *Les Bains de la Porte Saint-Bernard* (52) Paris 1696 und 1698, *Arlequin Misanthrope* (53) Paris 1696 und 1697, *La Foire de Saint-Germain* (50) Grenoble 1696, Amsterdam 1696, Paris 1698, *Pasquin et Marfario* (54) s. l. 1697, *Les Fées* (55) Paris 1697, s. l. 1697, *Arlequin Défenseur du beau sexe* (41) Paris 1698.

Daran schliessen sich zwei kleine Sammlungen von 1697:

V. *Suite du Théâtre Italien etc., s. l. 1697* (Stücke 30, 39, 42, 44, 45).[1]

VI. *Suite du Théâtre Italien etc., s. l. 1697* (nicht ganz kongruenter Raubdruck).[2]

Die zweite Etappe der Drucklegung bezeichnen zur Zeit der Aufhebung und im Jahre darauf im Auslande erscheinende, wohl dem Titel, nicht aber dem Inhalte nach bekannte grössere Sammlungen:

VII. *Suplement du Théâtre Italien ou Recueil des Scènes Françoises qui ont été représentées sur le Théâtre Italien de l'Hôtel de Bourgogne, lesquelles n'ont point encore été imprimées. Tome II. Première Édition. A Bruxelles, chez Mr *****, M. DC. XCVII.*[3]

VIII. *Le Théâtre Italien, etc. — A la Haye, Jacques Xuaur, 1698* (fehlerhafter Raubdruck der Ausgabe VII).[4]

IX. *Arlequin, son Théâtre Italien ou Recueil etc. 3 voll. in -12. A Amsterdam, chez Adrian Braakmann 1696.*[5]

X. *Arlequin son Théâtre augmenté de deux Volumes de nouvelles pièces, qui n'ont point été imprimées de sorte que le tout est à present en 3 volumes complet. Amsterdam, Braakmann, 1697.*[5]

---

[1]) Bibl. Nat., Yf. 5874—5878 (ein Band).

[2]) Nach *Bibliographie et iconographie des Œuvres de Regnard.*

[3]) Bibliothèque de l'Arsenal: 10420. B. L t. II (fälschlich als zweiter Band der Ausgabe von Genf 1695 katalogisiert).

[4]) Bibl. de l'Arsenal: 10419. B. L.

[5]) Die Ausgaben IX und X sind uns nicht zu Gesicht gekommen; X entnehmen wir der *Bibliographie .... de Regnard;* IX aus dem Catalogue de quelques Livres nouveaux qui se trouvent chez Adrian Braakmann, der am Schluss des t. II der Ausgabe XI steht.

XI. *Théâtre Italien, ou toutes les comédies et scènes françoises qui ont été jouées sur le Théâtre Italien. Recueillies par Evariste Gherardi Arlequin, de la troupe des Comédiens du Roy de l'Hôtel de Bourgogne à Paris. Nouvelle édition, revue, corrigée et augmentée. Tome Premier, A Amsterdam, chez Adrian Braakmann 1698. Suplement du Théâtre Italien ou Nouveau Recueil etc. Tome Deuxiéme, suivant la Copie de Paris. A Amsterdam etc. Suplement etc. etc. Tome Troisiéme etc. etc.*[1])

Die Ausgaben VII, VIII (IX, X), XI bestehen aus drei Teilen: 1. den Stücken der Editio princeps; 2. den Stücken, von denen Gherardi behauptet, man habe sie ihm im Manuskript gestohlen und in verstümmelter Form herausgegeben (*on m'en a tronqué les Piéces pour m'en ôter la connoissance,* Vorrede zur definitiven Ausgabe), was unrichtig ist[2]) (Stücke 3, 7, 9, 16, 20, 27, 45, 50 und in VIII und XI überdies 30, 39, 42, 44, 46, 49); 3. den Szenen von einundzwanzig Stücken, die in der definitiven Ausgabe weggelassen sind und deren Existenz man gemeiniglich ignoriert.[3]) Es sind folgende: a) *Le Tapis,* 1667 (O, N, Parf.); b) *Les Métamorphoses d'Arlequin,* 1669 (O, N, Parf.); c) *Les Fripiers,* 1672 (O); d) *Arlequin Soldat et Bagage ou Hôte et Hôtellerie,* 1673 (O, N, Parf.); e) *Arlequin fourbe, fourbe et demi,* 1674 (O, N, Parf., 9329); f) *Le Berger de Lemnos,* 1674 (O, N); g) *La Propreté ridicule ou Arlequin Roi de Tripoli,* 1677 (0,9329); h) *La Magie naturelle,* 1678 (0,9329); i) *Les Trompeurs trompés,* 1676—77 (0,9329); k) *Arlequin Dogue d'Angleterre ou le Médecin du temps,* 1679 (0,9329); l) *Arlequin Vendangeur,* déc. 1681; m) *Persée et Andromède,* 1683 (?); n) *La Nôce d'Arlequin* (9329); o) *Arlequin et Octave, Sodats enrôlés par force* (9329); p) *Les Vendangeurs* (9329); q) *La Débauche de Mezzetin;* r) *Les deux Zanis;* s) *Le Peintre par amour;* t) *Arlequin voyageur;* u) *Les faux Médecins raillés* (9329); v) *La Belle Solliciteuse* (9329).

Diese Stücke finden sich z. T. wieder im *Scenario de Dominique,* im Manuskript der Bibl. Nat. (= N), oder bloss im Manuskript

---

[1]) Fehlt auf den Pariser Bibliotheken. Dagegen besitzt es das *British Museum* und die *Bibliothèque Publique de Genève.* — In der Vorrede kündigt der Verleger einen vierten Band an, der jedoch nie erschienen ist.

[2]) Rasi nennt anlässlich des Artikels Gherardi (I, 1012) auch diese erweiterte Ausgabe und versichert, ganz von sich aus, als ob er selbst die Stücke konfrontiert hätte, jede Szene des dem Gherardi gestohlenen Manuskriptes sei, um den Betrug zu verbergen, verstümmelt worden (das behauptete Gherardi, um für seine dann folgende neue Ausgabe Reklame zu machen!).

[3]) Nur Soleinne (t. III, p. 152) hat eine Andeutung gemacht.

der Oper (= O), einige davon bei Parfaict (= Parf.), andere im Ms. 9329 der Bibl. Nat. (= 9329).

Die Stücke u und v sind zwei reguläre französische Komödien und haben mit dem Théâtre-Italien nichts zu schaffen. Die Stücke l und m datieren aus dem Beginn der achtziger Jahre, wie wahrscheinlich auch n—t, die nicht weiter zu bestimmen sind. Wenn wir in a—k *Scènes Françoises* von Stücken haben, die dem Titel nach in das *Scenario de Dominique* zurückreichen, also in die 60er und 70er Jahre, so darf man daraus nicht den Schluss ziehen, dass schon damals die Französisierung in Sprache und Inhalt vor sich gegangen sei. Das sind vielmehr auf ältern Canevas aufgebaute spätere Machwerke jüngerer Zeit, was die Vertauschungen der Personen (so ist z. B. im Stück e an Stelle von Aurélia etc., Colombine etc. getreten) sicher beweist und was übrigens auch aus dem Ton der Satire hervorgeht. Dieses Material, urteilt Gherardi, *vaut moins que rien* und fügt verächtlich bei, es komme, wie man sage, vom Autor der *Arlequiniana* oder dem der *Vie de Scaramouche* her. Es spricht ihm also die Zugehörigkeit zum Repertoire der Truppe ab.[1])

C. DEFINITIVE AUSGABE.

Der Absatz besonders des Amsterdamer dreibändigen *Théâtre italien* war ein grosser und rascher. Schon der einzige Grund, den Gewinn, der ihm gehört hätte, durch eine unbefugte Drucklegung im Auslande sich entzogen zu sehen, musste Gherardi bewegen, selbst eine neue Ausgabe an die Hand zu nehmen. Am 2. Mai 1698 schon holt er denn auch das Privileg dafür ein und am 31. Juli 1700 — einen Monat vor seinem Tode — ist seine sechsbändige Sammlung, mit der er alle vorangehenden aus dem Felde schlagen wird, druckfertig.

XII. *Le Théâtre Italien de Gherardi, ou le Recueil General de toutes les Comédies et Scenes Françoises jouées par les Comediens Italiens du Roy, pendant tout le temps qu'ils ont été au Service. Enrichi d'Estampes en Taille-douce à la tête de chaque Comedie, à la fin de laquelle tous les Airs qu'on y a chantez se trouvent gravez notez, avec leur Basse-continue chiffrée. A Paris, chez Jean-Bapt. Cusson et Pierre Witte, rue S. Jaques, au Nom de Jesus. M.DCC. Avec Privilege du Roy.*[2])

---

[1]) Wir haben es denn auch nicht in unsere Diskussion hineingezogen. Hier handelte es sich uns bloss darum, zu konstatieren, dass es da ist und woraus es besteht, um damit eine Lücke in der Bibliographie der Comédie-Italienne auszufüllen.

[2]) Das Pendant zu dieser Sammlung wird im XVIII. Jahrhundert das 10-BÄNDIGE *Nouveau Théâtre italien* bilden und zwischen dieser und jener in der Mitte liegen

Am Kopfe des I. Bandes steht die Dedikation an *Madame,* ein *Avertissement* mit instruktiven Bemerkungen, das Porträt Gherardi's mit lateinischen Gedichten auf ihn.

Diese definitive Sammlung, die unserer Untersuchung zu Grunde gelegen hat, bringt 55 Stücke,[1]) in welchen einzelne Szenen früherer Ausgaben weggelassen, eine Menge anderer dagegen hinzugefügt sind.

Dieser Ausgabe von 1700 folgen eine Reihe anderer, inhaltlich identischer:

Zwei Raubdrucke:

XIII. Amsterdam, Braakmann 1701.[2])

XIV. Amsterdam, Elzevir 1707.[3])

Fünf Neudrucke:

XV. Paris, Vitte 1717.

XVI. Amsterdam, Michel Charles le Cene, 1721.[4])

XVII. Paris, Witte 1738.[5])

XVIII. Paris, Briasson 1741.

XIX. Londres, in acht Bänden (sic!).[6])

---

zwei kleinere: *Nouveau Théâtre italien composé par Dominique (II) Biancolelli* 1 vol. Anvers 1713 und *Nouveau Théâtre italien* (italienisch mit gegenüberstehendem französischen Texte) von *Riccoboni,* 3 voll., Paris 1729 und 1733.

[1]) Mit dieser Sammlung macht das GESAMT-REPERTOIRE des Théâtre-Italien der zweiten Hälfte des XVII. Jahrhunderts einen Bestand von ÜBER ZWEIHUNDERT Stücken aus, die uns in ihrer Ganzheit, in Form einzelner Szenen, als Canevas oder nur dem Titel nach überliefert sind. Scenario de Dominique 73, Editio princeps der Sammlung von Gherardi 13 andere dazu, Ms. 9329 noch weitere 9, nach Berichten des Mercure Galant und der comptes de la cour, vor 1682 (vergl. Molond, p. 371—272) 9, nach dem Registre des Menus (Jahre 83, 91, 95, 96) 9, verschiedene Quellen bezeugen 6 weitere, nach dem Katalog des I. Bd. des Nouveau Théâtre italien („pièces anciennes") 31, Gherardi 55 — das macht eine Summe von 205 Stücken, die sich bei näherer Untersuchung zweifellos noch vergrössern würde.

[2]) Mit sauberem Druck.

[3]) *Indigne du nom (Elzevir) qu'elle porte* (Bibliographie . . . de Regnard).

[4]) Enthält ausserdem die beiden Äsope des Théâtre-Français, von Boursault u. a. m.

[5]) Nach dem Katalog der Bibliothèque de Neuchâtel, t. I, no. 4317.

[6]) Ausnahmsweise in ACHT Bänden. Diese unbekannte Londoner-Ausgabe, die auch das British Museum nicht besitzt, ist uns einmal bei einem Bouquinisten in Paris zu Gesicht gekommen; des Verlegers und Datums entsinnen wir uns nicht mehr.

[7]) Die Sammlung von Gherardi gehört zu jenen Bouquins, die man in Paris heute noch sehr häufig antrifft. Einzelne Bändchen bezahlt man mit 2—6 Sous, der Buchhändlerpreis des kompletten Werkes (die Ausgabe von 1700, welches die beste und zugleich schönste ist, ausgenommen) beträgt acht Franken, etwa die Hälfte bei den Bouquinisten.

Anhang II.

Das ansehnliche Vermächtnis, das uns die zeitgenössischen Künstler in bildlichen Darstellungen der Comédie-Italienne gemacht, ist ein neuer Beweis für das rege Interesse, welches man für dieses Theater hatte. Einen so reichen Schatz von Porträts, Zeichnungen von Typen und Szenen hat das Théâtre-Français nicht aufzuweisen.

Drei wertvolle Gruppenbilder haben wir schon genannt: *Tableau des Farceurs* etc. (vergl. p. 6), *Almanach pour l'an de grâce M.DC.LXXXIX* (vergl. p. 8 und 107 f.) und Watteau's *Départ des comédiens italiens* (vergl. p. 11).

Die Bildnisse der „Italiener" malten und stachen Männer wie de Troy, Édelinck, Watteau. Ausser den bei Besprechung der einzelnen Schauspieler (III. Kap. A) angeführten giebt es noch manche andere. Sie sind zusammengestellt in der *Collection générale des Portraits commencée au XVII siècle par M. Rousseau* etc. (Bibl. Nat., Cabinet des Estampes, Ne, 1—29; der letzte Band enthält ein alphabetisches Register).

Was aber vor allem das Auge auf sich zog und zur Nachbildung reizte, das waren die Typen mit der chargierten Komik ihrer Bewegungen und der dekorativen Originalität ihrer Kostüme.

Wie man weiss, ist die Comédie-Italienne auf einen der Hauptvertreter der französischen Kunst von grossem Einfluss gewesen, auf Watteau. Es war das Ancien Théâtre-Italien, das in Gillot, Watteau's Lehrmeister, die Vorliebe für theatralische Darstellungen der „Italiener" geweckt, die er dann seinem Schüler, der ihn bald überflügeln sollte, einimpfte und Watteau holte dann Sujet und Inspiration bei der Nouvelle Comédie-Italienne.[1]) In seinen galanten Liebesszenen *c'est la comédie italienne qui tient la guitarre. Bien campée, le nez au vent, c'est la comédie italienne qui sème glorieusement, au*

[1]) Auch die zwei Gemälde: LANCRET, *Le Théâtre Italien* und PATER, *La Marche comique* gehören zur Nouvelle Comédie-Italienne.

bord des sources, à la marge des forêts, dans les clairières, les doux accents .... C'est le duo de Gille et de Colombine qui est la musique et la chanson de la comédie de Watteau (frères Goncourt). Über den Wert seiner Darstellungen für den Historiker vergl. das Einleitung, p. 11, Anmerkung 1, Gesagte.

Kehren wir in die letzten Dezennien des XVII. Jahrhunderts zurück! Da begegnen wir vor allem zwei Zeichnern, die uns die „Italiener" im Bilde darstellen: Bernard Picart und Claude Gillot, beide 1673 geboren.

Picart, *dessinateur et coquet et précieux,* lebte bis 1696 in Paris und musste die Typen des Hôtel de Bourgogne wohl kennen. Mit feinen und schalkhaften Strichen zeichnete er eine Reihe derselben. Sie sind in die Sammlung *Diverses modes faites d'après nature* eingestreut (Musé du Louvre).

Am meisten jedoch hat uns Gillot gegeben. Nicht, dass sich seine Zeichnungen und Skizzen mit denen Jaques Callot's, des Schöpfers der *Balli di Sfessania,* aus dem Anfange des Jahrhunderts, vergleichen liessen, aber viele derselben sind doch ausgezeichnete Leistungen. Er zeichnet alle Typen des Theaters und entwirft Kostüme für dasselbe. Nach der Aufhebung von 1697, da dessen Erbe die Foire-Bühnen antreten, fährt er fort, diese Sujets zum Vorwand zu nehmen, bis er dann, bei der Wiedereröffnung der Bühne der „Italiener", von neuem ihr Darsteller wird und zu gleicher Zeit Bühnenmaler an der Oper, in welchem Amte er Boucher vorausgeht. Er ist so eigentlich der *peintre de sujets burlesques, de farces, de Caprices et de Grotesques.* In seinen Zeichnungen liegt schon ein Anflug der neuen Manier, Leichtigkeit, Reiz, Ziererei, die so scharf von der klassischen Auffassung absticht.

In Bezug auf die Kostüme am naturgetreuesten sind zweifellos die Titelkupfer zu den einzelnen Stücken der Sammlung von Gherardi. Die meisten davon sind von Dolivet oder Ertinger gezeichnet und von Desrochers gestochen.[1]) Wie anspruchslos sie sich geben, so sind sie doch sehr instruktiv und wertvoll.

Es liegt nicht in unserer Absicht, einen Katalog der einzelnen ikonographischen Dokumente anzulegen; wohl aber seien eine Reihe wertvoller Sammlungen angeführt, die die meisten derselben in sich vereinigen.

---

[1]) Ein grosser Teil ist gezeichnet, trotzdem Rasi (I, 1013), der offenbar eine andere Ausgabe als die von 1700 vor Augen hatte, das Gegenteil behauptet.

A. ÄLTERE SAMMLUNGEN.

Auf der Bibliothek der Oper:

1. *Habits et Scènes comiques du Théâtre Italien.*
2. *Het Italjaansch Toonel* etc. dor G. J. Xavery, Amsterdam.
3. *Dessins originaux des Costumes de l'Opéra,* tome 8.
4. Über 20 schöne Stiche sind dem Gueulette-Manuskripte beigebunden.

Im Cab. des Estampes der Bibliothèque Nationale:

5. *Livre de Scènes comiques inventées par Gillot* [Division Tb. 19]. Die zweite Hälfte enthält Stücke der Sammlung von Gherardi illustrierende Szenen, die zum Besten gehören, was Gillot gezeichnet hat.
6. *Scènes comiques par Gillot, Watteau* etc. [Tb. 7].
7. *Recueil de pièces différentes concernantes le Théâtre. 1600—1840* [Tb. 1 +]. Enthält u. a. eine Darstellung der komischen Schluss-Szene des Arlequin Protée.
8. *Costumes de l'ancien Théâtre français, italien* etc. [Tb. 27].
9. *Costumes de Théâtre. Recueil factice* etc. [Tb. 34a und 34b].
10. Die Sammlungen einzelner Stecher und Herausgeber: *Œuvre de Mariette, Joullain, Bonnart, Rousselet, Coypel, Audran* etc. [Ed., etc.].

B. NEUERE SAMMLUNGEN.

11. Eine Anzahl von Typen enthält eine von der Lithographie Delpech veranstaltete Publikation, deren Titel uns nicht bekannt ist. Wie billig diese Farbendrucke hergestellt sind, so wertvoll sind sie, indem sie das Charakteristische wiedergeben.

12. *Galérie Théâtrale,* 144 portraits imprimés (in Schwarz) par Langlois. Paris 1872—73.[1]) Sehr fein ausgeführte Wiedergaben nach alten Stichen und Zeichnungen. Die Bezeichnungen sind, wie bei dem vorigen Werke, oft unrichtig.

13. Fünfzig kolorierte Vollbilder enthalten die *Masques et Bouffons* (vergl. w. o., Bibliographie). Die Typen, aus verschiedenen Jahrhunderten, sind von Maurice Sand entworfen und von Manceau gestochen, meist nach älteren Bildern, aber oft etwas geziert und idealisiert und stets ohne Quellenangabe.

14. Eine überreiche Blumenlese, Typen, Porträts, Szenen, in Holzschnitt, Phototypie und Farbendruck wiedergegeben, bringt Rasi in

---

[1]) Dasselbe schon 1819—1827 publiziert, jedoch mit Ausschluss des Théâtre-Italien.

seinen *Comici Italiani* (vergl. w. o., Bibliographie). Was wir da oft vermissen, sind Angaben über Autor, Inhalt, Zeit der Entstehung der Bilder. Wir hoffen, dass ein detailliertes Register am Schlusse des prächtigen Werkes dies nachholen werde, damit es seinen Untertitel *Iconografia* völlig rechtfertige.[1])

ZU UNSEREN REPRODUKTIONEN.

Almanach pour l'An de Grâce M.DC.LXXXIX.[2]) Die einzige Reproduktion von Wert (32 × 20 cm.) dieser grossen szenischen Darstellung ist in dem Prachtwerke von A. Houssaye, La Comédie-Française, Paris 1880, p. 14, erschienen, dessen Verleger, Ludovic Baschet (Librairie d'Art, Paris) uns in entgegenkommender Weise den vorliegenden Neudruck besorgt hat.

Sind hier die Schauspieler besonders festlich gekleidet, so veranschaulichen die Typen in ihren charakteristischen Kostümen die Text-Illustrationen, die, teils in Autotypie, teils in Phototypie, gleicherweise ikonographische Dokumente der Zeit zur Abbildung bringen:[3])

Watteau's Départ des Comédiens Italiens. Wir geben das zierliche Bildchen, das schon einigemale in vergröbertem Holzschnitt reproduziert worden ist, direkt nach dem Original-Stiche von L. Jacob wieder. Es zeigt uns die folgenden Typen: rechts vorn, in Schwarz, *Scaramouche,* daneben, in gebückter Stellung, *Arlequin,* hinter diesem *Polichinelle,* in der Mitte *Isabelle* und *Colombine,* zu deren Linken *Mezzetin* und, auf der Schwelle knieend, *Pierrot.*

Titelkupfer der Sammlung von Gherardi. Die zwei Gravüren, die wir aus den fünfundfünfzig ausgewählt, enthalten die Typen: 1. *Docteur, Amoroso* (Léandre), *Mezzetin* (? Un Bateleur), *Scaramouche* (typisches Kostüm), *Pierrot,* 2. *Scaramouche* (älteres Kostüm), *Isabelle, Colombine, Docteur.*

Arlequin-Figur der Arlequiniana. Dieses originelle Harlekin-Bildnis, hinter dem Dominique I steckt, erfährt hier zum erstenmal eine Wiedergabe.

Vgl. w. o., p. VI: „Verzeichnis der Illustrationen“.

---

[1]) Die bei RICCOBONI (t. I) eingeschalteten 17 von Joullian gestochenen Typen sind teils nach Gillot und seinen Zeitgenossen, teils nach älteren Darstellungen ausgeführt. Einige davon, neben anderen Callot'schen Figuren, giebt MOLAND wieder.

[2]) Diese Tafel ist den sog. Pflichtexemplaren nicht beigegeben.

[3]) Die Klischees dazu sind von der Verlagsanstalt Benziger & Cie., A.-G., in Einsiedeln (Schweiz) für uns hergestellt worden.

Errata.

Seite 8 Anm. 1 lies: Vergl. p. 232 statt Vergl. w. o. etc.;
Seite 84 Anm. 1 lies: Vergl. § 10 statt Vergl. § 9;
Seite 107 Anm. 2 lies: Vergl. p. 8 statt Vergl. p. 16;
Seite 112 Zeile 11 lies: Vergl. p. 110 statt Vergl. p. 111;
Seite 122 Zeile 33 lies: Vergl. § 5 statt Vergl. § 4;
Seite 140 Zeile 22 lies: Vergl. § 11 statt Vergl. § 10.

M. DuMont-Schauberg, Strassburg.

Curriculum vitae.

Ich wurde am 8. März 1873 in Gossau (Kt. St. Gallen) geboren. Nach Besuch der Primar- und Sekundarschule meines Heimatortes und der Kantonsschule in St. Gallen hob mein akademisches Studium an, das sich auf vier Hochschulen verteilt.

Nachdem ich mich während dreier Semester in Basel mit Kunstgeschichte (Jakob Burckhardt †) und deutscher Litteratur (Stephan Born †, Adolf Socin) befasst, setzte ich in Zürich die germanistischen Studien (Jakob Bächtold †, Jul. Stiefel) fort, um mich dann dem *Studium der romanischen Sprachen und Litteraturen* (Heinrich Morf, Jakob Ulrich) zu widmen. Nebenbei hörte ich in Zürich auch Philosophie (Rich. Hch. Ludw. Avenarius †, Andr. Ludw. Kym †) und Pädagogik (Otto Hunziker) und studierte zwischen hinein zwei Winter in Florenz (Pio Rajna, Ernesto Giac. Parodi, Guido Mazzoni) und ein Jahr in Paris (Gaston Paris, Abbé Rousselot, Jules Gilliéron), wo die vorliegende Arbeit, zu der die Anregung von Herrn Prof. Morf ausgegangen, zum grössten Teil zur Ausführung kam. Am 27. Juli 1901 erfolgte der Abschluss meiner Studien durch die Doktor-Promotion.

Meinen verehrten Lehrern, insbesondere dem nunmehr in Frankfurt a. M. wirkenden Herrn Professor Dr. H. Morf, fühle ich mich zu tiefem Danke verpflichtet.

Kolibri 360 GmbH
Ferdinand-Jühlke-Straße 7
99095 Erfurt, Deutschland
produktsicherheit@kolibri360.de